# 超级杂交稻
## 高产生理生态及水肥药调控研究

吴朝晖 ◎ 著

CS K 湖南科学技术出版社

赠翔晖博士

稻海雄狮

袁隆平题

二0一七.七.八

# 前　言

　　我国以仅占耕地面积 25% 的稻田生产出占 65% 以上人口赖以生存的口粮。预计到 21 世纪中叶，我国人口将达到 16 亿，在现有耕地面积基本保持不变的前提下，粮食总产量必须达到 $7 \times 10^5$ t。杂交水稻约占我国水稻播种面积的 58%，对确保我国粮食安全具有重要的战略意义。自 1996 年我国启动实施"中国超级稻育种计划"以来，20 多年的科研攻关已取得重大突破。1999——2000 年，超级稻先锋组合"两优培九"连续两年在湖南龙山县百亩连片亩产达到 700 kg；2002 年，湖南龙山县"Y 两优 1 号"百亩示范片平均亩产 817 kg，成为长江中下游地区首个平均亩产超 800 kg 的百亩示范片；2004 年，湖南隆回等多个超级杂交稻百亩示范片平均亩产均超过 800 kg，并于 2011 年百亩试验田平均亩产 926.6 kg（Y 两优 2 号）；2013 年，超级杂交稻"Y 两优 900"平均亩产达到 988.1 kg；2014 年湖南省溆浦县"Y 两优 900"百亩连片平均亩产达到 1026.7 kg；自 2000 年起至今，我国超级杂交稻先后实现了亩产 700 kg、800 kg、900 kg、1000 kg 的第一期至第四期育种目标，2018 年袁隆平科研团队创造了一季稻亩产 1152.3 kg 新的超高产纪录，2019 年在一般生态区的湖南衡阳创造了晚稻亩产达 1046.3 kg 超高产新纪录。实现了举世瞩目的"五连跳"。追求高产、更高产是袁院士及其团队科研永恒的主题。

　　笔者于 2002 年硕士研究生毕业，分配进入湖南杂交水稻研究中心栽培研究室工作，此后一直跟随袁隆平院士进行杂交水稻高产攻关研究，2006 年担任栽培生理生态研究室主任，任高产攻关栽培技术负责人。其中于 2004 年考入中南大学师从袁隆平院士攻读植物学博士研究生，2008 年博士顺利毕业，获博士毕业证书和学位证书。

为了从生态和栽培方面研究促进超级稻高产的理论和技术，笔者于2004—2007年曾在海南三亚、湖南长沙等地，以超级杂交水稻组合两优培九、两优0293、GD-1S/Rb207等为材料，进行了超级稻生态适应性、栽培模式、施肥水平等试验研究。综合多年多点的研究成果，笔者认为要获得超级稻的高产、超高产，应从以下几方面入手：

首先是在采用优良的超级稻组合，如Y优173、88S/金18、T64S/0293等的基础上，再配合宽窄行、垄栽、合理的密度（分蘖力强的组合以12万穴/hm$^2$左右为宜，分蘖力弱的组合以15万穴/hm$^2$左右为宜）。通过促进低位分蘖、减少剑叶叶角等，达到有效穗数较多，结实率较高，千粒重中上的高产目标。

其次，由于主要功能叶（即剑叶）随施氮量的增加而变长、变宽，叶角增大，同时叶片的SPAD值随施肥水平上升与密度变小而增大。但叶片光合速率随施氮水平提高而显著增加。因此，不同生态条件的稻区都应寻求最适施氮量。为达到超级稻12 t/hm$^2$左右的产量，长沙地区适宜施氮量为225 kg/hm$^2$，海南地区适宜施氮量为300 kg/hm$^2$，且基肥与追肥比例为5∶5～6∶4。

第三，同样适量施氮促进根系生长、下扎及根系活力增强，而过量施氮有抑制作用；施氮量还明显影响根系的分层分布与幼穗分化期根系IAA与ABA的分泌量，施氮水平间呈现$N_2>N_1>N_3>N_4$趋势，而密度对根系分布及其激素分泌影响甚微。

第四，在施肥量不变的前提下，提高穗肥比例可防止根叶早衰；孕穗期增施钾肥，防止早衰的效果更明显；将单施穗肥改为施穗肥＋粒肥，再结合根外施肥，能显著延长功能叶寿命，有利于进一步提高超级杂交稻产量。

第五，密度和施肥对超级稻具有明显互作效应：产量与有效穗数以$N_3M_3$（中肥密植）最高；千粒重不受密度影响，但随施氮量增大而显著下降；施氮水平对超级杂交稻产量形成的影响是，在较低施氮水平下表现为对穗数的影响，但在较高施氮水平下主要表现为对每穗粒数的影响。故应重视密度与施肥的合理配合。

第六，超级稻根际微生物的数量及消长规律，应予以重视。据笔者的研究得知，根际微生物数量在不同施肥处理间差异显著，且受到密度的影响；水稻根际微生物数量在整个生育期内的变化在不同施氮量处理间有差异；各种微生物的活性在经过一季作物后的改变表现不一致，而总微生物活性的下降幅度与施氮量和密度有关，微生物活性随 N、P、K 施用量增加而降低；水稻分蘖期解磷细菌量因施菌肥而明显增加，解钾细菌数量随生育时期的推进而增多，但不受钾肥影响。

当年笔者对超级稻根际微生物的研究，尚不够深入，有待进一步加强。恰恰于 2012 年至 2017 年有幸在国家自然科学基金项目的支持下，对超级稻高产组合攻关时，对其根际微生物进行了较深入的研究。

（1）2012 年在湖南溆浦兴隆百亩高产攻关片，取得了 900 kg/ 亩的好成绩。同时，探明了：施氮量与密度对根际微生物好氧自生固氮菌的含量存在较明显的影响，以及不同施氮处理间根际微生物厌氧自生固氮菌的含量差异显著，而密度对根际微生物厌氧自生固氮菌的含量存在明显影响。

（2）2014 年至 2017 年，以大田种植的半高秆超级杂交稻为研究对象，研究高产生态区高产条件下和一般生态区高产条件下半高秆超级杂交稻根际微生物群落结构、多样性、丰度和活性与产量的相关性，探明不同施氮水平、微生物肥调控、化学调控和水分管理等条件下半高秆超级杂交稻根际微生物的变化规律，建立水稻根际微生物－农艺措施－水稻产量响应模型，为半高秆超级杂交稻产量指标的实现提供理论依据和技术支撑。

该书仅为超级稻的推广应用和研究，提供一定的参考和借鉴，由于笔者水平和经验有限，书中存在的缺点和不当之处，在所难免，敬请专家学者和广大读者批评指正，并提出宝贵意见和建议。

著　者

# 目　录

第一章　绪　论……………………………………………………… 1

　1 目的与意义 ……………………………………………………… 1

　2 水稻高产研究进展 ……………………………………………… 2

　　2.1 水稻超高产育种研究的历史及进展 …………………………… 2

　　2.2 超高产水稻栽培研究的来源及进展 …………………………… 9

　　2.3 水稻氮肥施用现状及超级杂交稻科学施氮研究进展 ………… 28

　　3 论文主要内容和技术路线 …………………………………… 34

第二章　超级杂交稻两种不同生态条件下的适应性研究 ……… 35

　1 材料与方法 ……………………………………………………… 35

　　1.1 供试材料 ………………………………………………………… 35

　　1.2 试验地点 ………………………………………………………… 36

　　1.3 试验方法 ………………………………………………………… 37

　　1.4 观察记载项目 …………………………………………………… 37

　　1.5 数据处理 ………………………………………………………… 37

　2 结果与分析 ……………………………………………………… 38

　　2.1 各参试品种综合性状的表现、显著性检验及多重比较分析 … 38

　　2.2 农艺性状及产量构成因素的变异性分析 …………………… 48

　　2.3 经济性状及产量构成因子的相关分析 ……………………… 49

　　2.4 品种综合性状的聚类分析 …………………………………… 52

　3 小结与讨论 ……………………………………………………… 55

3.1　参试组合产量比较情况·······································55

3.2　参试组合各项性状在不同生态条件下的变异系数分析·········55

3.3　参试组合农艺性状和产量构成诸因子的相关分析·············55

3.4　聚类分析　·················································56

**第三章　栽植方式对超级杂交稻的影响及分析**·················58

1　栽插及中耕方式对超级杂交稻生理特性和产量的影响及其灰色关联度

分析　·························································58

1.1　材料与方法·················································58

1.2　结果与分析·················································61

1.3　讨论·······················································66

2　不同垄栽对超级杂交稻产量及根系、剑叶生长的影响研究　·······69

2.1　材料与方法·················································69

2.2　结果与分析·················································71

2.3　小结与讨论·················································79

3　不同密度对超级杂交中稻产量和群体质量的影响　···············80

3.1　材料与方法·················································81

3.2　结果与分析·················································81

3.3　小结与讨论·················································85

**第四章　施氮量对超级杂交稻产量及性状的影响**·················86

1　材料与方法　·················································87

1.1　试验设计···················································87

1.2　测定项目和方法·············································87

2　结果与分析　·················································88

2.1　生长发育进程及分蘖动态·····································88

2.2　产量及主要经济性状·········································90

2.3　施氮对生长期叶面积动态及植株干物质积累的影响···········91

2.4　施氮对根系伤流的影响·······································93

2.5 施氮对根层分布的影响超高产水稻根系的发育形态 ……………… 93

2.6 各层次根系对形成超高产的贡献 ……………………… 93

2.7 施氮对剑叶张角的影响 ………………………… 94

3 小结与讨论 …………………………………… 95

3.1 氮肥管理对水稻生长发育和产量的影响 …………… 95

3.2 氮肥管理对水稻根系生长的影响 ………………… 95

3.3 氮肥管理对水稻剑叶生长的影响 ………………… 95

第五章　超级杂交稻优化施氮模式研究 …………………… 96

1 材料与方法 …………………………………… 96

1.1 试验设计 ……………………………………… 96

1.2 测定项目 ……………………………………… 97

1.3 数据处理 ……………………………………… 98

2 结果与分析 …………………………………… 98

2.1 水稻高产施氮模式 …………………………… 98

2.2 水稻优质施氮模式的研究 …………………… 101

2.3 水稻高氮素利用效率的施氮模式 …………… 105

2.4 不同施氮水平产量经济效益比较 …………… 108

3 小结与讨论 …………………………………… 109

第六章　超级杂交稻抗衰老与调控补偿栽培研究 ………… 111

1 材料与方法 …………………………………… 112

1.1 试验材料 ……………………………………… 112

1.2 试验设计与方法 ……………………………… 112

1.3 测定内容与分析方法 ………………………… 112

1.4 叶片绿叶面积变化计算方法 ………………… 113

2 结果与分析 …………………………………… 113

2.1 茎蘖动态 ……………………………………… 113

2.2 产量及构成 …………………………………… 114

　　　2.3 叶面积和功能叶光合功能期 ……………………………………… 116
　　3 讨论 …………………………………………………………………… 118
　　　3.1 合理的肥料运筹可以延缓衰老 …………………………………… 118
　　　3.2 穗肥的施用原则 …………………………………………………… 119
　　　3.3 根外追肥可以防早衰 ……………………………………………… 119
　　　3.4 库源关系与衰老 …………………………………………………… 120
　　4 结论 …………………………………………………………………… 120

第七章　综合处理对超级杂交稻生理特性及产量的影响 …………………… 121
　　1 不同施肥量和密度处理对超级杂交水稻的影响 …………………… 121
　　　1.1 材料与方法 ………………………………………………………… 121
　　　1.2 结果与分析 ………………………………………………………… 123
　　　1.3 小结与讨论 ………………………………………………………… 147
　　2 固氮解钾等微生物量的变化与超级杂交稻产量的关系研究 ……… 148
　　　2.1 材料与方法 ………………………………………………………… 150
　　　2.2 结果与讨论 ………………………………………………………… 152
　　　2.3 小结 ………………………………………………………………… 156

第八章　亩产过 900 千克的超级杂交稻根际微生物特点及高产栽培 …… 157
　　1 产量及土壤微生物分析 ……………………………………………… 157
　　　1.1 细菌数量的变化 …………………………………………………… 157
　　　1.2 真菌 ………………………………………………………………… 159
　　　1.3 放线菌 ……………………………………………………………… 159
　　　1.4 硝化细菌 …………………………………………………………… 159
　　　1.5 反硝化细菌 ………………………………………………………… 159
　　　1.6 甲烷细菌 …………………………………………………………… 160
　　　1.7 厌氧纤维分解菌 …………………………………………………… 160
　　　1.8 自生固氮菌 ………………………………………………………… 160
　　　1.9 磷细菌 ……………………………………………………………… 161

2 栽培管理措施 ……………………………………………… 161

　2.1 培育好壮秧 …………………………………………… 161

　2.2 精准施好"四肥" …………………………………… 161

　2.3 规范化移栽 …………………………………………… 162

　2.4 湿润好气灌溉 ………………………………………… 162

　2.5 科学防治病虫害 ……………………………………… 162

第九章　超级稻不同生育期土壤细菌和古菌群落动态变化 …… 164

1 材料与方法 ………………………………………………… 165

　1.1 试验地概况与供试材料 …………………………… 165

　1.2 样品采集 ……………………………………………… 166

　1.3 样品测定与分析 …………………………………… 166

　1.4 数据处理 ……………………………………………… 167

2 结果与分析 ………………………………………………… 167

　2.1 土壤基本理化性质 …………………………………… 167

　2.2 超级稻不同生育期土壤细菌和古菌群落高通量文库分析 … 168

　2.3 超级稻不同生育期土壤细菌和古菌群落结构动态分析 … 169

3 讨论 ………………………………………………………… 173

4 结论 ………………………………………………………… 176

第十章　超级杂交稻攻关实例 ……………………………… 177

1 试验示范基地情况 ………………………………………… 177

2 试验示范情况与结果表现 ………………………………… 178

　2.1 产量高，产量潜力大 ……………………………… 178

　2.2 库大源足 ……………………………………………… 178

　2.3 无主要病虫害发生 …………………………………… 179

　2.4 灌浆时间长，二次灌浆明显 ……………………… 179

3 超高产栽培综合配套技术 ………………………………… 179

　3.1 适期播种，培育壮秧 ……………………………… 179

3.2 精细整地，规格移栽 …………………………………………… 180

3.3 测土配方，分期施肥 …………………………………………… 180

3.4 合理灌溉，适时控苗 …………………………………………… 181

3.5 预防为主，综合防治 …………………………………………… 181

3.6 适时收获 ………………………………………………………… 181

4 讨论 ………………………………………………………………… 182

参考文献………………………………………………………………… 183

致　谢…………………………………………………………………… 199

# 第一章 绪 论

## 1 目的与意义

超级杂交稻育种是近些年来国内外水稻研究的重点、热点和难点。日本和国际水稻研究所（IRRI）分别于 1980 年和 1989 年提出了水稻超高产育种计划，但由于技术路线欠妥，未能选育出生产上大面积推广应用的超高产品种。

我国于 1996 年启动了超级稻育种计划，虽然起步较晚，但经过十余年的研究，已经取得了举世瞩目的成就，第一期 10.5 t/hm² 和第二期 12.0 t/hm² 的目标均已顺利实现，目前正处在第五期 18 t/hm² 的攻关阶段。

相对育种研究而言，超级稻的栽培理论与技术研究较为落后，影响了超级稻优良组合的大面积推广和产量优势的充分发挥。

目前，制约超级稻大面积推广的一个关键因素是超级杂交稻组合的地域适应性不明确。筛选适合于湖南长沙地区和海南三亚地区种植的超级杂交稻苗头组合，以促进两地的水稻生产，是本研究的目的之一。

目前，全国各地的超级稻高产典型尚不鲜见，但是其适宜生态条件下的栽培模式的系统研究较少。从栽插方式、中耕方式、垄栽模式与移栽密度等角度研究长沙与三亚地区的超级稻栽培模式，以规范两地区超级稻的生产，此为目的之二。

目前，超级杂交稻生产上，通常均以高肥料投入来获得高产，因此超级稻的产量优势能得到充分发挥，但效益优势尚未充分体现。本研究目的之三在于研究不同施肥水平与不同肥料运筹方式对超级杂交稻高产调控的影响，为实现超级稻的高产高效栽培提供理论指导与技术支持。

倒伏和早衰是超级稻获得超高产的重要限制因子之一，是实现我国农业部提出的超级杂交稻第三期目标的主要障碍。本研究拟通过优化栽培模式和科学水肥管理来提高超级稻抗倒性和抗早衰能力，为超级杂交稻高产潜力的充分发挥提供理论指导与技术支持，此为目的之四。

在超级稻高产栽培生理上，有关超级稻根系活力动态变化与叶片衰老及光合功能的关系，根系分布与叶片受光姿态的关系，以及超级杂交稻根际微生态等方面的研究较少。为此，本研究目的之五在于初步探索超级稻高产的根系生理机制，以丰富超级稻高产栽培的理论与技术体系。

## 2 水稻高产研究进展

### 2.1 水稻超高产育种研究的历史及进展

随着中国人口的不断增加，耕地面积不断减少，如何解决粮食问题就越显得突出，其最重要途径之一就是增加水稻总产量。以往水稻总产的提高，主要依靠增加复种指数、扩大水稻种植面积、提高单位面积水稻产量等三大措施。但是随着我国经济的快速增长、农村劳力大量向城镇转移和农业耕地资源减少的趋势不可逆转，因而提高单位面积产量将是增加水稻总产量的唯一途径。

#### 2.1.1 水稻高产育种的历史

我国 20 世纪 50 ~ 60 年代水稻矮化育种的掀起使稻谷产量增加 20% ~ 30%，给水稻生产带来第一次突破性飞跃。70 年代三系杂交稻的问世使稻谷产量在矮化育种的基础上又上了一个台阶，使稻谷单产增加 20%。但 80 年代以后，由于工业化和城市化的发展所带来耕地面积的减少、全球性气候环境的恶化即缺水引起干旱、冷害和盐碱化、病虫害的危害、育种与栽培技术上还没有重大突破、水稻基因资源开发缓慢等原因，水稻单产出现了连续 10 年的徘徊。为了打破水稻单产停滞不前的局面，世界各国先后开展超高产水稻和"超级稻"品种选育，如日本在 1980 年提出通过籼粳杂交培育增产 50% 的品种的 15 年计划，国际水稻所在 1989 年提出的利用热带粳稻培育少蘖巨穗的单产 12 ~ 12.5 t/hm² 的新株型育种计划，韩国 1991 年初先后制订超高产水稻或"超级稻"育种计划，并投入了大量的人力和物力，但至今水稻单产仍没有重大突破。我国袁隆平院士（1997）提出的二系法籼粳杂种优势利用[1]，杨守仁（1996）

提出的理想株型与优势利用等超高产育种途径[2]。我国也于 1996 年由农业部组织实施"中国超级稻育种项目",即通过各种途径的品种改良及配套的栽培技术体系,到 2000 年 6.6 公顷连片稳定实现单产 9 ～ 10 t/hm²,到 2005 年突破 12 t/hm²,到 2015 年达到 13.5 t/hm²。通过推广应用"中国超级稻研究"育成品种或杂交组合,推动我国水稻平均单产到 2010 年达到 6.9 t/hm²,2030 年跃上 7.5 t/hm² 的新台阶做好技术准备[3]。

### 2.1.1.1 超高产育种研究的兴起

水稻超高产育种（rice breeding for super high yield）最早由日本人提出。1981 年,日本农林水产省开始实施题为"超高产水稻开发及栽培技术确立"的大型合作研究项目,即所谓的"逆 753 计划",目标是利用 15 年时间,育成每公顷生产 10 t 糙米,或比对照品种秋光增产 50% 的超高产品种。到 20 世纪 80 年代末期,育成了晨星、奥羽 326 等品种,小面积产量已接近 10 t/hm²,但由于结实率、米质和适应性不理想以及不符合日本国情等原因,未能推广应用[4, 5]。

### 2.1.1.2 新株型（NPT）与超级稻

继 20 世纪 60 年代中期育成并推广了矮秆高产品种 IR8 号以后,国际水稻研究所（IRRI）的育种家又先后育成了一系列 IR 编号品种。但直到育成 IR72 号,产量潜力仍停留在 IR8 号水平上。IRRI 的科学家认为,要打破现有高产品种的单产水平,必须在株型上有新的突破。他们参照其他禾谷类作物的株型特点,经过比较研究,提出了新株型（new plant type,即 NPT）超级稻育种理论,并对新株型进行了数量化设计:低分蘖力,直播时每株 3 ～ 4 个穗,没有无效分蘖,每穗 200 ～ 250 粒,株高 90 ～ 100 cm,茎秆粗壮,根系活力强,对病虫害综合抗性好,生育期 110 ～ 130 天,收获指数 0.6,产量潜力 13 ～ 15 t/hm²。1989 年,IRRI 正式启动 NPT 超级稻育种计划,1994 年向世界宣布,他们的 NPT 超级稻育种已获得成功,在小区对比试验中,产量潜力已超过现有品种 20% 以上[6]。但同时承认,这些 NPT 超级稻结实率低,饱满度差,不抗褐稻虱,因此未能大面积推广应用。

IRRI 育成新株型稻以后,舆论界用"超级稻"（super rice）一词来大肆宣传这一稻作科学前沿领域的研究成果。自此以后,"超级稻"作为 NPT 稻或水稻超高产育种的代名词,广泛出现在各种新闻媒体中,并逐渐被人们所接受

和认同。同时，将"超级稻"界定为：产量潜力比现有高产品种或杂交稻提高
15% ~ 20%，绝对产量 12 ~ 15 t/hm²。在中国，广东省农科院也提出了通过
培育半矮秆丛生早长株型来实现水稻超高产的构想，他们设计的早晚兼用型超
级稻株型模式为：株高 105 ~ 115 cm，每穴 9 ~ 18 个穗，每穗 150 ~ 250 粒，
根系活力强，生育期 115 ~ 140 d，收获指数 0.6，产量潜力 13 ~ 15 t/hm²。在
华南稻作区，水稻栽培分为早晚两季，与北方单季粳稻和四川盆地的一季中籼
稻相比，每一季的生长时期相对较短。要高产，品种的生产速度必须快，通过
冠层的早形成尽可能多地利用生育前期的温光条件，增加日产量。这种株型模
式与 IRRI 的 NPT 相比，在株高、分蘖力及生育期等方面都有明显的差异[7]。

### 2.1.1.3 超级杂交稻育种研究

　　1985 年袁隆平院士在中国首先提出了杂交水稻超高产育种的设想，针对
湖南省以双季稻为主的特点，初步拟定 1990 年达到的超高产育种指标是：早
稻全生育期 110 ~ 115 d，产量 9 t/hm²，日产量 82.5 kg/hm²；晚稻全生育期
110 ~ 115 d，产量 9.75 t/hm²，日产量 90 kg/hm²，并提出在原有产量基础上提
高 20% 作为超高产育种的目标[8]。1997 年，袁隆平院士提出了超级稻选育的
课题，1998 年 8 月呈报给朱镕基总理，立即得到批准，并获总理基金资助。同
年 10 月，在长沙召开项目论证会，从而正式启动了"超级杂交稻选育"项目[9]。
袁隆平院士提出：超高产水稻的产量指标，应随时代、生态地区和种植季别的
不同而异，在育种计划中应以单位面积的日产量而不用绝对产量作指标比较合
理，这种指标不仅通用而且便于作统一的产量潜力比较，因为水稻生育期的长
短与产量的高低密切相关，他建议在"九五"到"十五"期间我国超高产杂交
水稻的育种指标是：每公顷每日的稻谷产量为 100 kg[1]，米质要求达到部颁二
级以上优质米标准，并且抗两种以上主要病虫害。袁院士认为，通过两系法利
用籼粳稻亚种间杂交产生的强优势，可以育成比现有三系杂交稻产量高 20% 以
上的超高产新组合[10]。光温敏核不育和广亲和基因的发现为实现这一设想提
供了可能性。但随之而来的亚种间直接杂交产生的强大"负向优势"劣化了株
型，使"可利用优势"的增产效果大打折扣。为此，袁隆平院士提出"远中求
近，高中求矮"的配组原则。最近，袁隆平院士进一步注意到株型在超级杂交
稻育种中的重要性，提出了选育超级杂交籼稻的株型指标：即株高 100 cm，上

部三叶长、直、窄、厚，凹字形，剑叶长 50 cm，高出穗层 20 cm，穗弯垂[10]。这是一种典型的"叶下禾"株型模式，重点是发挥上三叶叶冠层在生育后期群体光合作用与物质生产中的作用，增加日产量。利用亚种间杂种优势选育超级稻的另一条途径是四川农业大学提出的"亚种间重穗型三系杂交稻超高产育种"[11]。这是基于四川盆地少风、多湿、高温，常有云雾的具体条件提出的。在这种生态条件下，适当增加株高，减少穗数，增加穗重，更有利于提高群体光合作用与物质生产能力，减轻病虫危害，获得超高产。

## 2.1.2 水稻高产育种现状

10 余年来中国超级杂交水稻研究已取得突破性进展，在基础理论和品种选育方面都取得较大进展，尤其是在"超级杂交稻"品种选育方面有了重大突破。自 1996 年"中国超级稻研究"项目实施以来，据不完全统计，通过籼粳杂交或不同生态型品种杂交，至 2001 年已有 7 个常规稻品种和 44 个杂交稻组合通过省级或全国品种审定。育成的多数品种和组合大面积种植单产达 9.75 ~ 10.5 t/hm²，有的百亩片单产超过 12 t/hm²[12]。到 2007 年止，湖南超级稻已经审定的品种见表 1–1。

1998—2003 年，湖南累计试验示范推广面积 28.0 万 hm²，大面积单产达 8.25 ~ 9.00 t/hm²，比一般品种每亩增产 50 ~ 100 kg。沅陵县种植两优培九 1334 hm²，比汕优 63 每亩约增稻谷 100 kg；永顺县种植两优培九 4786.7 hm²，单产达 8.76 t/hm²。2004 年在洪江、衡山、汝城、隆回、桂东对金优 611、P88S/0293、准两优 527 测产，单产分别达到 9.89 t/hm²、11.04 t/hm²、12.05 t/hm²、12.15 t/hm²、12.63 t/hm²[13]。根据我国农业部立项的超级杂交中籼稻产量指标：第一期：1996—2000 年，亩产由 550 kg 提高到 700 kg；第二期：2001—2005 年，亩产由 700 kg 提高到 800 kg（连续两年在同一生态区内 2 个点，每点 100 亩的平均产量）。2000 年实现了第一期的产量指标，仅湖南省就有 16 个百亩和 4 个千亩示范片，亩产超过 700 kg。2001 年推广 1000 万亩以上，平均亩产 620 kg。2002 年 1800 多万亩，平均亩产过 600 kg。一般比普通杂交稻每亩增产 50 ~ 100 kg。第二期超级杂交稻育种已经取得重大进展，在 2004 年比计划提前一年就达标了。2002 年湖南龙山县 1 个 127 亩的示范片，亩产 817 kg。2003 年湖南有 5 个百亩示范片达标。2004 年在海南有 2 个百亩片达标，另外还在湖南等 7 省安排了 30 个百亩和 2 个千亩示范片。

表 1-1　湖南超级稻品种（组合）（至 2007 年止）

| 季　别 | 组合名称 | 选育单位 |
|---|---|---|
| 早稻，两系早中熟 | 株两优 819 | 湖南亚华种子有限公司 |
| 早稻，两系迟熟 | 陆两优 996 | 湖南农业大学 |
| 早稻，两系早中熟 | 株两优 02 | 湖南省株洲市农科所、湖南亚华种业科学研究院 |
| 晚稻，中熟晚籼三系组合 | 丰源优 299 | 湖南杂交水稻研究中心 |
| 晚稻，中熟晚籼三系组合 | 金优 299 | 湖南杂交水稻研究中心 |
| 一季中稻或一季晚稻，籼型两系 | Y 两优 1 号 | 湖南杂交水稻研究中心 |
| 一季中稻，籼型两系 | 准两优 527 | 湖南杂交水稻研究中心 |
| 一季中稻，籼型两系 | 两优培九 | 湖南杂交水稻研究中心与江苏省农科院合作选育 |
| 一季中稻，籼型两系迟熟 | 两优 293 | 湖南杂交水稻研究中心 |
| 一季中稻，籼型两系迟熟 | 两优 389 | 湖南杂交水稻研究中心 |
| 一季中稻，三系中熟偏迟 | 湘华优 7 号 | 湖南亚华种业科学研究院 |
| 一季中稻，三系中熟偏迟 | T 优 640 | 湖南杂交水稻研究中心 |
| 一季中稻，三系迟熟 | T 优 300 | 湖南杂交水稻研究中心 |

　　超级稻品种的成功选育是水稻育种的重大科技进步，是提高水稻单产水平的主导技术。从试验示范情况看，超级稻单产的增产潜力大，只要掌握好生产技术，可以较大幅度地提高单产水平[13]。

2.1.2.1　北方常规粳稻超高产新品种选育

　　以沈阳农业大学为代表的北方粳稻超高产育种研究，是 20 世纪 80 年代中期在籼粳稻杂交和水稻理想株型理论研究基础上形成和发展起来的。到目前为止，大体上已经历了超高产基础理论研究、新株型种质创造和超高产新品种选育 3 个阶段，并取得了明显的进展[3]。育成了沈农 265 和沈农 606，验证了沈阳农业大学提出的超级稻育种理论与技术路线的正确性，而且也验证了在北方寒地稻作生态区实现超高产以及超高产与优质相结合的可能性[14]。

2.1.2.2　南方超级杂交籼稻新组合选育

　　与北方常规粳稻超高产育种不同，南方籼稻主要是通过两系法或三系法选育超级杂交稻，其中进展较为明显的是国家杂交水稻工程技术研究中心和中国水稻研究所等。国家杂交水稻工程技术研究中心袁隆平院士领导的课题组，主要是利用两系法选育籼粳稻亚种间超级杂交稻。按照袁院士提出的"高中求矮，远中求近"的配组原则和直立长叶弯穗株型模式，已育成超级杂交稻新组合"两优培九"、"准两优 527"、"Y 两优 1 号"、"两优 0293"（88S/0293）、"两优 389"等。目前已经报道，湖南第一期单产水平达到 11.94 t/hm$^2$（两优培九），第二期单产水平达到 12.11 t/hm$^2$（88S/0293）；各地选育的超级稻组合在云南永胜种植的单产水平达到了 18 t/hm$^2$ 左右。新华社援引农业部消息，经省级以上审定的超级稻品种有 12 个，1998—2003 年，累计在长江流域稻区、东北稻区示范推广超级稻面积 746.7 万 hm$^2$，一般单产可达 9 t/hm$^2$，总增产稻谷约 65 亿 kg [13]。

中国水稻研究所主要是通过三系法选育超级杂交籼稻。现已育成的代表性组合为"协优 9308"。1998 年浙江省温州市生产试验比对照汕优 63 增产 12.4%。1999 年春通过浙江省品种审定。1999 年 10 月浙江省科委组织省内外专家对浙江省新昌县千亩示范片中的高产田块 1140 m$^2$ 实割测产验收，单产达 12.19 t/hm$^2$，创浙江省历史最高纪录。该组合集高产、优质、多抗及优良株型于一体。2000 年在浙江省新昌县试种示范 6.87 hm$^2$，平均单产达 11.83 t/hm$^2$。福建省育种家采用形态生理改良与提高杂种优势水平相结合的技术路线，培育三系超级杂交稻，培育了 II 优明 86、汕优明 86、特优航 1 号等高产组合 [15]。中国超级稻在北方与南方同时试种示范成功，说明无论超级常规粳稻还是超级杂交籼稻的研究，都取得了历史性的重大突破。与国际上同类研究相比，至少在超级稻育种理论研究、新株型优异种质创造和实用型超级稻新品种或新组合选育方面处于领先地位，并预示着广阔的发展前景 [14]。

### 2.1.3 高产育种的发展

按袁隆平院士提出的超级杂交水稻育种技术，一是能高效利用光能的形态改良；二是利用强大的亚种间杂种优势；三是通过生物技术利用远缘的有利基因。

#### 2.1.3.1 理想株型的塑造

塑造理想的株叶形态和群体结构是超级稻新组合获得高产稳产的基础，选育理想株型与有利优势相结合的超级稻新组合，这是突破产量优势的关键。关于理想株型，我国学者杨守仁教授提出了以"三好理论"为基础的北方粳稻直立大穗株型模式，强调要优化性状间的组配[16-18]；黄耀祥院士则提出了南方籼稻"半矮秆早生快长"的超高产株型模式，最近又针对大穗型品种存在结实率较低等问题，提出"早长、根深"的新构想，强调地上部的源（叶、茎）与地下部的源（根系）两者的功能在更高水平的配合——"两源并举"[19-21]；周开达院士提出了"重穗型"超高产模式，强调单穗重（5 g以上）以及剑叶和倒2叶长度[11]；袁隆平院士提出的超级杂交籼稻的株型指标是典型的"叶下禾"株型模式，重点是发挥冠层叶片在生育后期群体光合作用与物质生产中的作用，增加日产量[22-23]。可见，必须探索适合不同生态条件种植的超级稻理想株型。

### 2.1.3.2　特异性水稻育种材料的发掘与创新

从水稻特异性育种材料的发现，往往会引起水稻育种的突破，如矮脚南特的发现，李必湖在海南发现花粉败育的野生稻，石明松在湖北发现农垦58不育株等，相应地引发了矮化育种、杂交水稻三系配套以及二系杂交稻的成功选育。今后特异性水稻育种材料的发掘和创新对育种工作者提出了更高的要求和挑战，我们可通过生物技术、航天育种技术、辐射技术等现代育种技术创造新的特异种质材料。比如在明恢86高配合力的基础上，如何提高其配组组合的收获指数；在特A的高配合力基础上，如何改进其育性稳定性和米质等问题。

### 2.1.3.3　优良基因的聚合和重组

一般常规水稻只具有加性效应；品种间杂交稻既具加性效应又具显性效应；亚种间杂交稻，不仅有加性效应，显性效应还有上位性效应，超显性效应。通过籼粳亚种间育种，建立粳型亲籼系的育种体系和鉴定技术，实现籼粳亚种间的优良基因的聚合和重组，配制籼粳亚种间杂交稻组合，使杂交稻产量上一个新台阶。

### 2.1.3.4　分子生物技术与常规技术相结合

鉴于单纯依赖于常规育种技术在推进超高产育种中存在的困难，以及现代育种方法在打破物种界限和提高选择能力上的巨大潜力，现代育种方法的应用对促进超级稻选育将发挥越来越大的作用[24]。现代育种方法包括航天育种、生物技术育种等，是培育水稻品种的高新技术。航天育种的最大特点在于能在较短的时间里创造出目前地面上诱变育种方法较难获得的罕见突变基因资源，有益变异多、变幅大、稳定快。因而可以培育出高产、优质、早熟、抗病性强的优良品种；生物技术育种综合分子、细胞遗传学最新技术，进行农作物功能基因，如抗除草剂、抗虫、抗病、抗逆、高产、优质等性状有关基因的分子标记及 QTL 标记，进行育种材料的选择，快速、高效地培养出目标性状有重大突破的新品种。

国家杂交水稻工程技术研究中心与美国康奈尔大学合作，在野生稻中发现两个增产 QTL 位点，每个位点具有增产 18% 的效应。用近等基因系初步测交，结果 $F_1$ 比对照增产 20% 以上；中心科研人员还将稗草 DNA 导入恢复系 RB207，用它与多个不育系测交，其中，GD–1S/RB207 表现十分突出，理论产量可达 15 t/hm$^2$；将玉米 $C_4$ 基因转育到水稻植株，再进一步转育到超级杂交稻亲本中。据测定，$C_4$ 水稻叶片的光合效率比 $C_3$ 水稻的高 30%。

常规育种技术仍将在 21 世纪发挥重要作用，但高新技术将对一些重大技术问题起有效的辅助作用。现代水稻品种的丰产性、优良品质、抗逆性和适应性等综合农艺性状是由基因系统决定的，高新技术应立足于常规技术无法或难以解决的某个点或局部问题上发挥作用。现代育种方法仍将离不开传统育种方法，必须将传统育种方法与现代育种方法有机地结合起来[13]。

我国以籼粳亚种间强优势利用与理想株型相结合为主要特征的超级稻研究已初见成效。为了将超级稻第一、二阶段取得的研究成果尽快推向生产第一线，袁隆平院士于 2006 年提出了"种 3 产 4"丰产工程的伟大构想，并于 2007 年率先在湖南试验示范。所谓"种 3 产 4"丰产工程，就是运用超级杂交稻的技术成果，用 3 hm$^2$ 地产出现有 4 hm$^2$ 地的粮食，节余 1/4 的面积也就是等于增加 1/4 的粮食耕地。建议用 5 年的时间，到 2011 年，全国推广超级杂交稻 400 万 hm$^2$，产出现有 533 万 hm$^2$ 地的粮食，可多养活 3000 多万人[25]。虽仍存在许多有待克服的难关，但通过遗传、育种、生理、栽培等不同学科的通力合作以及与国内外科研机构的合作与交流，现代高新技术与传统技术的结合，相信在不久的将来，超级稻研究将取得新的更大成功，从而使中国水稻产量跃上一个新台阶，为中国国民经济和社会发展乃至世界和平和粮食安全做出新贡献。

## 2.2 超高产水稻栽培研究的来源及进展

### 2.2.1 超高产栽培研究的来源

为解决未来人口粮食危机，1980 年日本在水稻育种的"逆 7.5.3 计划"中首次提出"超高产"概念，要求在 15 年内育成比原有品种增产 50% 的超高产品种，即到 1995 年要在每公顷原产 5.00 ~ 6.50 t/hm² 糙米的基础上提高到 7.50 ~ 9.75 t（折合稻谷 9.38 ~ 11.29 t）[26,27]。1985 年袁隆平院士在中国首先提出了杂交水稻超高产育种的设想，针对湖南省以双季稻为主的特点，初拟 1990 年达到的超高产育种指标是：早稻全生育期 110 ~ 115 d，产量 9 t/hm²，日产量 82.5 kg/hm²；晚稻全生育期 110 ~ 115 d，产量 9.75 t/hm²，日产量 90 kg/hm²，并提出在原有产量基础上提高 20% 作为超高产育种的目标[28]。1989 年国际水稻研究所提出培育"超级稻"后又改称"新株型"育种计划，目标是到 2005 年育成单产潜力比现有纯系品种高 20% ~ 25% 的超级稻，即生育期为 120d 的新株型超级稻，其产量潜力可达 12 t/hm²。1996 年中国农业部立项的"中国超级稻"育种计划，到 2005 年，杂交稻双季早、晚籼及单季稻每公顷产量分别为 11.25 t、11.25 t 和 12 t[29]。2008 年中国农业部办公厅颁发的《超级稻品种确认办法》中指出：超级稻品种（含组合，下同）是指采用理想株型塑造与杂种优势利用相结合的技术路线等途径育成的产量潜力大、配套超高产栽培技术后比现有水稻品种在产量上有大幅度提高，并兼顾品质与抗性的水稻新品种。超级稻品种各主要指标如表 1–2。

表 1–2　超级稻品种各主要指标

| 区域 | 长江流域早熟早稻 | 长江流域中迟熟早稻 | 长江流域中熟晚稻；华南感光型晚稻 | 华南早晚兼用稻；长江流域迟熟晚稻；东北早熟粳稻 | 长江流域一季稻；东北中熟粳稻 | 长江上游迟熟一季稻；东北迟熟粳稻 |
|---|---|---|---|---|---|---|
| 生育期 /d | ≤ 105 | ≤ 115 | ≤ 125 | ≤ 132 | ≤ 158 | ≤ 170 |
| 百亩方产量（kg/ 亩） | ≥ 550 | ≥ 600 | ≥ 660 | ≥ 720 | ≥ 780 | ≥ 850 |
| 品质 | 北方粳稻达到部颁 2 级米以上（含）标准，南方晚籼达到部颁 3 级米以上（含）标准,南方早籼和一季稻达到部颁 4 级米以上（含）标准。 | | | | | |
| 抗性 | 抗当地 1 ~ 2 种主要病虫害。 | | | | | |
| 生产应用面积 | 品种审定后 2 年内生产应用面积达到年 5 万亩以上。 | | | | | |

"杂交水稻超高产栽培"的提出，首次出现在 1986 年杂交水稻长沙国际学术讨论会上颜振德宣读的论文"论杂交水稻超高产栽培"[30] 中。他认为"水稻

超高产栽培所研究的产量水平，因地区的种植制度、品种（组合）类型以及当地温光资源的不同而不同，一般来说，超高产栽培的产量指标应比当地大面积产量水平高出一倍左右。以江苏省为例，1981 年水稻平均单产为 5.6 t/hm²，超高产栽培的产量指标定为 11 t/hm² 以上"。显然他的超高产指标是以若干品种大面积的平均水平作参照，颇具超前性和模糊性。该文又指出："超高产育种与超高产栽培都是取得稻谷最高产量指标的途径，前者侧重基因改良，后者侧重环境改善，没有品种（组合）生理活性的改善，即使栽培技术环境条件很好，也不能达到理想的产量，没有良好的栽培技术，品种、组合的内在增产潜力也不能得到发挥，两者关系紧密，缺一不可。"可见，谈超高产育种不能脱离超高产栽培，谈超高产栽培也必然涉及超高产育种。邹应斌（1997）提出选用当地推广的品种采用超高产栽培比传统栽培增产 15% ~ 20%[31]。以湖南省为例，要在双季稻"吨粮田"的基础上早晚两季分别增产 75 ~ 100 kg/hm²，跃上单产 9 t/hm² 的台阶，远高于全国平均单产 6.9 ~ 7.5 t/hm² 的超级稻研究的预定目标。由于开展超高产研究的历史不长，关于超高产栽培的具体指标，笔者认为，如同超高产育种指标一样，凡是达到了该计划所制定的某档产量指标或增产幅度的栽培技术就是超高产栽培。超高产栽培首先受到品种生态适应性（含感温或感光性、抗逆性、抗病虫性等）的制约，同一品种在湘北和湘南的播种期不同，长势、长相、生育期、产量也不一样，因此，超高产栽培的指标是相对的，不是绝对。我们应该因地区、品种类型和栽培季别的不同而不同，并根据基础条件分不同档次来逐步实现。（说明：湖南省稻作类型多样，单、双季，早、中、晚，籼、粳、糯，常规与杂交都有，因篇幅所限，本文所指"超高产栽培"仅就一季中或晚稻的籼型杂交稻而言。）

### 2.2.2 水稻超高产栽培的新理念

上已述及，所谓超高产是相对于高产而言，即比一般高产的产量水平更高，故有人把超高产称为特高产、高产更高产或高产再高产。一般有几种解释：（1）比对照品种增产 15% 以上者称为超高产品种；（2）比现有产量每公顷增产 1500 ~ 3000 kg 的为超高产；（3）在目前生产水平下每公顷产量达 10 t 以上者；（4）日产量超过 75 kg/hm² 者[32-34]。袁隆平院士认为超高产以单位面积的日产量而不用绝对产量作指标比较合适。这种指标不仅通用，而且便于作统一的产量潜力比较，因为生育期的长短与产量高低密切相关，对生育期相差悬殊的不同品种要求有相同或相差很小的绝对产量是不科学的。他提出超高产的指标是每公顷日产稻谷 100 kg。1996 年中国农业部"中国超级稻育种及栽培体系研究计划"所制定的产量目标，其中杂交水稻双季早、晚籼、单季籼（粳）稻的指标：第一期（1996—2000 年）分别为 7.5 t/hm$^2$、7.5 t/hm$^2$、10.5 t/hm$^2$；第二期（2001—2005 年）分别为 11.25 t/hm$^2$、11.25 t/hm$^2$、12 t/hm$^2$，并要求连续 2a 在同一生态区内有 2 个点，每点 6.67 hm$^2$ 以上平均达到上述指标。而 2008 年《农业部办公厅关于印发〈超级稻品种确认办法〉的通知》（农科办〔2008〕38 号）所规定的超级稻品种各主要指标（表 1–2），则对水稻的主要生产地、不同熟期和籼粳类型水稻品种的生育期、百亩方产量、品质、抗性和应用面积等做了进一步的明确界定，具有极强的针对性和指导性。它包含的既是育种、也是栽培的共同目标。笔者认为，所谓超高产栽培是指在现有高产栽培产量水平的基础上，根据品种的特征特性和各生态区具体的生产条件，参照部颁指标，遵循科学规律，最大限度地协调水稻生产中的各种矛盾，特别是要创造条件，使超级杂交稻的优质、高产各性状基因充分表现变成现实生产力，进一步提高产量 20% ~ 30%，同时也尽可能地降低化学品投入和生产成本，实现高额产量水平上的稻米质量安全与生产高效益和生态环境友好。

### 2.2.3 超高产栽培现状

在袁隆平院士的指导和率领下，经过科研人员的多年努力和协作研究，已育出一批很有希望的超高产苗头组合。如两系亚种间杂交组合培矮 64S/E32，1997 年江苏 3 个点试种 0.24 hm$^2$，平均产量高达 13.26 t/hm$^2$；1998 年在江苏和湖南又有 4 个示范点共种植 25 hm$^2$，产量达 12 t/hm$^2$ 以上 [39]。杂交中稻第一期指标湖南省已有几个示范片在 1999—2001 年内基本实现 [40]，育成的主要组合有培矮 64S/E32、培矮 64S/9311（即"两优培九"）；在 2002 年，由国家杂交水稻工程技术研究中心选育的超级稻先锋组合 P88S/0293 在龙山县示范种植 8.47 hm$^2$，平均单产达 12.26 t/hm$^2$[41–42]。2003 年，国家杂交水稻工程技术研究中心配合湖南省"超级稻办"，将一些超级稻先锋组合在全省范围内安排 26 个"百亩（6.67 hm$^2$）示范片"，经测产验收，只有 5 个片产量超过 12 t/hm$^2$。综观几年来的试验、示范表现，能达各档超高产指标的比率大致为 25%。产量表现较好的地方有汝城、桂东、隆回、中方、湘潭、龙山等县（市）[43]。我们需要在栽培生理生态上进行系统的深入研究，注意品种适宜生态区，注重超级杂交稻的标准化生产。

### 2.2.3.1　关于超高产水稻的产量形成

水稻产量与产量构成因素之间的关系，已有很多报道。一般认为由低产到高产的主攻方向是增加有效穗数，每穗实粒数，而高产再高产的关键是提高穗实粒数（结实率）和千粒重。据马均等研究[35,36]，在攀西稻区产量与有效穗的正相关最显著（$r=0.9617$），其次是千粒重和结实粒数，说明在攀西稻区要实现重穗型组合的超高产，应首先保证有充足的有效穗数，然后在足穗的基础上攻大穗和粒重，从而达到超高产。湛江市水稻特高产栽培研究协作组研究认为：从亩产量超 750kg 的特高产水稻穗粒结构分析，亩产量与亩穗数、每穗实粒数之间呈二元回归方程，$Y=23.579+12.086X1+3.7427X2$，当每穗实粒数（X2）保持平均水平（118.58 粒）时，每亩穗数（X1）每增加 1 万，亩产量将平均地增加 12.09 kg；当亩穗数（X1）保持平均水平（24.09 万个）时，每穗实粒数每增加 1 粒，亩产量将平均地增加 3.74 kg。由此可见，采取增穗增粒并重的途径来夺取高产是比较可靠的。通过前期早促早控，提高成穗率（70% 以上），增加有效穗，同时中期重施穗肥，促穗大粒多粒重，从而达到穗粒协调，实现超高产。杨惠杰等[37,38] 分析比较了不同时期主栽品种和杂交稻组合不同产量水平的产量构成和库源结构认为：现有高产品种的粒容变异不大，扩大产量库主要靠增加单位面积总粒数。比较福建龙海和云南涛源两地的产量构成看出，云南涛源主要是靠大幅度增加单位面积穗数而高产的，而每穗粒数、结实率和千粒重差异不大。显然超高产水稻的产量结构，是在适应当地生态条件的足穗基础上培育大穗，兼容穗多与穗大，形成巨大的库容量。可见，稳定穗数，培育大穗，增加单位面积总颖花数，增大库容量，是水稻超高产栽培的总趋势。

### 2.2.3.2　超高产栽培成功实例

根据水稻强化栽培技术（System of Rice Intensification，简称 SRI）栽培的技术原理与基本方法，结合当地高产栽培的实际经验，以及超级杂交稻本身的组合特性，我们摸索出了改良型强化栽培模式和超级杂交稻超高产栽培模式。改良型强化栽培技术体系：确立适宜播种期，采用简化旱育秧培育壮秧或软盘育秧，每盘 353 孔，以旱土作为软盘育秧的基质，每孔播芽谷一粒，可采用播种器以提高功效。适龄规范移栽，乳苗移栽，一般秧苗长出 2 片真叶后，选健壮单苗移栽，移栽秧苗不要超过 3 叶龄。合理稀植，株行距以 26.7 cm × 26.7 cm 或 30 cm × 30 cm 为宜，一般生育期长的中稻较稀，生育期短的晚稻相对较密。科学环保配方施肥，重施有机肥，以化学肥料为辅。一般每亩应施用腐熟的堆肥 1500 ~ 2000 kg 作基肥或猪牛粪 800 ~ 1000 kg。开沟控水，节水灌溉，湿润为主，干湿交替，一般在水稻营养生长期间，土壤仅保持湿润，并间歇地使干至微坼，迫使根系往下深扎；孕穗期，稻田保持 1 cm 左右薄水层；收割前10 天左右排干水。中耕除草，一般以化学除草与人工中耕除草相结合；综合防治病虫害。

表 1–3    准超级杂交稻 P88S/0293 栽培示范产量比较

| 示范田 | 株高 /cm | 有效穗 /（10⁴/hm²） | 成穗率 /% | 穗总粒数 | 结实率 /% | 千粒重 /g | 实割产量 /（t/hm²） |
|---|---|---|---|---|---|---|---|
| 三亚 100 亩片一类田 (03–04) | 115.5 | 357.36 | 52.17 | 157.20 | 96.28 | 24.1 | 12.50 |
| 三亚 100 亩片二类田 (03–04) | 114.7 | 302.44 | 54.36 | 165.91 | 93.29 | 24.1 | 10.54 |
| 澄迈 100 亩片（03–04） | 117.9 | 261.31 | 49.48 | 202.10 | 95.11 | 25.5 | 12.07 |
| 三亚（2002–2003, 试种 1.16 亩） | 109 | 299.98 | 42.2 | 186.8 | 93.5 | 23.7 | 12.4 |
| 湖南龙山 100 亩片（2002） | 123.5 | 247.5 | 43.44 | 223.4 | 93 | 26.2 | 12.26 |

在湖南杂交水稻研究中心和海南三亚南繁试验场及有关协作示范基点，每年都进行超高产苗头组合的超高产栽培试验、示范，运用了各种栽培方法，如："前促中控后补法""接力型施肥法""一道清施肥法""双两大""SRI"（含"厢垄式"、"宽窄行"与"三角型"式）等，测产验收都有可喜的收获。2002—2004 年部分准超级中稻栽培试种的产量结果如表 1–3 所示。

国家杂交水稻工程技术研究中心选育的超级杂交稻新组合 P88S/0293 和准两优 527 在各地测产结果见表 1–4，其中准两优 527 已经国审。各地采用改良型水稻强化栽培技术体系取得的测产结果附于表 1–4 内 [44]。

表 1–4 各地测产结果

| 时间 | 地点 | 组合名称 | 面积 /亩 | 验收组织单位 | 平均产量 /(t/hm²) | 备注 |
|---|---|---|---|---|---|---|
| 2002/9/10 | 湖南龙山华塘乡螺丝滩村 | *P88S/0293 | 121.5 | 湖南省农业厅 | 12.26 | 选三丘测产，二丘随机多点取样 |
| 2003/4/30 | 海南三亚荔枝沟三亚警备区农场 | *P88S/0293 | 1.16 | 海南省农业厅 | 12.40 | 多点取样实测 |
| 2003/9/16 | 湖南隆回县羊古坳乡罗鼓村 | *P88S/0293 | 102.2 | 湖南省农业厅 | 12.03 | 选三丘测产 |
| 2003/10/9 | 湖南省湘潭泉塘子 | *P88S/0293 | 102 | 农业部科技教育司 | 12.11 | 选一丘测产 |
| 2004/8/29 | 怀化市中方县花桥乡梅树冲村 | *P88S/0293 | 107.2 | 湖南农大、湖南省种子管理站等 | 12.04 | 选三丘测产 |
| 2004/9/20 | 湖南隆回县羊古坳乡罗鼓村 | *P88S/0293 | 102 | 湖南省农业厅 | 12.15 | 选二类，每类各一丘多点取样测产 |
| 2004/9/30 | 安徽安庆市潜山县梅城镇王湾村 | *P88S/0293 | 119 | 安庆市科技局 | 12.03 | 选三类测产，每类多丘多点取样 |
| 2004/10/4 | 湖南汝城县三星镇 | *P88S/0293 | 102 | 湖南省超级稻开发办公室 | 12.05 | 测一丘代表田，实收 0.54 亩 |
| 2004/10/4 | 湖南溆浦县桥江镇独石村 | *P88S/0293 | 112.88 | 怀化市农业局 | 12.10 | 选三类田实测然后加权平均 |
| 2004/9/6 | 湖南汝城三星镇范龙村 | *准两优 527 | 107 | 湖南省超级稻办公室 | 12.14 | 选三丘多点取样测产 |
| 2004/9/26 | 贵州省遵义县南白镇青山村中山村民组 | *准两优 527 | 132 | 贵州省农业厅 | 12.19 | 选二丘测产，实收 0.536 亩 |
| 2004/10/3 | 湖南桂东寨前乡 | *准两优 527 | 105 | 湖南省超级稻开发办公室 | 12.63 | 选一丘测产 |
| 2002/9/3 | 温江 | 两优 280（中熟） | 1.5 | 四川省科技厅 | 8.78 | 3 点取样实测 |
| 2003/9/10 | 都江堰 | 辐优 802 | 30 | 四川省科技厅 | 10.74 | 3 点取样实测 |
| 2004/8/31 | 眉山 | II优 802、冈优 527 等 | 500 | 四川省科技厅 | 11.22 | 2 块田实测 |
| 2004 | 四川 22 个县 | 大穗型为主 | 16400 | 四川省农业厅 | 9.12 | 每个县 10 块田 |

注：带 "*" 为国家杂交水稻工程技术研究中心所育组合。

### 2.2.3.3 高产生理研究

群体光合作用和干物质生产

超级杂交水稻的高产潜力主要表现为大穗，且结实率高，但水稻籽粒产量最终决定于光合生产能力和光合产物的运转和分配。超级杂交稻在形态上构建了较大的库和源，即库大源足表现出超高产特点。严进明等人（2001）利用 $^{14}C$ 同位素示踪技术，研究了两优培九、亚优 162、特优 124 等重穗型杂交稻的光合能力和光合产物的运转特性[45]，发现重穗型杂交稻的光合能力强且光合功能的高值持续期长，在源库方面具备了高产潜力，但光合产物的运转效率不如汕优 63。由于茎中光合产物的运转量及运转效率与籽粒增重存在极显著的正相关，并且决定光合运转效率的关键酶蔗糖磷酸成酶（SPS）等起着重要作用，如果能用生理调控的方法增强 SPS 的活性。从而提高光合产物的转运效率，有可能进一步发挥两优培九的产量潜力。高产水稻干物质生产的比例顺调，表现为拔节期占成熟期干重的 20%～25%，孕穗期约占 50%，齐穗期约占 70%，比例过高或过低均不利于产量形成[46]。刘秋英（1998）对新育成的超级杂交稻新优 752 和汕优 63 的干物质生产与分配特性进行了比较研究[47]，发现新优 752 比汕优 63 的 LAI 和干物质积累量增长迅速，生长旺盛，光合效率高；完熟期保持较高的 LAI，表现后劲足；干物质积累强度大，各阶段保持较高的净光合生产率。从干物质分配特性来看，新优 752 的茎、叶鞘干物质重所占比率与汕优 63 相近，总干物质重显著高于汕优 63，且干物质的输出率及运转率高。齐穗前茎叶贮藏的同化物转运到穗部的占完熟时穗干重的 27.9%，约 72.0% 的穗部干物质来源于齐穗后的叶片所生产的同化物。新优 752 单位面积颖花数和千粒重大，而比汕优 63 增产达 25.8%，且日产量亦高。

根系生长发育与形态特征

杂交水稻不仅表现出强大的干物质生产优势和产量优势，而且在根系的生长和生理机能上也有明显优势，根数、根粗、根长、根体积、根量都明显超过常规水稻。根系是固定植株、吸收养分水分，合成氨基酸和细胞分裂素等激素的器官，与地上部保持着一定的形态与机能的平衡。因此，根系研究已成为超级杂交水稻的一个重要研究方面。郑景生等人（1999）比较研究了特优 63 不同产量水平的根系发育形态[48]，发现单产 12 t/hm$^2$ 左右的超高产水稻，20 cm

土层内的各层根系具有较大的干重、体积和总长，分枝根十分发达，在土壤中密集成网。随着产量的提高，地上、地下部分的干物重也同步增长，根冠比逐渐扩大，根系活力相应增强，从而维持地上、地下部形态及机能的综合平衡，各根层形成对高产的贡献率以 0 ~ 5 cm 的上层根为主，约占 65%；5 ~ 20 cm 的下层根次之，约占 35%。周汉钦等人（1997）比较研究了大穗型品种（胜优 2 号）、穗数型品种（双桂 36）、超高产重穗型品种（胜泰 1 号）的根系发育特点 [49]，发现胜泰 1 号的根系发达、生长快、分布深、粗壮。在分蘖期根长比穗数型品种高 25% ~ 50%，以后各个时期都有相似趋势；胜优 2 号的根冠比较高，比根重也较高，说明它们的根系相对发达而粗壮。这就保证了大穗型品种生长前期吸收营养元素和水分的能力强。但杂交水稻的根系活力优势主要在前期，其次为中期，后期反而大幅度降低。深耕土壤、增施堆厩肥、后期间歇灌溉是防止叶片和根系早衰的主要技术措施。

分蘖特性与群体结构

分蘖是水稻的一个重要生理遗传特性。根据水稻叶蘖同伸规律，理论分蘖数与主茎总叶片数之间服从 N–3 的二项式分布规律，如一个 15 片总叶数的品种，就具有产生 512 个分蘖的潜力。但是，水稻的实际分蘖能力与株型有关，前期 SLA（叶片面积 / 干重）高而后期 SLA 低的品种分蘖发生早、分蘖能力强 [50]。与常规水稻比较，杂交水稻具有明显的分蘖优势。但究竟是品种的多蘖好还是少蘖好一直是个有争议的问题。国际水稻所最先育成的新株形水稻主张少蘖型，国内育成的超级杂交稻则是分蘖力较强的多蘖水稻。从高产栽培的角度来说，不论是少蘖型还是多蘖型都可以通过农艺措施来调节群体结构，达到目标产量应有的穗数。但穗数与大穗是一对矛盾，是控制群体的一大难题。在适宜穗数的前提下，通过控制无效分蘖，有利于形成大穗，从而协调大穗与穗数之间的关系。两优培九在穗数为 270 万 /hm² 时，主蘖穗之间差异不大 [51]。王德正（1997）认为粳杂 70 优双九的高产穗群以主茎 10%，一次分蘖占 50% ~ 55%，二次蘖约 35%，有利于高产形成 [52]。郭玉春（1997）对引进 IRRI 的 8 个少蘖超级稻品系进行了研究 [53]，发现低节位分蘖少，多集中在 5 ~ 7 节位分蘖上，二次分蘖则极少发生。少蘖品系顶芽的顶端优势极强，各分蘖位虽有腋芽原基发生，但 1 ~ 3 节位的分蘖原基多为败育或无根原基发生，而 5 ~ 8 分蘖节的腋芽发育良好，且有根原基发生，说明低节位分蘖缺失与其腋芽败育或无根原基有关。许多高产栽培试验证实，增加分蘖穗在穗数构成中的比重有利于高产。国内育成的超级杂交稻具有较强的分蘖潜力，采用乳苗单本稀植有利于提高分蘖穗的比重，达到足穗大穗高产的目的。

#### 2.2.3.4　生态适应性研究

水稻品种产量高低受遗传特性和栽培环境的共同影响，适宜的生态环境有利于品种高产潜力的发挥。对于超级杂交水稻的栽培更要求适宜的生态环境。杨春献等人（2000）对超级杂交稻两优培九，培两优 E32 和Ⅱ优 58（对照）进行不同海拔分层布点、不同栽插密度（1.2 万株 / 亩、1.4 万株 / 亩、1.6 万株 / 亩、1.8 万株 / 亩）、不同播期（3/25、3/29、4/4、4/9、4/14 和 4/19）和不同施肥水平（12 千克 / 亩、14 千克 / 亩、15 千克 / 亩、16 千克 / 亩、17 千克 / 亩）试验[51]，结果发现：①供试品种中，两优培九产量达 11.44 /hm$^2$、培两优 E32 达 10.99 t/hm$^2$，分别比对照增产 70.9% 和 64.4%；②在海拔 800 m 以下作一季稻栽培均能安全成熟，其中两优培九在 460 m 和 650 m 地区栽培，全生育期分别为 142 d 和 148 d，培两优 E32 分别为 134 d 和 138 d；③两优培九的不同播期试验处理产量差异未达到显著水平，说明在我省湘西作一季稻栽培的播期弹性较大；④两优培九有效穗的多少不随栽植密度或最高苗的多少而增减，在密度为 1.2 ~ 2.0 万株 / 亩的条件下都能达到高产要求的有效穗数。邹应斌等[54]于 2001 年在长沙从 4 月 20 日至 6 月 9 日分 6 期播种，结果两优培九的全生育期为 126 ~ 136 d，培两优 559 为 118 ~ 132 d，产量均以 5 月 20 日播种的最高。大量研究结果表明，水稻的库容量、结实率、干物质重、收获指数和产量，既存在较大的基因型差异，也存在较大的地区间差异，适宜的光温组合和肥水调控有利于水稻形成高产。在中国云南和澳大利亚 Yanco，由于水稻生长期间的光照充足和气温适宜，光合干物质生产可达 23 t/hm$^2$ 以上，比热带低海拔地区高 30% 以上[55]。杨惠杰等人（2000）在福建龙海（24°23′N，海拔 5 m），早晚两季和云南永胜（26°10′N，海拔 1 200m）单季对特优 70、培矮 64S/971 等 15个超高产杂交稻组合和满仓 515 品种进行了比较研究[56]，结果在福建龙海早、晚两季栽培供试组合平均产量分别为 9.09 t/hm$^2$ 和 9.52 t/hm$^2$，分别比汕优 63增产 5.7% 和 6.3%；在云南永胜栽培，平均产量为 15.78 t/hm$^2$（13.97 ~ 18.32

t/hm²），比油优 63 增产 3.0%，福建、云南两地产量差异达到 6 t/hm² 以上。超高产水稻的产量构成是在适应当地生态条件的足穗基础上培育更大的穗子，具有较多的单位面积总颖花数和较大的库容量，而穗上有较多的一、二次枝梗数是大穗的主要原因。

### 2.2.3.5 关于水稻高产栽培的途径和模式的研究

近十几年来，水稻栽培学家在超高产研究方面进行了大量的研究，取得了诸多重要进展，积累了大量的知识和经验。例如在我国栽培技术上，20 世纪 50 年代总结推广劳动模范的生产经验，20 世纪 60 年代研究应用矮秆品种的栽培技术，70 年代发展多熟制配套技术，20 世纪 80 年代各地开展模式栽培，20 世纪 90 年代推广了群体质量栽培，总之形成了各具特色的多种多样栽培方法。

关于水稻超高产栽培途径，国内外提出了种种构想。早在 20 世纪 60 年代，日本学者松岛省三等从结构型栽培的角度，提出了"最适粒数"和"最适叶面积指数"的概念[57]。20 世纪 70 年代以后发现"最适粒数"和"最适叶面积"限制了水稻的进一步高产，提出了高产稳产的群体概念和理想株型的概念，创立了"V"形栽培理论[57]。20 个世纪 80 年代川田提出改良土壤的途径[58]。我国高产综合栽培技术的研究，是从 20 世纪 50 年代初总结"南陈北崔"农民劳模丰产经验开始的。江苏陈永康运用他长期实践积累的落谷稀、匀播种、培育壮秧、浅水勤灌、看苗施肥的一套比较完整的稻作经验，小面积创造了一季亩产 700 多千克的丰产成绩。1958 年，陈永康稻作经验在江苏省农科院等的配合下，总结出了水稻"三黄三黑"的高产栽培规律。此后，我国学者结合生产实际，开展从器官建成、库源结构、光合生产到作物与环境因素关系和调控技术的系统研究，形成独具特色的水稻高产栽培学科学技术体系。自 20 世纪 60 年代矮秆良种育成后，对矮秆良种的生物学特性、高产栽培特性进行研究，提出壮秧密植、重头施肥、浅水勤灌等以增密增肥增穗为主导的配套高产栽培技术，此后"增密增穗"成为水稻高产的基本栽培策略。但随着生产条件的改善和品种更替等原因，"增密增穗"的弊病逐渐显露，以合理稀植为基本思路的栽培策略自然受到重视[59]。20 世纪 70 年代末，浙江省提出了常规水稻"稀播培育壮秧，减少本田栽插穴数，平稳促进"的"稀少平"高产栽培法，并对其高产原理和技术规范进行了系统研究[60-62]。20 世纪 80 年代初，江苏省提出了"小群体、壮个体、高积累"为核心的"叶龄模式栽培法",把适当减少基本苗、依靠分蘖形成健壮个体、稳定适宜的有效穗数、主攻大穗作为实现高产的关键,形成了"培育叶蘖同伸的适龄壮秧、合理计算基本苗和按叶龄模式进行肥水运筹"的高产栽培技术体系[64-65]。20 世纪 80 年代末,浙江省进一步提出了"三高一稳"(即高成穗率、高实粒数、高经济系数和稳定的穗数)栽培技术,该项技术以提高成穗率为突破口,围绕"壮秧、早发、控蘖、促穗、增重"等方面来进一步提高了水稻产量[66-68]。安徽省提出"双季早稻四少四高栽培模式",即通过适当减少秧田播种量、大田穴苗数和低效分蘖期的肥、水供应,在适宜穗数基础上提高分蘖穗率、茎蘖成穗率、结实率和平均每穗谷重,从而提高水稻产量[69,70]。20 世纪 90 年代初,江苏省又提出"群体质量超高产栽培技术",主张在适宜压缩群体的前提下,充分发挥水稻个休分蘖能力来确保群体适宜的穗数,使群体内个体数量和质量达到高度的协调统一,逐步建立起后期具有高光合生产率和高物质积累能力的高光效群体,在适宜穗数的基础上形成大穗,进而提高结实率、粒重和经济系数而获得高产[71,72]。20 世纪 90 年代中期,湖南省提出"双季稻旺根壮秆重穗栽培法"(简称"旺壮重"栽培),该技术是针对当前生产上大面积推广应用的中秆大穗型品种的栽培特点,通过培育旺健的根系,促进茎秆增粗和大穗发育,达到提高结实率和千粒重的目的,即以适群体、壮个体、高积累、大穗大粒和高结实率获得高产,适合中国南方双季稻区推广应用。其主要内容是在壮秧早发的基础上,前期(分蘖期)适当控制无效分蘖,形成合适群体、健壮个体;中期(长穗期)促进壮秆大穗,提高成穗质量;后期(结实期)维持旺盛的根系活力和叶片光合能力,促进茎鞘贮藏物质和叶片光合产物向籽粒运转[31,73]。20 世纪 90 年代中后期,四川省针对四川盆地低光强,小温差,高湿度的气候特点及两熟制地区水稻秧龄偏长的现状,研究提出了"杂交中稻超多蘖壮秧超稀高产栽培技术"(简称"两超"栽培),其特点是通过秧田期"超稀培植",经 55 ~ 60 d 秧龄培育出单株带蘖 10 个以上的"超多蘖壮秧",本田实行比现有杂交中稻栽植密度降低一半的超稀栽培,以进一步发挥杂交水稻的个体生理优势和少穴栽培的稻田环境优势,促进单茎健壮生长,在稳定穗数的基础上,改善穗数组成,提高群体质量,协调穗数与穗大的矛盾,从而达到"减株减穴,稳穗增粒"的目的,实现在集约栽培条件下高产更高产，同时降低生产成本，实现高产高效[74,75]。近年来，美国康奈尔大学对马达加斯加水稻高产栽培技术进行提炼总结，发现小苗超低密度移栽，配套肥、水、中耕等管理措施，可以实现超高产，后将其命名为水稻强化栽培法（SRI）[76]。该技术体系实行"充分发挥个体优势，主要依靠分蘖成穗"的技术路线，大幅度降低了主茎在稻谷产量中的比重，明确提出变革栽培技术是实现水稻超高产重要途径，引起了全世界的广泛关注。从 2000 年开始，袁隆平院士首先把"水稻强化栽培"的概念引入国内指导超级稻栽培[76]。

　　我国北方的水稻高产栽培也大致经历了由小株密植到壮秧稀植的转变。20 世纪 80 年代初，水稻旱育稀植技术从日本引进后，1983 年在黑龙江省方正县试验成功后，经近十多年的研究和推广，已成为我国北方稻区的主要育秧方式，并形成了"旱育稀植高产栽培技术体系"[77]。20 世纪 80 年代末，吉林省提出水稻"三早超稀植栽培"[78,79]，即通过选用抗冷性强的早熟品种，早播稀播旱育壮秧，早插少插的超稀植栽培，该技术是在"旱育稀植"基础上，根据水稻生理特性，运用高产理论和高产技术，结合现代光合理论发展起来的一项高产再高产的栽培技术。该技术主要采用分蘖力强的中早熟良种，肥床旱育，稀播培育带蘖壮秧，放宽行穴距，协调肥水管理，促进有效分蘖成穗，实现穗大、粒多、粒重来增产。其理论就是靠增加空间营养面积，提高光能利用率和光合效率，发挥边行优势的增产作用。在此基础上，吉林省又提出"水稻大养稀栽培技术"，即选用当地安全成熟、抗性强的大穗型或偏大穗型品种，利用营养土（或营养钵）育苗，以稀播育壮秧为基础，大垄双行（宽行）超稀植移栽为核心的综合栽培技术体系，从而命名为"大养稀栽培"（也称大垄双行栽培或宽行稀植栽培或宽窄双垄稀植栽培）。该技术是探索水稻稀植效应与边际效应，是两项联应效果应用于水稻生产实践的新理论、新途径，它的突出技术特点是国内外首次把水稻边际效应增产潜力有效地利用于水稻大面积生产，充分挖掘和利用水稻个体生产潜力，配合前轻后重的施肥方法与间断湿润灌溉措施，提高光能利用率与水稻抗性，延长功能叶寿命，增强根系活力和抗逆性，提高水稻成熟度，从而达到增产目的[80,81]。"八五"末到"九五"初，黑龙江省在水稻超高产技术研究中，运用"最少基本苗"，提出了"水稻多蘖苗单本植超高产栽培法"，即通过充分发挥稻株自身生长能力，提高分蘖和分蘖成穗率来稳定高产栽培的穗群体，通过提高个体质量，提高穗粒数，提高结实率实现超高产量，一般可增产 15% 以上 [82]。近年来，东北农业大学，又提出"寒地水稻三超栽培技术"，即"优质超级稻、宽行超稀植、安全超高产"的水稻优质高产栽培新技术。该技术是在水稻超稀植技术的基础上发展起来的，其主要内容是在黑龙江省的生态条件下，选用优质超级稻品种，旱播旱育带蘖壮秧，实行宽行超稀植栽培，通过科学施肥培肥地力，调控灌水，以及防治病虫草害等综合栽培措施，实现持续超高产的目标 [83]。

综上所述，由于各地作物种植制度、土壤和气候环境条件的差异，使得我国的水稻超高产栽培技术都具有各自的地方特色。但从总体上看，各地研究的思路大体上是一致的，就是在适当降低群体起点和最高苗数，培育强根壮秧，在一定穗数的基础上主要依靠提高成穗质量（高成穗、高结实率和高粒重），挖掘大穗的潜力来进一步提高水稻产量。

我国栽培学界从自己的研究实践中早已体会到，产量达到一定的水平后，光靠增加单位面积穗数求得增产的潜力已经所剩无几了。要进一步提高产量，求得高产超高产，唯有通过进一步开发"个体生产力"来提高群体生产水平 [84] 和进行"群体质量栽培" [85] 才能实现。而要开发个体生产力和提高群体质量，最核心的一条就是提高茎蘖成穗率 [86, 87]。所以如何提高茎蘖成穗率的问题，便成为当今我国水稻高产栽培研究的热点。

### 2.2.3.6 超级稻的栽培特性

栽培特性是指水稻高产所必需的某些性状可以通过栽培措施进行塑造，也可以通过育种手段予以改良的特性。蒋彭炎 [88] 认为，超级稻的栽培特性，至少应具备以下 4 条。（1）高成穗率及分蘖穗在穗数构成中有较高比例；（2）具有通过增大个体来提高群体生产水平的潜力；（3）生育后期仍然有较强的吸肥能力；（4）产量形成期有较高的光合产物累积量，并在产量物质中占有尽可能大的比例；同时在成熟后半期，茎鞘物质有明显的再累积现象。

### 2.2.4 超级稻的栽培与调控途径

### 2.2.4.1 进一步提高低位分蘖

低位分蘖，一般是指移栽后能尽早分蘖，早扩大绿叶覆盖面，以使群体尽早具有较大的生长量。但事实上并非生长量越大越好。蒋彭炎等（2001）[89] 将幼穗分化初期的叶面积系数（LAI）、干物质累积量与中期群体的成穗率进行回归分析后，发现幼穗分化初期的 LAI、干物质累积量与成穗率均呈抛物线关系。说明群体不大时，提高前期生长量（LAI 和干物质累积量），有利于提高中期群体成穗率；而在群体较大的高产栽培条件下，提高前期群体生长量则会导致成穗率明显下降，双季早晚稻都是如此。如果把幼穗分化初期单位 LAI 的干物累积量（$Y$）与成穗率（$X$）进行回归分析，它们之间呈极显著的正相关关系，其回归方程为：

早季：$Y=1.795+1.174X$；$r=0.8576**$；晚季：$Y=23.23+1.12X$；$r=0.9011**$；

他们将幼穗分化初期单位 LAI 的干物累积量称为低位分蘖度；将群体成穗率（$X1$）、幼穗分化初期的 LAI（$X2$）、幼穗分化初期干物质累积量（$X3$）、低位分蘖度（$X4$）、低位分蘖度与成穗率的乘积（$X5$）以及灌浆期间的干物生产力（$Y$）资料进行多元非线性逐步回归分析，结果表明，只有成穗率（$X1$）与低位分蘖度和成穗率的乘积（$X5$）的偏回归系数达极显著水平（$r=0.8857**$）。说明灌浆期间的干物生产力有赖于成穗率和低位分蘖度的共同作用。研究人员在研究水稻高产群体演进规律时曾提出[90]：由前期低位分蘖群体、中期高成穗率群体、后期高光效群体演进的群体，才是水稻高产、超高产的群体。这里低位分蘖群体的含义，应该是在增加前期群体生长量的同时，最大限度地提高前期群体的低位分蘖度（即单位 LAI 的干物质累积量）。只有进一步提高早发度，才能使群体田间茎蘖数达到高产所需穗数苗后单位叶面积有足够的干物质累积，为中期群体提高成穗率打下坚实的基础。进一步提高早发度的对策，包括：① 培育壮秧。重点是调节好播种量与秧龄的关系，力争在秧田停止分蘖前拔秧移栽。② 合理的群体基数。首先测算出与当地生态条件和品种特性相符合的高产所需穗数；其次，确定每条主茎和秧田大分蘖在本田的优势分蘖数（能成穗且穗型较大的分蘖：即优势分蘖节位数 × 成穗率）；第二，根据江苏的一季稻基本苗公式[91]和浙江的双季稻基本苗公式[92]确定实际栽插苗数。③掌握好前期肥料用量。前期肥料用量尤其是氮肥用量与水稻分蘖发生总量呈正相关。控制前肥用量，并使单位面积茎蘖数达到计划穗数苗时，土壤溶液中 $NH_4$–N 浓度将下降至 30 mg/kg 左右（发生分蘖的临界浓度）[93]。这样新的分蘖就得到了自然控制，从而可增大群体的低位分蘖度。在一般高产栽培条件下，若基肥和面层肥的氮肥用量已占总氮肥用量的 50% ～ 60% 就不宜再施分蘖肥；确需施用分蘖肥的，也应尽可能早施和少施，并使肥效作用在优势分蘖上。

## 2.2.4.2　进一步提高分蘖成穗率

现在高产地区的成穗率，已由 40% 提高到 50% ～ 60%，有的高产田块已达到 70% 以上。但要实现高产超高产，必须进一步提高成穗率。国际水稻所提出超级稻的初衷，是想通过遗传改良的手段来培育基本上没有无效分蘖的品种；我国的栽培界近年来对高成穗率问题也做了大量研究。现在看来，光靠育种或栽培单独来解决这个问题似乎有一定的难度，人们认为育种与栽培联合攻关可望能解决得更好一些。蒋彭炎等（2001）[89] 研究认为通过栽培措施提高成穗率可分两步走。第一步，通过控制最高苗峰的办法来提高成穗率；第二步，设法帮助已经发生的分蘖变成穗子，实现高成穗率。我国现在普遍进行研究的，大多是在做第一步的工作。各地的研究结果和生产实践已经广为证明，只要能控制后期分蘖，降低苗峰，成穗率就能自然提高。蒋彭炎等关于水稻分蘖芽的分化发育过程中有一个环境敏感期的发现和快捷诊断指标的建立[94]，确立了控制无效分蘖的适宜时机；各地从育秧移栽到肥水管理技术的配套研究，完善了分蘖的促控技术[95,96]。因此可以说，第一步的问题已基本得到解决。关于第二步的问题，我们打算首先明确分蘖的无效、有效转折期。前已提及，每个茎蘖都是从幼小的芽发育成较大的个体，直至抽穗结实。这里存在一个能产生经济器官的临界个体重问题。我们以研究临界个体重为线索，发现有效茎的干重累积曲线呈 S 形，无效茎的累积曲线是各种峰值不同的抛物线。还有一类茎蘖的累积曲线则与上两类不同，在干重累积量增大到接近临界个体重后，既不再迅速增重成为有效茎，又不立即减轻成为无效分蘖，而出现干重的滞增现象，进入了一个明显的分蘖有效 - 无效转折期。这种干重非常缓慢地增加到干重开始减轻的持续时间为 1 ～ 2 周。下层受光状况较好的群体，其干重滞增期稍长，反之则较短。在干重滞增期若能改善个体生育条件，这类个体还能继续生长、增重，而成为有效分蘖；如在干重滞增期后，再来改善生育条件，该类个体就难以抽穗结实了。这类个体是介于有效与无效两类个体之间的中间类型，可暂称为动摇分蘖。当然，这一点我们还需得到多类品种的研究证实。其次，围绕转折期，研究分蘖由无效向有效转化的影响因素。我们打算通过光照、各种矿质元素以及生长调节物质等处理，观察其对动摇分蘖的影响及其有效作用时间。现已初步明确，施用保花肥[97]、保花肥＋赤霉素[98,99]、镁肥[100]等都有较好的促进既出分蘖成穗的作用。然而这方面的工作仍有待做深入的研究。第三，研究成穗机理。这个问题必将牵涉到某些生理生化问题，也可能与某种激素有关系，也可能涉及某些基因问题，光靠栽培工作者来解决，难度较大。但这应该是最终解决成穗率问题的一个重要方面。

### 2.2.4.3 进一步加强后期调控

对高产超高产来说,加强后期营养不仅是必要的,而且是可能的。前已提及,产量物质中,抽穗后新累积的光合同化物所占比例有随稻谷产量提高而增大的趋势,其值可达90%,这就足以说明加强后期营养在提高稻谷产量中的重要性。

氮素营养

历来认为,后期施氮的一个最大弊端就是导致贪青倒伏。但人们在20世纪80年代中期的研究结果表明,水稻发生贪青的主要原因并不是后期施氮,而是前期用氮量过大,造成群体过度繁茂所致[101]。这就为前肥后移,增大后期的氮素供给量奠定了理论基础。在江浙一带,生产上推广的壮秧少本栽插、超前搁田等配套技术,均为前肥后移创造了条件。前肥的比例已从原来的90%以上降至50%～60%,但剩下来的40%～50%的穗粒肥,真正施在后期的比例仍然不高,说明这里还有许多问题需要研究。杨肖娥等认为[102],生育后期$NO_3$–N比$NH_4$–N能更有效地提高水稻叶片叶绿素、可溶性蛋白质和核糖核酸的含量,增加光合磷酸化活力和$^{14}CO_2$同化速率;提高内源玉米素含量,降低脱落酸水平,并促进$^{14}C$–同化物向穗部运输的能力。说明仅仅改变氮素的形态,就可使水稻在生育后期发生许多有利于光合产物累积的生理生化效应,可见加强后期氮素营养的潜力是很大的。

矿质营养

据陆定志研究[103],抽穗期叶面喷施N、P、K、B等元素,均能改善杂交稻的有机、无机营养状况,降低空秕粒,增加饱粒重。据李延等研究[104],施镁可提高水稻剑叶叶绿素、蛋白质和核酸含量,提高光合速率和根系活力,减缓植株衰老,提高结实率和粒重,增加产量。此外,硅在水稻后期营养上也具有重要地位[105]。又据王永锐等研究[106],始穗期供给N、K营养,比单一N素更能提高蔗糖磷酸合成酶、过氧化物酶、超氧化物歧化酶及磷酸还原酶活性，提高光合产物在稻穗中的输入量，提高结实率和谷粒充实度。说明 N、K 营养结合起来，其效果更佳。罗安程等[107]则研究指出，生育后期 N、K 的供应水平还影响水稻生育后期对 $NO_3$–N 和 $NH_4$–N 的吸收，在低 N、K 养分条件下，吸收 $NH_4$–N 较多；而在高 N、K 条件下，则吸收 $NO_3$–N 较多。

其他营养

广义地说，后期营养还应包括水分和碳素营养。当籽粒含水量下降至 25% 以下时，籽粒就失去了接受灌浆物质的能力，千粒重的增加就停止了[108]，这充分说明了水分在后期营养中的重要性。改善 N 素、矿质元素和水分的供应，实质上都是为了加强碳素营养；同时，改善群体受光状况，增加 $CO_2$ 供应等，则是一种直接加强碳素营养的手段。据杨建昌等研究[109]，籽粒中内源 SPD（亚精胺）和 SPM（精胺）的含量与谷粒充实度和千粒重呈极显著的正相关，施用外源 SPD 和 SPM 也可以提高谷粒充实率和粒重。在抽穗前 5 天用 45 $kg/hm^2$ 尿素进行叶面喷施，籽粒中 SPD 和 SPM 含量分别比未喷尿素的对照增 6.6% ~ 11.5%，谷粒充实率和千粒重分别提高 5.4% ~ 7.9%。说明加强后期营养，还要研究各种营养物质与稻株中的有关内源激素以及各种生理活动强弱的关系。可见进一步加强后期营养是一个十分复杂的课题，是一个涉及多学科、多因素、多层次的系统工程，许多理论和技术问题需要花大力气作深入的研究。

### 2.2.5　湖南省一季稻种植现状

湖南位于长江中游，介于东经 108°47′ ~ 114°15′，北纬 24°39′ ~ 30°08′，处在云贵高原向江南丘陵和南岭山地向江汉平原过渡地段，是一个"七山一水二分田"的多山之省；属亚热带湿润季风气候区，具有"气候温和，四季分明，热量充足，雨水集中，春温多变，夏秋多旱，严寒期短，暑热期长"的气候特点[110]。水稻在湖南省种植历史最悠久，自古以来就有"湖广熟，天下足"的赞誉。同时，湖南是我国主要粮食生产省，其水稻耕作方式主要有二种：一是早晚连作双季稻，二是一季稻（主要为一季中稻，部分一季早稻、一季晚稻）。

分析湖南的水稻生产发展过程大致可划分为六个发展阶段[111–112]（图 1–1），即 1949 年到 1958 年的稳定发展阶段；1959 年到 1962 年的连年退坡阶段，1963 年到 1983 年的快速发展阶段；1984 年到 1997 年徘徊发展阶段；1998 年到 2003 年的持续下滑阶段；以及 2004 年以后的恢复发展阶段，主要是 2004 年以来由于国家对粮食生产激励政策的落实，水稻生产出现恢复性增长的发展势头，水稻播种面积和总产均比 2003 年有较大的增长，分别达到 416.0×10⁴hm²和 2501.1×10⁴t，单产稳定在 6.08 t/hm²左右。

一季稻是湖南水稻栽培的传统方式之一，在湖南水稻生产中始终占有较为重要的位置，特别是单产、总产水平，对湖南水稻单产和总产有着重要的影响。

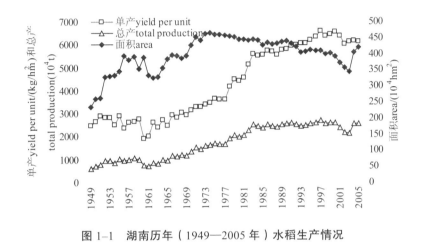

图 1–1 湖南历年（1949—2005 年）水稻生产情况

从湖南省历年一季稻生产来看（图 1–2），从 1949—1973 年播种面积和总产量均呈逐步下降阶段，面积从 288.1×10⁴hm²下降到 39.5×10⁴hm²，总产量也从 827.0 万 t 下降到 160.3 万 t，单产量徘徊在 3 t/hm²左右。1974—1998 年播种面积和总产量均呈逐步徘徊阶段，但单产却呈现不断上升，播种面积和总产量分别徘徊在 50.0×10⁴hm²和 300 万 t 左右，单产量却从 3465.0 kg/hm²上升到 4341.2 kg/hm²，1999—2002 年则是面积、单产量、总产量整体提高阶段，三者分别达到 82.4×10⁴hm²、7275.0 kg/hm²、590.8 万 t[112–113]。

另外，湖南省水稻品种区域性试验资料表明（湖南省种子管理站未发表资料），早在 20 世纪 80 年代一季稻品种的产量潜力均已超过 7.5 t/hm²，近年，由于超级杂交稻的问世，品种产量潜力已经突破 12 t/hm²，而生产上农民的实际单产一般都在 6.5 ～ 8.4 t/hm²（本研究课题组近来对湖南省一季稻产量调查统计数，资料未发表），与品种的产量潜力存在 30% ～ 45.8% 的产量差距，说

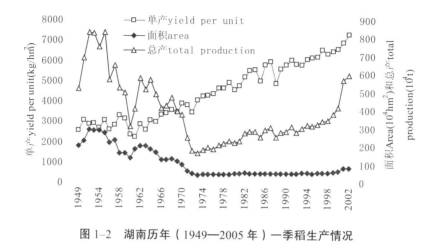

图 1-2　湖南历年（1949—2005 年）一季稻生产情况

明改进栽培措施增加产量还大有潜力。但是，目前湖南一季稻生产上的化肥用量大、劳动用工多、生产成本高等问题仍然十分严重。

## 2.3　水稻氮肥施用现状及超级杂交稻科学施氮研究进展

### 2.3.1　目前水稻生产施肥现状

中国水稻单产提高的历史证明，提高水稻产量主要途径是品种改良和化学肥料的大量使用，其中，化学肥料起到了至关重要的作用。有专家分析指出：20 世纪，全世界粮食总产的 1/3、单产的 1/2 是化肥的贡献[114]。世界公认化肥对世界粮食增产的贡献率为 40% ~ 70%，平均贡献率为 50%[115]。从近年粮食生产上化肥的投入使用情况看，全世界化肥施用水平已经达到了相当高的程度，特别是发展中国家，化肥（主要是氮化肥）生产和使用还在迅猛增加，化肥的大量施用，特别是不科学施肥，不仅造成了粮食生产效益下降，而且还造成大量营养元素的浪费，降低了肥料利用效率，更带来了严重的环境污染。就我国来看，调查资料表明[116-117]，目前我国稻田氮肥投入到了相当高的水平，其中双季稻为 185.2 kg/hm²，一季稻为 226 kg/hm²，全国平均在 200 kg/hm² 以上，比世界平均用量高 75% 左右；我国的高产稻田施氮量一般为 270 ~ 300 kg/hm²，最高的甚至已经超过 350 kg/hm²。但我国稻田氮肥的利用效率却呈持续下降趋势，有资料报道[119]，全国氮化肥的总体损失率约 45%，稻田氮肥平均损失率在 60% 左右。同时，氮肥流失进入生态环境，已经造成了相当严重的负面影响，据资料，我国 131 个大型湖泊中已有 67 个遭到严重污染（包括富营养化), 大约有半数饮用水中 $NO_2^-$ 含量超标[118-119]。2007 年我国太湖暴发的"蓝藻"事件, 专家分析认为农业用肥过多, 损失的大部分都进入水体是其中一个重要原因。

目前我国超级稻育种虽然取得了重大进展, 分别于 2000 年和 2004 年达到了农业部提出的第一期 (10.5 t/hm²) 和第二期 (12.0 t/hm²) 产量目标, 现正向第三期 (13.5 t/hm²) 迈进。超级杂交稻的培育成功为解决粮食安全奠定了坚实基础, 但有研究者指出: 我国第二次和第三次水稻品种改良提高单产主要是靠提高生物产量来实现的[120], 也就是说, 两系超级杂交稻比三系杂交水稻需肥量更大, 需肥多, 其超高产的获得都要求相当量的肥料投入。加上一直以来由于化学氮肥对水稻生长发育的特殊效果, 我国农民形成了"有氮就施, 多施多好"的思想认识误区, 养成了偏好氮肥的习惯。据研究资料报道[121], 超级杂交稻由于生物量大, 氮肥需求量也更大, 要实现 9.0 ~ 10.5 t/hm² 的产量水平, 需氮量为 228.0 ~ 267.0 kg/hm², 10.5 ~ 12.0 t/hm² 产量水平, 需氮量为 271.5 ~ 298.5 kg/hm²。可见, 不提高现有氮素利用效率, 我国第三期超级杂交稻推广应用的氮肥用量及影响后果将难以预料。化肥过量施用带来的负面影响, 一直受到全世界相关研究者的普遍关注。

近 20 年以来, 为提高水稻生产上氮肥利用效率, 全世界水稻栽培学家、土壤肥料学家、植物生理学家等科学家们针对肥料本身、水稻品种及肥料管理等开展了广泛深入的研究, 并取得了丰硕成果。如 CERES, GOSSYM, MACROS, GLYCIM, SIMRIW, ORYZA 等[122-123]模拟模型; 水稻精确定量施肥、氮肥实时实地管理、测土配方施肥、水稻平衡施肥等实用施肥管理模式。但全球氮肥利用率仍然没有明显提高[124], 分析其原因, 除水稻生产受自然因素影响过大外, 技术上存在针对性不强、技术不完善或不配套, 实用性不强是一个重要原因。比如: 肥料品种上, 肥料养分的供应释放与水稻生理需求不同步, 施肥管理模式上, 有的则因为技术难度大, 农民难以掌握, 有的则因为操作复杂, 不适应现代农业轻简、高效的发展方向。测土配方施肥技术则多从土壤本身考虑, 对作物的品种的需肥特性研究不够, 等等。

综上所述, 目前我国水稻生产上突出存在以下四个方面的问题: 一是施氮量不断增长, 回报率不断下降, 且日益加剧环境污染等负面影响; 二是超高产育种成果前位，但栽培技术滞后，品种增产潜力难以充分发挥；三是水稻氮肥施用技术成果较多，但针对性、实用性不够，氮肥利用率持续低下；四是受传统经典思想等因素影响，水稻水生产上农民盲目施肥、偏施氮肥现象普遍。

中国是世界上最大的水稻生产国，水稻种植面积仅次于印度，总产量居世界水稻主产国的第一位。在我国，水稻播种面积占粮食总播种面积的28%，产量占粮食总产的40%左右。以世界9%的耕地养活了占世界23%的人口，其中水稻作为我国第一大粮食作物，对粮食安全做出了巨大贡献[125]。近年来，随世界人口的不断增长和人民生活水平的逐步提高，粮食需求量不断增加，粮食安全问题越来越受到各国政府和有关科技人员的广泛关注和重视。预计到2030年，世界人口将达到85亿～90亿人，世界稻米消费人口增至42亿～45亿人；我国到2030年人口将达到16亿，按水稻产量占我国粮食总产量40%计算，未来30年我国稻谷需求量将增至2.56亿t，这意味着稻谷产量将要在当前的2亿吨基础上净增0.5亿～0.6亿t[126]。超级杂交水稻育种成功为我国甚至全世界粮食安全带来了新希望，必将成为解决人口与粮食矛盾的主要途径之一。前已述及，提高水稻总产量有两条途径：一是依靠扩大种植面积（含提高复种指数），二是依靠提高单位面积产量。从扩大水稻种植面积看，一方面，随工业化和城镇化的不断发展，我国耕地面积正逐渐减少。另一方面，目前我国水稻种植面积在3100万$hm^2$左右[127]，已经基本达到顶峰，很难有望依靠扩大水稻种植面积来提高产量。另外，由于种植水稻比较效益一直较低，生产成本则迅速上扬，农田生产设施和基本建设严重滞后，农民种稻积极性不高，加上农村劳动力不断向加工业、服务业等非农业转移，水稻种植面积不容乐观。因此，提高单产将是我国唯一提高水稻总量的途径。

21世纪，我国和世界一样面临着资源的过度消耗、土地退化、水土流失、荒漠化、生物种类锐减、水资源短缺等生存危机。近年全世界范围内出现了石油、天然气、煤、电等资源紧张，物价上扬的情况，在某种程度上已经初步显示了可持续发展与资源短缺的矛盾。同时，我国的基本国情决定了农业生产的发展必须走高产与可持续发展的道路，即在提高单位面积产量的同时，必须高效利用资源，保护环境，使经济、社会和生态环境三个效益协调发展。因此，在确保粮食数量稳步增长的同时，实现粮食生产由资源消耗性向资源高效性方向转变，是我国政府和科学家们高度关注的重大课题也是所有涉农工作者的重要任务。由此可见，组装强度低、操作简便、省工省时、节能降耗"模式"式的高产高效氮肥综合管理技术系统已经成为超级杂交水稻快速推广应用的当务之急。

2.3.2　湖南一季水稻（中籼稻）施肥现状

　　湖南是我国主要产粮大省之一，水稻又是湖南粮食作物的重中之重，耕作制度的中心。其耕作方式主要有二种：一是早晚连作双季稻，二是一季稻（以中稻为主）。前文已提出，湖南一季稻的单产水平一直保持稳步上升的趋势，分析其增长原因主要有二个：品种改良和化肥的大量投入。2004—2005 年我们对湖南省常德市、益阳市、岳阳市、长沙市、株洲市、邵阳市、衡阳市、郴州市、怀化市等 20 个水稻生产县（市）的一季稻施肥情况进行了全面调查统计（表 1–5）。

表 1–5　2004—2005 年湖南省 20 个县（市）一季稻施肥情况调查　　kg/hm²

| 地点 | 复合肥 | 尿素 | 钾肥 | 碳铵 | 过磷酸钙 | 猪肥 | 厩肥 | 菜饼 |
|---|---|---|---|---|---|---|---|---|
| 澧县 | 534.00 | 142.50 | 88.50 | 521.50 | 389.80 | 322.50 | 402.00 | 9.00 |
| 安乡 | 427.50 | 145.50 | 83.20 | 535.50 | 378.00 | 250.50 | 309.00 | 4.50 |
| 临澧 | 420.00 | 144.00 | 85.80 | 515.50 | 367.50 | 228.00 | 336.00 | 0.00 |
| 石门 | 402.00 | 147.00 | 81.50 | 481.50 | 363.50 | 343.50 | 345.00 | 0.00 |
| 桃源 | 472.50 | 139.50 | 82.20 | 487.50 | 352.50 | 349.50 | 318.00 | 3.00 |
| 津市 | 487.50 | 130.50 | 86.50 | 523.30 | 375.00 | 414.00 | 306.00 | 1.50 |
| 益阳 | 348.00 | 10.50 | 84.50 | 493.50 | 309.50 | 382.50 | 0.00 | 0.00 |
| 常宁 | 417.00 | 153.00 | 81.50 | 678.00 | 444.00 | 0.00 | 0.00 | 0.00 |
| 洞口 | 346.50 | 186.00 | 80.00 | 693.00 | 678.00 | 0.00 | 4.50 | 1.50 |
| 衡南 | 382.50 | 181.50 | 82.00 | 541.50 | 400.50 | 0.00 | 0.00 | 336.00 |
| 衡阳 | 324.00 | 163.50 | 72.50 | 670.50 | 337.50 | 0.00 | 0.00 | 0.00 |
| 耒阳 | 417.00 | 139.50 | 82.00 | 664.50 | 465.60 | 0.00 | 0.00 | 0.00 |
| 醴陵 | 526.50 | 118.50 | 93.50 | 454.50 | 273.50 | 934.50 | 442.50 | 0.00 |
| 南县 | 304.50 | 183.00 | 83.50 | 355.50 | 325.50 | 0.00 | 0.00 | 0.00 |
| 宁乡 | 591.00 | 52.50 | 83.50 | 331.50 | 275.20 | 90.00 | 0.00 | 0.00 |
| 祁东 | 652.50 | 66.00 | 76.50 | 598.50 | 260.30 | 0.00 | 0.00 | 0.00 |
| 祁阳 | 670.50 | 72.00 | 85.40 | 341.50 | 281.50 | 517.50 | 0.00 | 0.00 |

续表

| 地点 | 复合肥 | 尿素 | 钾肥 | 碳铵 | 过磷酸钙 | 猪肥 | 厩肥 | 菜饼 |
|------|--------|------|------|------|----------|------|------|------|
| 湘乡 | 573.00 | 103.50 | 83.50 | 368.30 | 280.00 | 3627.0 | 0.00 | 0.00 |
| 浏阳 | 501.00 | 84.00 | 86.50 | 485.00 | 353.50 | 511.50 | 126.00 | 0.00 |
| 中方 | 504.00 | 93.00 | 75.60 | 364.50 | 237.00 | 568.50 | 0.00 | 0.00 |
| 平均 | 465.08 | 122.78 | 82.91 | 505.26 | 357.40 | 426.98 | 129.45 | 17.78 |

注：a）每个县调查 50 个农户，连续 2 年，共调查面积 420.8 hm²。

结果表明，湖南水稻生产用肥以化肥为主，其中主要是复合肥、尿素、氯化钾、碳铵和过磷酸钙。有机肥主要有猪肥、菜饼、土杂肥等。值得指出的是湖南是养猪大省，生猪年出栏 6000 多万头，但猪粪用于一季稻生产的量却很少，平均只有 427.0 kg/hm²，20 个调查县中只有 7 个县施用猪粪。从表 1-6 进一步计算出各种肥料养分的 N、P、K 养分的施用量如表 1-5。目前，湖南省一季稻 N、P、K 养分约 95% 的养分来自化学肥料，仅约 5% 肥料养分来自有机肥料。其中：氮肥平均为 197.6 kg/hm²，变幅为 144.5 ～ 265.5 kg/hm²；磷肥（$P_2O_5$）平均为 87.0 kg/hm²，变幅为 63.0 ～ 114.0 kg/hm²；钾肥（$K_2O$）平均为 126.5 kg/hm²，变幅为 87.5 ～ 155.0 kg/hm²。化肥特别是氮肥的过量施用，不仅降低了化肥的吸收利用率，还会对农业生产带来许多不利影响。一是由于残留在土壤中的化肥被雨水冲刷后流入江湖，加剧了水体的富营养化；二是由于土壤中某些营养元素过多，造成土壤中其他元素的相对缺乏，从而破坏土壤养分平衡。三是有机肥施用量的减少，造成土壤板结，土壤微生物活力与土壤保水能力下降，使肥料施用效果下降。为了全面掌握湖南省一季稻生产上的氮肥施用现状及变化趋势，本研究课题组于 2004—2005 年对湖南省 20 个县市一季稻实际产量情况进行较为全面的调查，并进行了不同产量水平汇总处理，以及其对应的施肥现状分析（表 1-6、表 1-7）。

表 1-6　湖南省 20 个县（市）2004—2005 年一季稻生产 N、P、K 肥料养分用量　kg/hm²

| 养分 | 复合肥 | 尿素 | 碳铵 | 过磷酸钙 | 钾肥 | 猪肥 | 菜饼 | 厩肥 | 合计 |
|------|--------|------|------|----------|------|------|------|------|------|
| N | 70.23 | 57.68 | 58.17 | 0.00 | 0.00 | 6.95 | 1.22 | 3.38 | 197.6 |
| P | 39.14 | 0.00 | 0.00 | 42.89 | 0.00 | 2.94 | 0.66 | 1.38 | 87.0 |
| K | 61.91 | 0.00 | 0.00 | 0.00 | 49.75 | 9.26 | 0.05 | 5.55 | 126.5 |

表 1-7 湖南 20 个县（市）不同产量水平一季稻氮肥施用量

| 产量（t/hm²） | | 7.50 ~ 8.25 | 8.25 ~ 9.00 | 9.00 ~ 9.75 | 9.75 ~ 10.5 | 10.5 ~ 11.25 |
|---|---|---|---|---|---|---|
| 施 N 量 kg/hm² | 变化幅度 | 144.5 ~ 197.5 | 179.6 ~ 223.4 | 185.6 ~ 250.7 | 192.2 ~ 274.5 | 197.6 ~ 286.5 |
| | 加权平均 | 177.5 | 194.7 | 212.3 | 230.8 | 250.6 |

由表 1-7 可知，湖南省的一季稻生产上随着产量水平的不断提高，氮肥用量也呈不断增加趋势；在 7.5 ~ 11.25 t/hm² 产量水平范围之间，产量每提高 750 kg/hm²，氮肥（折纯 N）施用量约相应增加 18.3 kg/hm²。调查结果还显示：近年，调查区一季稻生产上最低施氮水平为 144.5 kg/hm²，最高施氮水平已经达到 286.5 kg/hm²，平均施氮量为（加权平均）213.2 kg/hm²。尽管不同一季生产区域由于施肥习惯、耕地肥力状况等差异导致水稻生产上施肥水平也有区别，但总体上都表现出的一致趋势是：超级杂交一季稻的施氮水平较常规杂交稻普遍提高。

超级杂交水稻育种无疑是全世界粮食安全的新希望，也必将成为解决人口与粮食矛盾的主要途径之一。大量资料表明[128-129]，超级杂交稻生物量大，需肥多，特别是生育后期对养分要求较高。同时，强大的物质生产必须建立在一个地上部持续高效的光合作用系统和地下部持续高活力的根系系统上。传统的施氮方法以底肥为主，强调追施分蘖肥，能极大地提高抽穗前的物质生产，促进分蘖发生生长，但会恶化后期光合群体，总体根系活力衰退等。同时，还导致施肥量越来越大，肥料损失、流失加重，环境负面影响加剧[130]。

目前，水稻大面积生产上，特别是高产栽培氮肥用量居高不下，其症结点主要表现在以下三个方面：其一，施肥观念及普及技术的"以氮促苗"。经典的水稻栽培书均强调分蘖早生快发，构建高产苗架，结果是苗"好"谷少，氮肥浪费多，利用率低下；其二，水稻品种选育"重产量轻广适性"。近几十年来，培育具超高产潜力的品种（组合）总是育种家们的重中之重，近年虽有调整但实效甚微，从而忽视了耐低氮、生态适应性强而产量水平较高的良种选育；第三，水稻栽培研究均以大幅度提高单产为目标，提高施氮量当作了提高单产的手段，而不是从环境友好、效益最大化和高产有机结合研究配套技术。

# 3 论文主要内容和技术路线

虽然目前超级稻高产典型尚不鲜见，但综观几年来的试验、示范表现，能达各档超高产指标的比率大致 25% 左右。造成这种局面的原因是存在如下问题。

目前超级稻生产中存在的问题

① 超级杂交稻组合的地域适应性不明确；

② 适宜生态条件下的栽培模式的系统研究较少；

③ 超级杂交稻的效益优势尚未充分体现；

④ 倒伏和早衰是超级稻获得超高产的重要限制因子之一；

⑤ 超级杂交稻的根际微生态研究较少。

针对目前超级稻生产中存在的以上问题，本文特进行如下研究内容：

①超级杂交中稻高产生态模式研究；②不同栽培模式（栽插方式、中耕方式、垄栽模式、移栽密度）对超级杂交中稻的影响研究；③不同施肥模式（施肥量、运筹方式）对超级杂交中稻的影响研究；④超级杂交中稻抗衰老与调控补偿栽培研究；⑤施肥和栽培模式对超级杂交中稻的综合影响研究。

技术路线：

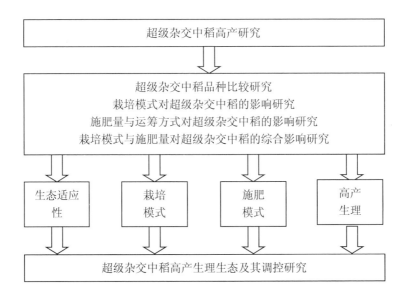

# 第二章　超级杂交稻两种不同生态条件下的适应性研究

超级杂交稻新组合选育是湖南杂交水稻研究中心的研究重点与开发强项，近年来在袁隆平院士的育种战略路线指引下，一大批超级杂交稻苗头组合不断涌现。为研究这些组合的生态适应性、丰产性，湖南杂交水稻研究中心农艺研究室进行了多年多点次品比与相应栽培试验，这不仅是超级杂交稻苗头组合鉴定评选的一道客观公正程序，为湖南省超级稻区试源源不断地提供合格优良品种，而且提供了研究超级杂交稻苗头组合的生态适应性和相关育种与栽培技术的大量信息资源。现将 2005 年至 2007 年的超级杂交稻苗头组合的品比试验资料的有关生态性研究分述如下。

## 1 材料与方法

### 1.1 供试材料

#### 1.1.1 2005 年湖南长沙基点超级杂交中籼稻品比

供试材料：参试组合 22 个，全为国家杂交水稻工程技术研究中心提供：88S/ 金 18、P64S/R747、Ⅱ优 23、Y 优 173、测超 –1、8820S/R29、Ⅱ优 172、Ⅱ优 454、58S/R747、8015S/F032、繁 31/0293、388S/H68、冈优 467、两优 821、Y 优 16、58S/ 金 18、测超 –2、8830S/R15、P88S/R747、培矮 64S/Y797、粤 A/F032、88S/314–1–1。以两优培九和Ⅱ优 838 作对照（表 2–1–1、表 2–1–2）。

#### 1.1.2 2006 年湖南长沙基点超级杂交中籼稻品比

参试组合 21 个，88S/R24–6、P88S/R558、超杂 1 号、Y 优 908、YHH–5、58S/1801、L 优 2071、晟优 1 号、6B05、Ⅱ–32A/C5115、超杂 4 号、20S/R29、

YHH–6、准 S/RB207–1、88S/420、超 725、晟优 2 号、6B06、P88S/C578、58S/588、轮优 1 号。以两优培九和Ⅱ优 838 作对照（表 2–1–3、表 2–1–4）。

1.1.3 2007 年湖南长沙基点超级杂交中籼稻品比

参试组合 23 个，广湘 24S/R28–3–2、8 两优 45、两优 59、晟优 549、Ⅱ优 2169、湘杂 6 号、N 优 1 号、Y 优 735、88S/1018、湘杂 5 号、培两优 5188、88S/232、Y 两优 5193、N 优 2 号、超鉴 –1、晟优 1463、轮优 5 号、Y 优 733、58S/371、58S/978、Ⅱ优 1516、双 8S/R527、DSH–1。两优培九、Ⅱ优 838 为对照（表 2–1–7、表 2–1–8）。

1.1.4 2006—2007 年海南三亚基点的超级杂交中籼稻品比

参试组合 20 个，分为 A、B 两组，A 组：8830S/R1S、C815S/45、Y88S/1844、N 优 15、T64S/ 隆 0293、Y 两优 565、培两优 5293、G8S/R28 3 2、C815S/1177、5 8 S / 4 5 7；B 组：轮 优 4 号、6 2 5 A / 2 2 6、1 0 9 8 S / 9 3 1 1、8 8 S / R 5、5 8 S / 6 3 3 – 1、P 8 8 S / 3 2 5、Ⅱ –32A/380、88S/178、58S/26H005、粤泰 A/845。对照均为两优培九（表 2–1–5、表 2–1–6）。

## 1.2 试验地点

### 1.2.1 湖南长沙

新品种（组合）比较试验设在湖南杂交水稻研究中心基地试验场（注：长沙地域范围为东经 111°53′ ~ 114°15′，北纬 27°51′ ~ 28°41′），试验田土壤基本特性：成土母质为第四纪红壤，潴育性水稻土，一般全量 N、$P_2O_5$、$K_2O$ 的含量分别为 2.13 g/kg、0.41 g/kg、9.71 g/kg，速效 N、$P_2O_5$、$K_2O$ 的含量分别为 158.56 mg/kg、11.62 mg/kg、97.11 mg/kg，有机质 3.89%，pH 5.6；农田基本设施配套，旱涝保收。

### 1.2.2 海南三亚

新品种（组合）比较试验设在三亚市荔枝沟镇湖南杂交水稻研究中心南繁基地试验场（注：三亚市地处海南岛最南端，位于北纬 18°09′34″ ~ 18°37′27″，东经 108°56′30″ ~ 109°48′28″），试验田土壤基本特性：成土母质为河砂沉积物，沙性水稻土，一般全量 N、$P_2O_5$、$K_2O$ 的含量分别为 1.19 g/kg、0.43 g/kg、1.51 g/kg，速效 N、$P_2O_5$、$K_2O$ 的含量分别为 77.10 mg/kg、87.58 mg/kg、55.33 mg/

kg，有机质 1.51%，pH6.8；农田基本设施配套，旱涝保收。

## 1.3 试验方法

湖南长沙每品种为 1 个处理，三年分别为 24、23、24 个处理，即以两优培九和Ⅱ优 838 作对照，设 3 次重复，随机排列，分别为 72、69、72 个小区，每小区面积为 80.0 m²（0.12 亩）。施肥管理，基肥：每亩施 25 kg 菜枯（N、P、K 含量分别为 5.5%、4.5%、1.8%）+ 25 kg 磷肥（钙镁磷肥，含 P12%）+ 12.5 kg 复合肥（NPK 分别为 16%）；追肥，移栽后一周每亩施尿素（含 N46%）5 kg+ 进口复合肥（NPK 分别为 16%）5 kg，搁田复水后每亩追钾肥（含钾63%）5 kg+ 进口复合肥（NPK 分别为 16%）5 kg。统一于 5 月 20 日播种，6月 10 日移栽，移栽规格是 26.7 cm × 26.7 cm，周围设 1.5 m 以上保护行，保持大田管理相对均匀一致，成熟时单打、单晒、单独过称测定实产。

海南三亚于 2006 年 12 月 20 日播种，A 组 11 个处理，于 2007 年 1 月 5日移栽，B 组 11 个处理，2007 年 1 月 4 日移栽。每组合为 1 个处理，每个处理重复 3 次，每小区面积 26.7 m²（约 0.04 亩），栽植规格 20 cm × 33.3 cm，施肥管理，基肥：每亩施 1000 kg 猪粪（N，0.5%，P、K>0.5%）和生态复合肥（N，4%，P、K>2%）和进口复合肥（NPK 分别为 16%）25 kg 和磷肥 25 kg；追肥4 次，移栽后一周、二周分别每亩施尿素（含 N46%）2.5 kg 和进口复合肥（N、P、K 分别为 16%）2.5 kg，移栽后一个月每亩施尿素 2.5 kg 和进口复合肥 2.5kg+钾肥 2.5kg，孕穗始期每亩施尿素 3kg+ 进口复合肥 3.75 kg 和钾肥 3 kg。随机区组排列，周围设 1.5 m 以上保护行，保持大田管理相对均匀一致，成熟时单打单晒。田间生产管理同一般高产管理。

## 1.4 观察记载项目

每个处理（品种）均进行生长发育期的观察记载，每重复（区组）内小区避开边行设一定点，连续 10 蔸苗进行分蘖消长进度的跟踪观察记载；收割前于对角线五点、按穗数平均值取共计 10 蔸禾带回室内进行经济性状考种；小区脱粒后测定毛重，晒干扬净后测定每小区实产及折算亩的产量。

## 1.5 数据处理

在 DPS 数据处理软件平台[131]上进行数据处理分析。

# 2 结果与分析

## 2.1 各参试品种综合性状的表现、显著性检验及多重比较分析

2005 年长沙点的试验结果表明：超级稻 22 个参加筛选品种（组合）中产量范围为 3.27 ~ 8.33 t/hm²，比两优培九（ck1,7.53 t/hm²）增产的组合为 Y 优 173、88S/ 金 18、Ⅱ优 172，其余均减产。产量最高的是 Y 优 173，比两优培九增产 10.6%，比Ⅱ优 838（ck2）增产 34.3%，分别达显著和极显著水平；其次是 88S/ 金 18 和Ⅱ优 172，均比对照两优培九增产 5% 以上；产量高于Ⅱ优 838 的则有 16 个组合（表 2–1–1、表 2–1–2）。

2006 年长沙点的试验结果表明：参试超级杂交稻品比苗头组合产量范围 7.08 ~ 10.28 t/hm²，YHH–5、88S/R24–6、YHH–6、20S/R29 准 S/RB207–1、晟优 1 号比两优培九（ck1，9.11 t/hm²）增产，幅度为 0.1% ~ 12.8%，其余组合均比两优培九减产，幅度为 0.1% ~ 22.4%。YHH–5：10.28 t/hm²，比对照两优培九增产 12.8%,达极显著;88S/R24–6:9.60 t/hm²,比对照两优培九增产 5.3%；YHH–6：9.59 t/hm²，比对照两成培九增产 5.2%；20S/R29：9.39 t/hm²，比对照两优培九增 3.0%；88/SR24–6、YHH–6、20S/R29、准 S/RB207–1、晟优 1 号比对照两优培九增产，不具显著性。产量高于Ⅱ优 838 的则有 21 个组合（表 2–1–3、表 2–1–4）。

2006—2007 年三亚点的试验结果表明：2006 年海南三亚参试的 20 个品种（组合），在 A 组 10 个参试组合中，有 8 个组合比对照增产，产量最高的是 C815S/45，单产达 10.05 t/hm²，其次是 G8S/R28–3–2，为 10.00 t/hm²，再次是 C815S/1177，为 9.48 t/hm²。对照两优培九（在 A 组产量 9.17 t/hm²）。在 B 组 10 个参试组合中，有 7 个组合比对照增产，产量最高的是粤泰 A/845，比对照增产两优培九（在 B 组的产量为 8.45 t/hm²）5.6%，其次是 P88S/325，比对照增产 4.6%，再次是 58S/26H005，比对照增产 4.0%（表 2–1–5、表 2–1–6）。

2007 年长沙点的试验结果表明：参试超级稻苗头组合品比产量范围为 348.3 ~ 492.5 kg/ 亩，广湘 24S/R28–3–2、8 两优 45、两优 59、晟优 549、Ⅱ优 2169、湘杂 6 号等比对照两优培九（416.7 kg/ 亩）增产，双 8S/R527、DSH–1、Ⅱ优 1516 等减产幅度为 1.2% ~ 16.4%；产量高于对照Ⅱ优 838 的组

合 22 个（表 2–1–7、表 2–1–8）。

表 2–1 超级杂交稻新品种比较试验各品种经济性状与产量结构（2005—2007 年）

表 2–1–1 2005 年长沙参试品种经济性状

| 组合 | 全生育期 /d | 株高 /cm | 穗长 /cm | 基本苗 /(万/亩) | 总苗数 /(万/亩) | 分蘖率 /% | 成穗率 /% |
|---|---|---|---|---|---|---|---|
| （05.CS.1）88S/金18 | 129 | 123.6 | 26.1 | 3.2 | 30.9 | 965.6 | 51.8 |
| （05.CS.2）P64S/R747 | 129 | 122.8 | 26.5 | 3.8 | 34.5 | 907.9 | 46.7 |
| （05.CS.3）Ⅱ优23 | 140 | 130.2 | 24.1 | 3.7 | 29.0 | 783.8 | 48.6 |
| （05.CS.4）Y优173 | 129 | 139.2 | 28.6 | 3.6 | 30.0 | 833.3 | 50.0 |
| （05.CS.5）测超–1 | 128 | 128.0 | 25.8 | 3.7 | 25.3 | 683.8 | 65.2 |
| （05.CS.6）8820S/R29 | 133 | 107.4 | 24.3 | 3.7 | 38.8 | 1048.6 | 43.8 |
| （05.CS.7）两优培九 | 136 | 117.0 | 24.5 | 3.5 | 34.5 | 985.7 | 46.7 |
| （05.CS.8）Ⅱ优172 | 132 | 117.0 | 24.0 | 3.8 | 32.4 | 852.6 | 53.7 |
| （05.CS.9）Ⅱ优454 | 132 | 127.4 | 26.6 | 3.7 | 28.8 | 778.4 | 56.6 |
| （05.CS.10）58S/R747 | 130 | 122.4 | 30.1 | 3.4 | 33.8 | 994.1 | 50.3 |
| （05.CS.11）8015S/F032 | 129 | 116.6 | 24.8 | 2.9 | 34.7 | 1196.7 | 42.7 |
| （05.CS.12）繁31/0293 | 126 | 122.8 | 25.2 | 2.6 | 31.6 | 1215.4 | 57.0 |
| （05.CS.13）388S/H68 | 130 | 121.4 | 25.0 | 3.2 | 32.4 | 1012.5 | 50.3 |
| （05.CS.14）冈优467 | 136 | 129.2 | 27.3 | 4.0 | 19.5 | 487.5 | 60.0 |
| （05.CS.15）两优821 | 128 | 115.8 | 25.2 | 3.2 | 36.7 | 1146.9 | 48.8 |
| （05.CS.16）Y优16 | 142 | 121.0 | 24.4 | 3.5 | 40.9 | 1168.6 | 39.4 |
| （05.CS.17）Ⅱ优838 | 129 | 127.8 | 24.6 | 3.1 | 28.1 | 906.5 | 57.3 |
| （05.CS.18）58S/金18 | 128 | 134.0 | 28.7 | 3.8 | 36.5 | 960.5 | 50.7 |
| （05.CS.19）测超–2 | 127 | 123.0 | 26.3 | 2.7 | 30.0 | 1111.1 | 63.0 |
| （05.CS.20）8830S/R15 | 129 | 126.4 | 24.6 | 2.9 | 34.0 | 1172.4 | 48.2 |
| （05.CS.21）P88S/R747 | 132 | 117.2 | 27.0 | 3.6 | 37.7 | 1047.2 | 39.5 |
| （05.CS.22）P64S/Y797 | 132 | 124.4 | 26.4 | 3.2 | 25.5 | 796.9 | 54.5 |
| （05.CS.23）粤A/F032 | 102 | 111.0 | 23.0 | 3.4 | 23.4 | 688.2 | 61.1 |
| （05.CS.24）88S/314–1–1 | 132 | 114.4 | 25.0 | 2.7 | 36.9 | 1366.7 | 50.7 |

注：品种名称前括号内字符分别表示试验年份、地点和联结序号，如（05.CS.24）表示 2005 年、长沙、排 24 号；SY 表示三亚，其余类推。下同。

表 2–1–2　2005 年长沙参试品种产量构成

| 组合 | 有效穗 /(10⁴/hm²) | 总粒数 /(粒/穗) | 实粒数 /(粒/穗) | 结实率 /% | 千粒重 /g | 理论产量 /(t/hm²) | 实际产量 /(t/hm²) |
|---|---|---|---|---|---|---|---|
| （05.CS.1）88S/ 金 18 | 240.0 | 176.8 | 139.3 | 78.8 | 24.1 | 8.06 | 7.91 |
| （05.CS.2）P64S/R747 | 241.5 | 173.4 | 119.1 | 68.7 | 24.4 | 7.02 | 6.99 |
| （05.CS.3）Ⅱ 优 23 | 211.5 | 151.1 | 106.8 | 70.7 | 27.0 | 6.50 | 6.10 |
| （05.CS.4）Y 优 173 | 225.0 | 189.8 | 159.6 | 84.1 | 22.8 | 8.59 | 8.33 |
| （05.CS.5）测超 –1 | 247.5 | 131.2 | 90.1 | 68.6 | 25.5 | 7.69 | 7.40 |
| （05.CS.6）8820S/R29 | 255.0 | 174.1 | 122.6 | 70.4 | 28.4 | 8.88 | 7.02 |
| （05.CS.7）两优培九 | 241.5 | 161.1 | 111.2 | 69.1 | 23.8 | 7.69 | 7.53 |
| （05.CS.8）Ⅱ 优 172 | 261.0 | 171.6 | 134.5 | 78.4 | 25.0 | 8.78 | 7.90 |
| （05.CS.9）Ⅱ 优 454 | 244.5 | 161.8 | 118.3 | 73.1 | 25.3 | 7.32 | 6.20 |
| （05.CS.10）58S/R747 | 255.0 | 170.3 | 99.5 | 58.4 | 23.2 | 6.89 | 6.85 |
| （05.CS.11）8015S/F032 | 222.0 | 195.7 | 119.3 | 61.0 | 23.3 | 6.17 | 5.43 |
| （05.CS.12）繁 31/0293 | 270.0 | 173.5 | 123.7 | 71.3 | 23.5 | 7.85 | 7.06 |
| （05.CS.13）388S/H68 | 244.5 | 177.5 | 139.2 | 78.4 | 25.4 | 8.64 | 7.10 |
| （05.CS.14）冈优 467 | 175.5 | 247.8 | 190.3 | 76.8 | 28.4 | 9.48 | 7.10 |
| （05.CS.15）两优 821 | 268.5 | 201.3 | 132.0 | 65.6 | 22.3 | 7.90 | 6.50 |
| （05.CS.16）Y 优 16 | 241.5 | 167.2 | 127.0 | 76.0 | 25.3 | 7.76 | 7.40 |
| （05.CS.17）Ⅱ 优 838 | 241.5 | 121.4 | 78.0 | 64.3 | 25.8 | 6.86 | 6.20 |
| （05.CS.18）58S/ 金 18 | 277.5 | 141.5 | 109.6 | 77.5 | 22.6 | 7.87 | 7.04 |
| （05.CS.19）测超 –2 | 283.5 | 129.2 | 93.5 | 72.4 | 27.8 | 7.37 | 7.38 |
| （05.CS.20）8830S/R15 | 246.0 | 171.9 | 117.7 | 68.5 | 23.3 | 7.75 | 7.41 |
| （05.CS.21）P88S/R747 | 223.5 | 179.1 | 114.5 | 63.9 | 27.3 | 6.99 | 6.05 |
| （05.CS.22）P64S/Y797 | 208.5 | 210.8 | 173.5 | 82.3 | 20.3 | 7.84 | 7.49 |
| （05.CS.23）粤 A/F032 | 214.5 | 165.7 | 92.4 | 55.7 | 23.8 | 4.72 | 3.27 |
| （05.CS.24）88S/314–1–1 | 280.5 | 169.9 | 108.9 | 64.1 | 23.9 | 7.30 | 6.06 |

表 2–1–3　2006 年长沙参试组合经济性状

| 组合 | 全生育期/d | 株高/cm | 穗长/cm | 基本苗/(万/亩) | 总苗数/(万/亩) | 分蘖率/% | 成穗率/% |
|---|---|---|---|---|---|---|---|
| （06.CS.25）88S/R24–6 | 127 | 111.7 | 24.0 | 4.5 | 31.1 | 691.1 | 46.0 |
| （06.CS.26）P88S/R558 | 129 | 118.7 | 28.4 | 3.6 | 28.0 | 777.8 | 46.4 |
| （06.CS.27）超杂 1 号 | 129 | 128.7 | 28.7 | 3.8 | 23.3 | 613.2 | 48.6 |
| （06.CS.28）Y 优 908 | 131 | 118.3 | 28.7 | 3.2 | 22.9 | 715.6 | 73.4 |
| （06.CS.29）YHH–5 | 134 | 126.7 | 28.5 | 3.2 | 28.3 | 884.4 | 60.1 |
| （06.CS.30）两优培九 | 134 | 123.3 | 25.8 | 4.1 | 30.4 | 741.5 | 57.6 |
| （06.CS.31）58S/1801 | 129 | 124.3 | 30.1 | 3.4 | 24.7 | 726.5 | 66.0 |
| （06.CS.32）L 优 2071 | 135 | 119.0 | 25.7 | 3.3 | 16.6 | 503.0 | 67.5 |
| （06.CS.33）晟优 1 号 | 137 | 130.3 | 27.7 | 3.4 | 24.6 | 723.5 | 54.9 |
| （06.CS.34）6B05 | 125 | 117.7 | 27.7 | 3.7 | 28.7 | 775.7 | 48.1 |
| （06.CS.35）Ⅱ优 /C5115 | 139 | 123.0 | 28.7 | 3.7 | 20.6 | 556.8 | 68.9 |
| （06.CS.36）超杂 4 号 | 143 | 138.7 | 26.7 | 4.1 | 22.9 | 558.5 | 50.7 |
| （06.CS.37）20S/R29 | 142 | 114.3 | 25.5 | 3.5 | 27.1 | 774.2 | 57.6 |
| （06.CS.38）YHH–6 | 142 | 122.3 | 26.9 | 4.2 | 31.2 | 742.9 | 51.6 |
| （06.CS.39）Ⅱ优 838 | 123 | 126.0 | 24.5 | 3.8 | 23.2 | 610.5 | 64.2 |
| （06.CS.40）准 /RB207–1 | 131 | 130.3 | 26.0 | 4.0 | 19.5 | 487.5 | 61.0 |
| （06.CS.41）88S/420 | 138 | 119.3 | 27.9 | 4.2 | 28.1 | 669.0 | 52.3 |
| （06.CS.42）超 725 | 125 | 118.3 | 25.2 | 4.3 | 25.1 | 583.7 | 64.5 |
| （06.CS.43）晟优 2 号 | 138 | 124.0 | 26.2 | 4.0 | 27.6 | 690.0 | 52.5 |
| （06.CS.44）6B06 | 131 | 126.0 | 25.8 | 3.5 | 29.8 | 851.4 | 45.3 |
| （06.CS.45）P88S/C578 | 131 | 118.3 | 29.0 | 2.9 | 25.0 | 862.1 | 50.4 |
| （06.CS.46）58S/588 | 129 | 120.0 | 27.3 | 3.2 | 27.9 | 871.9 | 62.4 |
| （06.CS.47）轮优 1 号 | 130 | 123.3 | 26.8 | 4.0 | 28.9 | 722.5 | 60.2 |

表 2-1-4　2006 年长沙参试组合产量构成

| 组合 | 有效穗 /(10$^4$/hm$^2$) | 总粒数 /(粒/穗) | 实粒数 /(粒/穗) | 结实率 /% | 千粒重 /g | 理论产量 /(t/hm$^2$) | 实际产量 /(t/hm$^2$) |
|---|---|---|---|---|---|---|---|
| （06.CS.25）88S/R24-6 | 214.5 | 275.5 | 239.8 | 86.1 | 21.6 | 11.11 | 9.60 |
| （06.CS.26）P88S/R558 | 195.0 | 229.5 | 168.3 | 73.3 | 31.0 | 10.17 | 8.22 |
| （06.CS.27）超杂 1 号 | 204.0 | 201.3 | 159.5 | 79.2 | 30.6 | 9.96 | 7.86 |
| （06.CS.28）Y 优 908 | 252.0 | 197.7 | 158.0 | 79.9 | 27.0 | 10.75 | 9.10 |
| （06.CS.29）YHH-5 | 255.0 | 163.3 | 138.6 | 84.9 | 28.2 | 10.97 | 10.28 |
| （06.CS.30）两优培九 | 262.5 | 199.1 | 160.0 | 80.4 | 25.7 | 10.79 | 9.11 |
| （06.CS.31）58S/1801 | 244.5 | 210.4 | 181.2 | 86.1 | 27.9 | 12.36 | 8.81 |
| （06.CS.32）L 优 2071 | 168.0 | 199.4 | 164.9 | 82.7 | 31.4 | 9.70 | 8.99 |
| （06.CS.33）晟优 1 号 | 202.5 | 174.0 | 155.8 | 89.5 | 31.2 | 9.84 | 9.12 |
| （06.CS.34）6B05 | 207.0 | 173.4 | 130.5 | 75.2 | 28.7 | 8.75 | 7.95 |
| （06.CS.35）Ⅱ优 /C5115 | 213.0 | 188.9 | 151.3 | 80.0 | 29.2 | 9.41 | 8.35 |
| （06.CS.36）超杂 4 号 | 174.0 | 239.9 | 166.0 | 87.9 | 29.7 | 8.58 | 8.25 |
| （06.CS.37）20S/R29 | 234.0 | 239.8 | 201.3 | 83.9 | 31.0 | 11.60 | 9.39 |
| （06.CS.38）YHH-6 | 241.5 | 194.3 | 163.5 | 84.0 | 27.3 | 10.78 | 9.59 |
| （06.CS.39）Ⅱ优 838 | 223.5 | 156.8 | 136.1 | 86.8 | 30.4 | 9.25 | 7.74 |
| （06.CS.40）准 /RB207-1 | 178.5 | 173.6 | 137.6 | 79.3 | 32.5 | 9.98 | 9.26 |
| （06.CS.41）88S/420 | 220.5 | 198.8 | 134.9 | 67.9 | 31.5 | 9.37 | 8.43 |
| （06.CS.42）超 725 | 243.0 | 136.9 | 113.9 | 83.0 | 31.2 | 8.94 | 8.82 |
| （06.CS.43）晟优 2 号 | 217.5 | 203.5 | 176.5 | 86.7 | 29.6 | 11.36 | 8.82 |
| （06.CS.44）6B06 | 202.5 | 225.7 | 157.0 | 69.6 | 27.6 | 8.77 | 8.30 |
| （06.CS.45）P88S/C578 | 189.0 | 249.6 | 173.5 | 69.5 | 25.7 | 8.43 | 7.08 |
| （06.CS.46）58S/588 | 261.0 | 196.9 | 153.8 | 78.2 | 25.2 | 10.12 | 8.21 |
| （06.CS.47）轮优 1 号 | 261.0 | 178.2 | 144.7 | 81.2 | 26.7 | 10.08 | 8.09 |

表 2-1-5 2007 年三亚参试组合经济性状

| 组合 | 全生育期/d | 株高/cm | 穗长/cm | 基本苗/(万/亩) | 总苗数/(万/亩) | 分蘖率/% | 成穗率/% |
|---|---|---|---|---|---|---|---|
| (07.SY.48)8830S/R1S | 126 | 112.8 | 21.2 | 2.8 | 34.4 | 1228.6 | 46.5 |
| (07.SY.49)C815S/45 | 129 | 112.6 | 21.4 | 2.3 | 31.9 | 1387.0 | 46.7 |
| (07.SY.50)Y88S/1844 | 133 | 120.0 | 23.9 | 2.4 | 35.5 | 1479.2 | 44.8 |
| (07.SY.51)N 优 15 | 129 | 113.0 | 21.9 | 1.9 | 28.2 | 1484.2 | 58.2 |
| (07.SY.52) 两优培九 ck | 127 | 105.0 | 22.0 | 2.0 | 28.9 | 1445.0 | 54.3 |
| (07.SY.53)T64S/ 隆 0293 | 128 | 106.4 | 20.8 | 1.8 | 28.2 | 1566.7 | 54.6 |
| (07.SY.54)Y 两优 565 | 129 | 111.8 | 25.4 | 2.0 | 29.2 | 1460.0 | 53.4 |
| (07.SY.55) 培两优 5293 | 127 | 102.6 | 23.2 | 2.2 | 32.6 | 1481.8 | 56.4 |
| (07.SY.56)G8S/R28-3-2 | 133 | 106.2 | 20.5 | 2.3 | 34.0 | 1478.3 | 52.4 |
| (07.SY.57)C815S/1177 | 127 | 101.0 | 22.9 | 2.1 | 32.5 | 1547.6 | 51.4 |
| (07.SY.58)58S/457 | 129 | 102.8 | 21.7 | 2.1 | 32.7 | 1557.1 | 51.4 |
| (07.SY.59) 轮优 4 号 | 129 | 112.4 | 26.5 | 2.1 | 28.5 | 1357.1 | 53.0 |
| (07.SY.60)625A/226 | 127 | 116.2 | 22.8 | 2.2 | 28.4 | 1290.9 | 52.8 |
| (07.SY.61)1098S/9311 | 127 | 106.6 | 23.0 | 1.9 | 32.0 | 1684.2 | 54.1 |
| (07.SY.62)88S/R5 | 131 | 110.2 | 22.9 | 2.1 | 30.1 | 1433.3 | 54.2 |
| (07.SY.63)58S/633-1 | 129 | 108.6 | 26.0 | 2.0 | 27.5 | 1375.0 | 65.1 |
| (07.SY.64) 两优培九 ck | 129 | 103.2 | 21.1 | 2.0 | 26.4 | 1320.0 | 65.5 |
| (07.SY.65)P88S/325 | 129 | 103.0 | 20.6 | 2.0 | 33.3 | 1665.0 | 52.0 |
| (07.SY.66) Ⅱ -32A/380 | 129 | 110.8 | 24.9 | 2.0 | 26.9 | 1345.0 | 54.3 |
| (07.SY.67)88S/178 | 131 | 102.0 | 20.3 | 1.9 | 26.5 | 1394.7 | 54.0 |
| (07.SY.68)58S/26H005 | 132 | 102.8 | 23.8 | 2.2 | 29.9 | 1359.1 | 51.5 |
| (07.SY.69) 粤泰 A/845 | 131 | 100.6 | 20.3 | 2.1 | 32.5 | 1547.6 | 53.5 |

注：三亚基点的播种、移栽期、营养生长前期为 2006 年 12 月，以后各生育期为 2007 年 1—5 月，标注的字符为（07.sy…）。

表 2-1-6  2007 年三亚参试组合产量构成

| 组合 | 有效穗 /(10⁴/hm²) | 总粒数 /(粒/穗) | 实粒数 /(粒/穗) | 结实率 /% | 千粒重 /g | 理论产量 /(t/hm²) | 实际产量 /(t/hm²) |
|---|---|---|---|---|---|---|---|
| (07.SY.48)8830S/R1S | 240.0 | 150.6 | 139.3 | 92.5 | 29.7 | 9.93 | 9.45 |
| (07.SY.49)C815S/45 | 223.5 | 172.6 | 159.4 | 92.4 | 28.3 | 10.08 | 10.05 |
| (07.SY.50)Y88S/1844 | 238.5 | 183.6 | 151.0 | 82.2 | 26.8 | 9.65 | 9.39 |
| (07.SY.51)N 优 15 | 246.0 | 176.8 | 143.5 | 81.2 | 25.0 | 8.83 | 9.32 |
| (07.SY.52) 两优培九 ck | 235.5 | 146.1 | 128.7 | 88.1 | 26.0 | 7.88 | 9.17 |
| (07.SY.53)T64S/ 隆 293 | 231.6 | 148.0 | 130.5 | 88.2 | 26.7 | 8.05 | 9.29 |
| (07.SY.54)Y 两优 565 | 234.0 | 170.2 | 145.9 | 85.7 | 24.2 | 8.26 | 8.93 |
| (07.SY.55) 培两优 5293 | 276.0 | 140.4 | 128.4 | 91.5 | 25.8 | 9.14 | 9.29 |
| (07.SY.56)G8S/R28-3-2 | 267.0 | 171.9 | 153.2 | 89.1 | 24.6 | 10.06 | 10.00 |
| (07.SY.57)C815S/1177 | 250.5 | 144.0 | 132.5 | 92.0 | 31.7 | 10.52 | 9.48 |
| (07.SY.58)58S/457 | 252.0 | 155.1 | 131.3 | 84.7 | 25.7 | 8.50 | 8.87 |
| (07.SY.59) 轮优 4 号 | 226.5 | 143.9 | 123.6 | 85.9 | 27.8 | 7.78 | 8.49 |
| (07.SY.60)625A/226 | 225.0 | 157.2 | 147.5 | 93.8 | 25.3 | 8.40 | 4.68 |
| (07.SY.61)1098S/9311 | 259.5 | 150.2 | 136.5 | 90.9 | 26.4 | 9.35 | 8.76 |
| (07.SY.62)88S/R5 | 244.5 | 162.3 | 143.4 | 88.4 | 23.5 | 8.24 | 8.74 |
| (07.SY.63)58S/633-1 | 268.5 | 150.1 | 130.6 | 87.0 | 26.6 | 9.33 | 7.66 |
| (07.SY.64) 两优培九 ck | 259.5 | 161.9 | 138.6 | 85.6 | 25.5 | 9.17 | 8.45 |
| (07.SY.65)P88S/325 | 259.5 | 185.1 | 159.1 | 86.0 | 24.3 | 10.03 | 8.84 |
| (07.SY.66) Ⅱ-32A/380 | 219.0 | 161.3 | 154.8 | 96.0 | 31.5 | 10.68 | 8.71 |
| (07.SY.67)88S/178 | 214.5 | 169.3 | 156.2 | 92.3 | 24.9 | 8.34 | 8.23 |
| (07.SY.68)58S/26H005 | 231.0 | 145.1 | 129.7 | 89.4 | 27.8 | 8.33 | 8.80 |
| (07.SY.69) 粤泰 A/845 | 261.0 | 143.6 | 130.6 | 90.9 | 27.5 | 9.37 | 8.93 |

2007 年长沙点的试验结果表明：参试超级稻苗头组合品比产量范围为 348.3 ～ 492.5 kg/ 亩，广湘 24S/R28–3–2、8 两优 45、两优 59、晟优 549、Ⅱ 优 2169、湘杂 6 号等比对照两优培九（416.7 kg/ 亩）增产，双 8S/R527、DSH–1、Ⅱ 优 1516 等减产幅度为 1.2% ～ 16.4%；产量高于对照Ⅱ 优 838 的组合 22 个（表 2–1–7、表 2–1–8）。

表 2–1–7　2007 年长沙参试组合经济性状

| 组合 | 全生育期/d | 株高/cm | 穗长/cm | 基本苗/( 万 / 亩 ) | 总苗数/( 万 / 亩 ) | 分蘖率/% | 成穗率/% |
|---|---|---|---|---|---|---|---|
| (07.CS.70)N 优 1 号 | 128 | 117.3 | 27.3 | 4.1 | 23.0 | 561.0 | 70.4 |
| (07CS71) 广湘 24S/R28 | 130 | 127.6 | 25.0 | 3.7 | 19.4 | 524.3 | 79.4 |
| (07.CS.72)8 两优 45 | 125 | 123.0 | 25.2 | 4.3 | 20.9 | 486.0 | 63.6 |
| (07.CS.73)Y 优 735 | 125 | 122.0 | 31.3 | 4.2 | 17.6 | 419.0 | 86.4 |
| (07.CS.74) 湘杂 5 号 | 125 | 125.7 | 30.8 | 4.0 | 21.2 | 530.0 | 75.4 |
| (07.CS.75)Y 两优 5193 | 125 | 121.0 | 29.3 | 4.6 | 23.2 | 504.3 | 70.3 |
| (07.CS.76)58S/978 | 117 | 127.3 | 29.2 | 3.4 | 16.1 | 473.5 | 83.2 |
| (07.CS.77) 晟优 549 | 132 | 134.0 | 25.2 | 4.3 | 18.3 | 425.6 | 80.9 |
| (07.CS.78) Ⅱ 优 1516 | 122 | 126.7 | 24.5 | 3.1 | 17.1 | 454.8 | 83.0 |
| (07.CS.79) 两优培九 ck | 127 | 123.3 | 24.8 | 4.3 | 21.6 | 502.3 | 66.7 |
| (07.CS.80) Ⅱ 优 2169 | 122 | 124.7 | 23.8 | 4.1 | 16.0 | 390.2 | 85.0 |
| (07.CS.81) 轮优 5 号 | 123 | 104.0 | 25.3 | 3.9 | 23.3 | 597.4 | 60.1 |
| (07.CS.82) 湘杂 6 号 | 129 | 118.7 | 27.0 | 4.3 | 22.7 | 527.9 | 66.1 |
| (07.CS.83)N 优 2 号 | 122 | 111.0 | 24.6 | 4.3 | 23.4 | 544.2 | 76.1 |
| (07.CS.84) 培两优 5188 | 129 | 122.0 | 25.0 | 5.2 | 26.6 | 511.5 | 66.5 |
| (07.CS.85)Y 优 733 | 126 | 119.3 | 28.8 | 3.7 | 24.1 | 651.4 | 63.1 |
| (07.CS.86)88S/1018 | 127 | 114.3 | 25.8 | 3.5 | 18.7 | 534.3 | 63.6 |
| (07.CS.87)88S/232 | 127 | 119.7 | 26.4 | 3.8 | 23.7 | 523.7 | 65.0 |

续表

| 组合 | 全生育期/d | 株高/cm | 穗长/cm | 基本苗/(万/亩) | 总苗数/(万/亩) | 分蘖率/% | 成穗率/% |
|---|---|---|---|---|---|---|---|
| (07.CS.88) 双 8S/R527 | 123 | 127.0 | 27.5 | 4.0 | 20.4 | 510.0 | 72.1 |
| (07.CS.89)DSH–1 | 107 | 105.4 | 30.0 | 5.0 | 18.5 | 370.0 | 89.7 |
| (07.CS.90) 晟优 1463 | 125 | 123.2 | 25.7 | 3.9 | 15.1 | 387.2 | 92.1 |
| (07.CS.91) 超鉴 –1 | 123 | 126.2 | 29.7 | 4.2 | 21.3 | 507.1 | 74.2 |
| (07.CS.92) 两优 59 | 132 | 120.2 | 26.8 | 4.1 | 20.0 | 487.8 | 78.5 |
| (07.CS.93)58S/371 | 123 | 125.6 | 30.3 | 5.3 | 20.1 | 379.2 | 76.1 |
| (07.CS.94) Ⅱ优 838 | 123 | 126.2 | 24.6 | 4.0 | 15.8 | 395.0 | 83.5 |

表 2–1–8　2007 年长沙参试组合产量构成

| 组合 | 有效穗/(10⁴/hm²) | 总粒数/(粒/穗) | 实粒数/(粒/穗) | 结实率/% | 千粒重/g | 理论产量/(t/hm²) | 实际产量/(t/hm²) |
|---|---|---|---|---|---|---|---|
| (07.CS.70)N 优 1 号 | 243.0 | 220.4 | 121.7 | 55.2 | 25.0 | 7.39 | 6.31 |
| (07CS71) 广湘 24S/R28 | 231.0 | 234.3 | 167.3 | 71.4 | 24.5 | 9.47 | 7.39 |
| (07.CS.72)8 两优 45 | 199.5 | 268.9 | 160.9 | 59.8 | 28.1 | 9.02 | 7.02 |
| (07.CS.73)Y 优 735 | 228.0 | 229.6 | 128.8 | 56.1 | 25.0 | 7.34 | 6.27 |
| (07.CS.74) 湘杂 5 号 | 238.5 | 196.9 | 117.7 | 59.8 | 26.9 | 7.55 | 6.18 |
| (07.CS.75)Y 两优 5193 | 244.5 | 190.3 | 106.6 | 56.0 | 26.5 | 6.91 | 5.91 |
| (07.CS.76)58S/978 | 201.0 | 229.2 | 138.7 | 60.5 | 27.0 | 7.53 | 5.37 |
| (07.CS.77) 晟优 549 | 222.0 | 220.8 | 123.8 | 56.1 | 25.2 | 6.93 | 6.51 |
| (07.CS.78) Ⅱ优 1516 | 213.0 | 215.7 | 108.7 | 50.4 | 28.8 | 6.67 | 5.34 |
| (07.CS.79) 两优培九 ck | 216.0 | 218.5 | 119.5 | 54.7 | 23.4 | 6.04 | 6.25 |
| (07.CS.80) Ⅱ优 2169 | 204.0 | 208.5 | 123.9 | 59.4 | 27.6 | 6.98 | 6.45 |
| (07.CS.81) 轮优 5 号 | 210.0 | 192.9 | 118.6 | 61.5 | 24.3 | 6.05 | 5.70 |
| (07.CS.82) 湘杂 6 号 | 225.0 | 202.6 | 124.1 | 61.3 | 26.5 | 7.40 | 6.44 |

续表

| 组合 | 有效穗/(10$^4$/hm$^2$) | 总粒数/(粒/穗) | 实粒数/(粒/穗) | 结实率/% | 千粒重/g | 理论产量/(t/hm$^2$) | 实际产量/(t/hm$^2$) |
|---|---|---|---|---|---|---|---|
| (07.CS.83)N 优 2 号 | 267.0 | 196.1 | 98.1 | 50.0 | 28.3 | 7.41 | 5.89 |
| (07.CS.84) 培两优 5188 | 265.5 | 192.0 | 98.3 | 51.2 | 25.0 | 6.52 | 6.05 |
| (07.CS.85)Y 优 733 | 228.0 | 198.8 | 117.5 | 59.1 | 24.0 | 6.43 | 5.69 |
| (07.CS.86)88S/1018 | 178.5 | 253.0 | 158.0 | 62.5 | 25.7 | 7.25 | 6.26 |
| (07.CS.87)88S/232 | 231.0 | 199.0 | 111.7 | 56.1 | 23.3 | 6.01 | 6.05 |
| (07.CS.88) 双 8S/R527 | 220.5 | 186.4 | 115.2 | 61.8 | 27.8 | 7.06 | 5.22 |
| (07.CS.89)DSH-1 | 219.0 | 183.4 | 122.6 | 66.8 | 25.4 | 6.82 | 3.77 |
| (07.CS.90) 晟优 1463 | 208.5 | 215.1 | 109.5 | 50.9 | 26.3 | 6.00 | 5.81 |
| (07.CS.91) 超鉴 -1 | 237.0 | 200.9 | 130.5 | 65.0 | 23.0 | 7.11 | 5.86 |
| (07.CS.92) 两优 59 | 235.5 | 193.8 | 104.8 | 54.1 | 29.2 | 7.21 | 6.64 |
| (07.CS.93)58S/371 | 229.5 | 206.4 | 115.9 | 56.1 | 24.5 | 6.52 | 5.50 |
| (07.CS.94) Ⅱ优 838 | 198.0 | 179.5 | 108.4 | 60.4 | 28.2 | 5.71 | 5.34 |

2005、2006、2007 年各年参试品种实际产量的显著性检验及多重比较分析结果见表 2-2。其中比超级稻两优培九增产差异达显著水平的为 Y 优 173、8 两优 45、两优 59，达极显著水平的为 YHH-5、广湘 24S/R28-3，产量接近的品种比较多（略）。

表 2-2　2005—2007 年长沙超级杂交稻新品种比较试验新复极差测验的多重比较结果

| 2005 年 | | | 2006 年 | | | 2007 年 | | |
|---|---|---|---|---|---|---|---|---|
| 品种 | 5%显著 | 1%极显著 | 品种 | 5%显著 | 1%极显著 | 品　种 | 5%显著 | 1%极显著 |
| Y 优 173 | a | A | YHH-5 | a | A | 广湘 24S | | |
| /R28-3 | a | A | | | | | | |
| 88S/ 金 18 | ab | AB | 88/SR24-6 | b | AB | 8 两优 45 | ab | AB |
| Ⅱ优 172 | ab | AB | YHH-6 | b | ABC | 两优 59 | bc | ABC |

续表

| 2005 年 | | | 2006 年 | | | 2007 年 | | |
|---|---|---|---|---|---|---|---|---|
| 品种 | 5%显著 | 1%极显著 | 品种 | 5%显著 | 1%极显著 | 品　种 | 5%显著 | 1%极显著 |
| 两优培九 ck1 | bc | ABC | 20S/R29 | bc | BC | 晟优 549 | bcd | ABC |
| 培矮 64S/Y797 | bc | ABC | 准 s/RB207–1 | bc | BC | Ⅱ优 2169 | bcde | BCD |
| 8830S/R15 | bc | ABC | 晟优 1 号 | bc | BCD | 湘杂 6 号 | bcdef | BCD |
| 测超 –1 | bc | ABC | 两优培九 ck1 | bc | BCDE | N 优 1 号 | cdef | BCDE |
| Y 优 61 | bc | ABC | Y 优 908 | bc | BCDE | 优 735 | cdef | BCDE |
| 测超 –2 | bc | ABC | L 优 2071 | c | BCDEF | 88S/1018 | cdef | BCDE |
| 388S/H68 | bcd | BCD | 超 725 | cd | BCDEFG | 两优培九 ck | cdef | BCDE |
| 冈优 467 | bcd | BCD | 晟优 2 号 | cd | BCDEFG | 湘杂 5 号 | cdefg | BCDEF |
| 繁 31/0293 | bcd | BCD | 58S/1801 | cd | CDEFG | 培两优 5188 | cdefgh | BCDEF |
| 58S/ 金 18 | cd | BCD | 88S/420 | de | PEFGH | 88S/232 | cdefgh | BCDEF |
| 8820S/R29 | cd | BCD | Ⅱ优 /C5115 | de | EFGH | Y 两优 5193 | cdefgh | CDEF |
| 58S/R747 | cdc | BCD | 6B05 | def | FGH | N 优 2 号 | cdefgh | CDEF |
| 两优 821 | cdef | BCD | 超杂 4 号 | def | FGH | 超鉴 –1 | defgh | CDEF |
| Ⅱ优 838ck2 | def | CDE | P88S/R558 | ef | FGH | 晟优 1463 | defgh | CDEF |
| Ⅱ优 454 | efg | DE | 58S/588 | ef | FGH | 轮优 5 号 | efgh | CDEF |
| Ⅱ优 23 | efg | DE | 轮优 1 号 | ef | GH | Y 优 733 | fgh | CDEF |
| 88S/314–1–1 | fg | DE | 6B06 | ef | H | 58S/371 | gh | DEF |
| P88S/R747 | fg | DE | 超杂 1 号 | ef | H | 58S/978 | h | EF |
| 8015S/F032 | g | E | Ⅱ优 838 ck2 | f | HI | Ⅱ优 1516 | h | EF |
| 粤 A/F032 | h | F | P88S/C578 | g | I | 双 8S/R527 | h | F |
| | | | | | | DSH–1 | j | G |

注：出现不同小写字母的品种表示相差达 5% 显著水平，出现不同大写字母的品种表示相差达 1%（极）显著水平；三亚试验点未作显著性检验和多重比较分析。

## 2.2 农艺性状及产量构成因素的变异性分析

从供试杂交组合的各项农艺性状和实际产量的平均值看，年际间和地域间很不平衡。在 4 个年份次品比中，2005 年基本苗数居第 3，分蘖率和有效穗数居第 2，总粒数和结实率居第 3，实粒数和千粒重居第 4，全生育期居第 2，实产量居第 3 位；2006 年基本苗数居第 2，分蘖率和总苗数居第 3，株高与穗长均排第 1，有效穗第 4，成穗率第 2，总粒数和结实率居第 2，实粒数、千粒重和全生育期均第 1，实产量居第 2；2007 年长沙种植的供试品种，基本苗最多（第 1），总苗数最少，分蘖率最低，有效穗数和实粒数居第 3，总粒数最高（第 1），但结实率最低，千粒重也低于 26 g，因此产量居第 4（最低）；而 2006—2007 年在三亚种植的供试比较品种，基本苗数最低，分蘖率最强，总苗数第 2，有效穗数第 1，植株最矮、穗长最短，每穗总粒数最少，但结实率最高，实粒数和千粒重均居第 2，平均产量第 1（最高）。从汇总的各项性状的变异系数看，除去全生育期的变异最小，和除去分蘖率、成穗率和结实率 3 项二级数据的变异系数较大外，在产量直接构成因子中，以每穗实粒数变异最大，其次是每穗总粒数，有效穗数第 3，千粒重的变异第 4（最小）。从各年和不同试点的变异系数看，各项指标均以三亚的最小，因此在海南三亚的生态条件下有利于杂交稻获得高产稳产（表 2–3）。

## 2.3 经济性状及产量构成因子的相关分析

相关分析可以说明两因子间关系的紧密程度或影响程度。对表 2–1 各分表所列 14 项经济性状及产量构成因子进行相关性分析，其结果如表 2–4。表中看出，与实产量呈显著或极显著相关的因子有：基本苗、总苗数、分蘖率、成穗率、株高、穗长、实粒数、结实率、千粒重、全生育期、理论产量。除理论产量外，其中的总苗数（最高苗）、分蘖率、实粒数、结实率、千粒重、全生育期与实产量呈极显著正相关，基本苗、成穗率、株高、穗长与产量呈极显著或显著的负相关，总粒数与产量呈弱负相关性。这说明基本苗插得越多，越不利于提高分蘖率，不利于个体发育健壮，产量反而降低；而"成穗率"高影响产量提高的内中原因在于基本苗数多，从而使得分蘖率和总苗数大大降低，基本苗与成穗率有极显著正相关，形成成穗率的虚高并不代表有效穗数多；基本苗还与株高、穗长、总粒数呈极显著正相关，都对产量造成负效应；至于总粒数与产量呈负相关的原因在于总粒数与结实率呈极显著负相关，其实粒数增加得不多。这些因子的变化是品种基因与外界环境互作的结果，与种植的年份或地点的气候生态条件关系十分密切。由此，上述分析可作为育种家选育超高产组合和栽培家进行技术调控的有益参考。

表 2-3　农艺性状及产量构成因素的变异性分析

| 项目 | | 基本苗/(万/亩) | 总苗数/(万/亩) | 分蘖率/% | 有效穗/($10^4$/hm$^2$) | 成穗率/% | 株高/cm | 穗长/cm | 总粒数/(粒/穗) | 实粒数/(粒/穗) | 结实率/% | 千粒重/g | 全生育期/d | 理论产量/(t/hm$^2$) | 实际产量/(t/hm$^2$) |
|---|---|---|---|---|---|---|---|---|---|---|---|---|---|---|---|
| 平均数 | 05 | 3.37 | 31.91 | 962.95 | 242.6 | 51.53 | 122.52 | 25.75 | 171.40 | 121.69 | 70.75 | 24.69 | 130.00 | 7.18 | 6.82 |
| | 06 | 3.72 | 25.89 | 701.45 | 220.2 | 56.97 | 122.73 | 27.03 | 200.28 | 159.42 | 80.67 | 28.73 | 132.70 | 9.95 | 8.67 |
| | 07 | 4.13 | 20.32 | 487.91 | 223.8 | 74.84 | 121.42 | 26.96 | 209.32 | 122.03 | 58.25 | 25.98 | 124.68 | 7.01 | 5.97 |
| | SY | 2.11 | 30.46 | 1449.43 | 243.8 | 53.64 | 107.75 | 22.60 | 158.60 | 140.65 | 88.81 | 26.62 | 129.14 | 9.09 | 8.80 |
| | 汇总 | 3.36 | 27.02 | 886.48 | 232.7 | 59.55 | 118.82 | 25.65 | 185.56 | 135.45 | 74.08 | 26.47 | 129.04 | 8.30 | 7.53 |
| 标准差 | 05 | 0.40 | 5.16 | 203.25 | 1.70 | 6.90 | 7.26 | 1.69 | 27.03 | 25.99 | 7.41 | 2.04 | 7.14 | 81.75 | 68.53 |
| | 06 | 0.42 | 3.83 | 114.86 | 1.93 | 8.13 | 5.94 | 1.59 | 32.27 | 25.80 | 6.10 | 2.64 | 5.72 | 102.14 | 48.64 |
| | 07 | 0.51 | 3.04 | 71.07 | 1.36 | 9.14 | 6.91 | 2.31 | 21.63 | 17.91 | 5.22 | 1.82 | 5.04 | 57.52 | 46.52 |
| | SY | 0.21 | 2.76 | 115.73 | 1.16 | 4.88 | 5.41 | 1.87 | 13.75 | 11.28 | 3.79 | 2.19 | 1.98 | 58.78 | 71.22 |
| | 汇总 | 0.85 | 5.96 | 381.20 | 11.99 | 8.85 | 2.57 | 31.93 | 26.11 | 12.84 | 2.60 | 6.04 | 111.94 | 99.49 | |
| 变异系数 | 05 | 0.12 | 0.16 | 0.21 | 0.11 | 0.13 | 0.06 | 0.07 | 0.16 | 0.21 | 0.10 | 0.08 | 0.05 | 0.17 | 0.15 |
| | 06 | 0.11 | 0.15 | 0.16 | 0.13 | 0.14 | 0.05 | 0.06 | 0.16 | 0.16 | 0.08 | 0.09 | 0.04 | 0.15 | 0.08 |
| | 07 | 0.12 | 0.15 | 0.15 | 0.09 | 0.12 | 0.06 | 0.09 | 0.10 | 0.15 | 0.09 | 0.07 | 0.04 | 0.12 | 0.12 |
| | SY | 0.10 | 0.09 | 0.08 | 0.07 | 0.09 | 0.05 | 0.08 | 0.09 | 0.08 | 0.04 | 0.08 | 0.02 | 0.10 | 0.12 |
| | 汇总 | 25.26 | 22.06 | 43.00 | 20.13 | 7.45 | 10.02 | 17.21 | 19.28 | 17.34 | 9.83 | 4.68 | 20.24 | 19.81 | |

注：05、06、07 表示 2005、2006、2007 年长沙试点资料统计，SY 为三亚试点资料统计；汇总为表 1 中总试验统计。

表 2-4　农艺性状及产量构成因素的相关分析

| 变量 | X(1) | X(2) | X(3) | X(4) | X(5) | X(6) | X(7) | X(8) | X(9) | X(10) | X(11) | X(12) | X(13) |
|---|---|---|---|---|---|---|---|---|---|---|---|---|---|
| X(2) | -0.4411 | | | | | | | | | | | | |
| X(3) | -0.8973 | 0.7359 | | | | | | | | | | | |
| X(4) | -0.2474 | 0.5626 | 0.4663 | | | | | | | | | | |
| X(5) | 0.4140 | -0.8494 | -0.6243 | -0.1025 | | | | | | | | | |
| X(6) | 0.5738 | -0.3222 | -0.6346 | -0.3227 | 0.2036 | | | | | | | | |
| X(7) | 0.6063 | -0.3615 | -0.6359 | -0.1734 | 0.3219 | 0.5790 | | | | | | | |
| X(8) | 0.4987 | -0.4669 | -0.5797 | -0.5287 | 0.2783 | 0.3084 | 0.3739 | | | | | | |
| X(9) | -0.0974 | -0.0048 | 0.0531 | -0.3427 | -0.2467 | -0.0310 | -0.0162 | 0.5366 | | | | | |
| X(10) | -0.6226 | 0.4146 | 0.6397 | 0.1065 | -0.5193 | -0.3380 | -0.4089 | -0.3848 | 0.5512 | | | | |
| X(11) | 0.0422 | -0.2468 | -0.1471 | -0.3503 | 0.0551 | 0.0443 | 0.0412 | -0.0411 | 0.1423 | 0.2410 | | | |
| X(12) | -0.0953 | 0.3428 | 0.1746 | -0.0476 | -0.4626 | 0.1820 | -0.0479 | 0.0406 | 0.3677 | 0.3721 | 0.2128 | | |
| X(13) | -0.2233 | 0.1895 | 0.2473 | 0.0813 | -0.2508 | -0.2035 | -0.0937 | 0.1673 | 0.7877 | 0.6849 | 0.4292 | 0.4117 | |
| X(14) | -0.4558 | 0.3692 | 0.4974 | 0.1159 | -0.4504 | -0.2341 | -0.3223 | -0.1828 | 0.5530 | 0.7906 | 0.3241 | 0.5468 | 0.7281 |

注：相关系数临界值，$a=0.05$ 时，$r=0.2028$，$a=0.01$ 时，$r=0.2645$。X(1)、X(2)、…X(14)，分别代表基本苗、总苗数、分蘖率、有效穗、成穗率、株高、穗长、总粒数、实粒数、结实率、千粒重、理论产量、实际产量。

## 2.4 品种综合性状的聚类分析

由于本试验研究存在组合众多，且跨年度、跨省间，数据比较庞大，虽然进行了上述一些分析，但仍难以在总体上把握事物内在的本质差别。聚类分析是根据"物以类聚"的原理把若干多的供试样品按照它们的综合性状上表现相似程度进行分类，尽管种植的年份不一、地点不同，但可将每个品种作为 1 个样本，每一性状作为 1 个变量，进行无量纲化处理，将表现相似的品种归于一类，不相似的归于不同的类。为此，对表 1 的原始资料使用 DPS 软件进行规格化数据变换（表略），选择欧氏距离作相似距离系数，用离差平方和法进行聚类分析，输出的聚类结果如表 2-5 和树状谱系图（图 2-1）。

表 2-5  2005—2007 年参试品种综合性状系统聚类结果

| T | I | J | 距离 | T | I | J | 距离 | T | I | J | 距离 | T | I | J | 距离 |
|---|---|---|---|---|---|---|---|---|---|---|---|---|---|---|---|
| 1 | 53 | 52 | 0.1791 | 25 | 42 | 39 | 0.4190 | 49 | 77 | 71 | 0.5912 | 73 | 32 | 14 | 1.0371 |
| 2 | 13 | 1 | 0.2220 | 26 | 27 | 26 | 0.4300 | 50 | 34 | 26 | 0.5930 | 74 | 83 | 70 | 1.0534 |
| 3 | 87 | 85 | 0.2721 | 27 | 93 | 91 | 0.4329 | 51 | 22 | 4 | 0.5961 | 75 | 2 | 1 | 1.0802 |
| 4 | 62 | 54 | 0.2774 | 28 | 88 | 74 | 0.4397 | 52 | 11 | 2 | 0.6099 | 76 | 10 | 3 | 1.0843 |
| 5 | 61 | 58 | 0.2781 | 29 | 85 | 70 | 0.4407 | 53 | 30 | 29 | 0.6225 | 77 | 89 | 23 | 1.1624 |
| 6 | 82 | 70 | 0.2902 | 30 | 79 | 70 | 0.4618 | 54 | 18 | 10 | 0.6292 | 78 | 55 | 51 | 1.2023 |
| 7 | 47 | 30 | 0.2928 | 31 | 80 | 78 | 0.4716 | 55 | 56 | 55 | 0.6435 | 79 | 37 | 28 | 1.2084 |
| 8 | 65 | 56 | 0.3002 | 32 | 91 | 73 | 0.4810 | 56 | 5 | 3 | 0.6607 | 80 | 25 | 4 | 1.2716 |
| 9 | 94 | 80 | 0.3178 | 33 | 67 | 52 | 0.4842 | 57 | 63 | 51 | 0.6742 | 81 | 78 | 71 | 1.3917 |
| 10 | 75 | 74 | 0.3184 | 34 | 9 | 3 | 0.4972 | 58 | 59 | 57 | 0.6884 | 82 | 39 | 14 | 1.4569 |
| 11 | 58 | 55 | 0.3235 | 35 | 86 | 72 | 0.4972 | 59 | 81 | 70 | 0.6963 | 83 | 70 | 23 | 1.5490 |
| 12 | 7 | 2 | 0.3418 | 36 | 40 | 32 | 0.4991 | 60 | 76 | 73 | 0.7145 | 84 | 51 | 48 | 1.6333 |
| 13 | 69 | 55 | 0.3463 | 37 | 21 | 11 | 0.5046 | 61 | 33 | 32 | 0.7153 | 85 | 26 | 14 | 1.6434 |
| 14 | 20 | 12 | 0.3544 | 38 | 64 | 63 | 0.5081 | 62 | 38 | 37 | 0.7449 | 86 | 73 | 23 | 1.6622 |
| 15 | 49 | 48 | 0.3564 | 39 | 35 | 33 | 0.5162 | 63 | 6 | 2 | 0.7559 | 87 | 28 | 4 | 1.8072 |
| 16 | 54 | 51 | 0.3634 | 40 | 92 | 74 | 0.5177 | 64 | 29 | 28 | 0.7878 | 88 | 3 | 1 | 1.9306 |
| 17 | 68 | 59 | 0.3819 | 41 | 36 | 14 | 0.5247 | 65 | 52 | 51 | 0.7946 | 89 | 71 | 23 | 2.2219 |

续表

| T | I | J | 距离 | T | I | J | 距离 | T | I | J | 距离 | T | I | J | 距离 |
|---|---|---|---|---|---|---|---|---|---|---|---|---|---|---|---|
| 18 | 43 | 38 | 0.3843 | 42 | 41 | 34 | 0.5360 | 66 | 44 | 26 | 0.8144 | 90 | 14 | 4 | 2.8512 |
| 19 | 31 | 28 | 0.3925 | 43 | 66 | 57 | 0.5485 | 67 | 74 | 73 | 0.8244 | 91 | 4 | 1 | 8.2032 |
| 20 | 46 | 30 | 0.3972 | 44 | 45 | 44 | 0.5524 | 68 | 19 | 3 | 0.8329 | 92 | 23 | 1 | 12.1941 |
| 21 | 24 | 15 | 0.3993 | 45 | 16 | 6 | 0.5560 | 69 | 57 | 48 | 0.9136 | 93 | 48 | 1 | 18.8530 |
| 22 | 17 | 5 | 0.4036 | 46 | 84 | 83 | 0.5571 | 70 | 72 | 71 | 0.9459 | | | | |
| 23 | 8 | 1 | 0.4063 | 47 | 15 | 12 | 0.5756 | 71 | 60 | 51 | 0.9636 | | | | |
| 24 | 90 | 78 | 0.4111 | 48 | 50 | 48 | 0.5829 | 72 | 12 | 1 | 1.0118 | | | | |

注：表中 T 列数字为序号，I、J 列数字为样本（品种）代号。

图 2-1 表明，当欧氏距离为 2.8512 时，基本格局为 4 个生态类群，大体上以某年或某特定地点试种的组合群为 1 个大类，每个大类中还可按不同的距离分为几个小类。第 1 类群有 20 个品种，全部为 2005 年长沙试种的品种；第 2 类群有 26 个品种，基本为 2006 年长沙试种的品种，这是一个高产年份，包含 3 个 2005 年种植的高产品种，即 Y 优 173、P64S/Y797、冈优 467，与超杂 4 号高产特性相似；与对照两优培九相似的组合有 5 个，即：Y 优 908、58S/1801、YHH-5、轮优 1 号和 58S/588；第 3 类群也包含 26 个品种，基本为 2007 年长沙试种的品种，仅包含 1 个 2005 年种植的低产品种粤 A/F032，与 DSH-1 的低产特性相似，这是一个低产年份，产量表现均不理想，与两优培九相近似的组合有 7 个：N 优 1 号、湘杂 6 号、Y 优 733、88S/232、轮优 5 号、N 优 2 号、培两优 5188，两个高产的广湘 24S/R28-3 和晟优 549 相近；第 4 类群有 22 个杂交组合，全部为 2006—2007 年在海南三亚试种的品种，这是一个表现高产的种植区域，与对照组合两优培九表现最相近的有 58S/633-1 和 T64S/隆 0293。聚类图还可看出，高产品种在高产年可能更高产，低产品种在低产年则可能更低产；同一品种如两优培九，在不同的年份或地区种植表现不同，但在同年同一地点种植表现相同。表现型 = 基因 + 环境，因此，现有组合对生态环境的依赖程度较高，选育对生态环境普遍适应的高产稳产的超级杂交稻任务还十分艰巨。

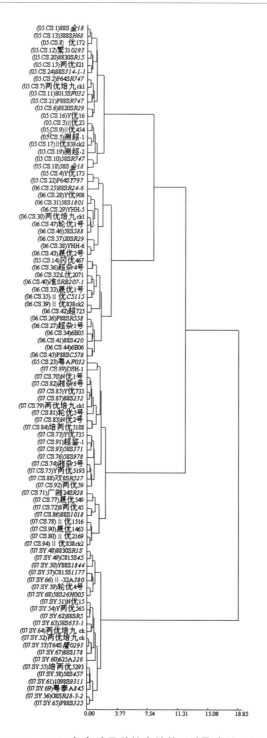

图 2-1　2005—2007 年参试品种综合性状系统聚类结果图

## 3　小结与讨论

使用了多种统计分析方法对本中心 2005—2007 年的超级杂交稻苗头组合的品比试验资料进行了高产稳产的生态适应性研究，基本结论如下。

### 3.1　参试组合产量比较情况

每年都有一些苗头组合比对照两系超级杂交稻两优培九增产，如 2005 年的 Y 优 173、88S/ 金 18、Ⅱ优 172，2006 年的 YHH–5、88S/R24–6、YHH–6、20S/R29 准 S/RB207–1、晟优 1 号，2007 年的广湘 24S/R28–3–2、8 两优 45、两优 59、晟优 549、Ⅱ优 2169、湘杂 6 号，2006—2007 年在海南三亚品比试验种植的 C815S/45、G8S/R28–3–2、C815S/1177、粤泰 A/845、P88S/325 和58S/26H005，等等，但比两优培九增产极显著的品种不很多。至于比对照三系组合Ⅱ优 838 增产的就更多，说明选育两系超级杂交稻的方向是对的。

### 3.2　参试组合各项性状在不同生态条件下的变异系数分析

各经济性状与产量构成因素的变异系数分析结果表明，4 个栽培季次的参试组合在总体上以全生育期的变异最小，分蘖率、成穗率和结实率 3 项二级数据的变异系数较大，在产量直接构成因子中，以每穗实粒数变异最大，其次是每穗总粒数，有效穗数第 3，千粒重的变异第 4（最小）；从各年和不同试点的变异系数看，在长沙 2006 年参试品种的有效穗、总粒数、实粒数的千粒重的变异系数较大，生育期变异系数小，但这年的产量较高；在三亚各项指标的变异系数均小，因此在海南三亚的生态条件下有利于杂交稻获得高产稳产。

### 3.3　参试组合农艺性状和产量构成诸因子的相关分析

14 个因子间进行简单相关分析的结果表明，就产量而言，除理论产量外，与实产量呈显著或极显著相关的因子有基本苗、总苗数、分蘖率、成穗率、株高、穗长、实粒数、结实率、千粒重、全生育期 10 项，其中的总苗数（最高苗）、分蘖率、实粒数、结实率、千粒重、全生育期与实产量呈极显著正相关，基本苗、成穗率、株高、穗长与产量呈极显著或显著负相关，总粒数与产量呈弱负相关。这说明基本苗插得越多，越不利于提高分蘖率，不利于个体发育健壮，产量反而降低；而"成穗率"高影响产量提高的内中原因在于基本苗数多，从而使得分蘖率和总苗数大降低，基本苗与成穗率有极显著正相关，形成成穗率的虚高而不代表有效穗数多；基本苗还与株高、穗长、总粒数呈极显著正相关，都对产量造成负效应；至于总粒数与产量呈负相关的原因在于总粒数与结实率呈极显著负相关，其实粒数增加得不多。这些因子的变化是品种基因与外界环境互作的结果，与种植的年份或地点的气候生态条件关系十分密切。由此可见，上述分析可作为育种家选育超高产组合和栽培家进行技术调控的有益参考。尤其栽培者在生态条件不利的地区或年份，则应采取一些相应措施，使经济性状的表现扬长避短以获高产。

## 3.4 聚类分析

聚类分析是根据事物本身特性来研究个体分类的统计方法，是理想的多变量统计技术，其内容非常丰富，有系统聚类法、动态聚类法、模糊聚类法，等等。单间地说，聚类分析是按物以类聚的原则来研究事物分类，其最大的好处之一是可以进行分类比较，其基本思路是按样本距离定义类间距离，将所有样本各自视为一类，然后计算两两之间类的距离，如此反复进行，直到所有样本归为一统。从而找出它们之间的联系和内在规律性，反映出系统的总的特征[131,216,217,218]。

对原始资料使用 DPS 软件进行系统聚类分析的结果表明，当欧氏距离为2.8512 时，所有参试组合可划分为 4 个生态类群，主要以某年或某特定地点试种的组合群为 1 类。如第 1 类群有 20 个品种，全部为 2005 年长沙试种的品种；第 2 类群有 26 个品种，基本为 2006 年长沙试种的品种，包含 3 个 2005 年种植的高产品种，即 Y 优 173、P64S/Y797，冈优 467（与超杂 4 号高产特性相似），与对照两优培九相似的组合有 5 个，即：Y 优 908、58S/1801、YHH–5、轮优 1 号和 58S/588；第 3 类群也包含 26 个品种，基本为 2007 年长沙试种的品种，仅包含 1 个 2005 年种植的低产品种粤 A/F032，与 DSH–1 的低产特性相似，与两优培九相近似的有 N 优 1 号、湘杂 6 号、Y 优 733、88S/232、轮优 5号、N 优 2 号、培两优 5188 共 7 个，高产的广湘 24S/R28–3 和晟优 549 相近；第 4 类群有 22 个杂交组合，全部为 2006—2007 年在海南三亚试种的品种，与对照两优培九表现最相近的有 58S/633–1 和 T64S/ 隆 0293。聚类分析还表明高产组合在高产年可能更高产，低产组合在低产年则可能更低产；同一品种如两优培九，在不同的年份或地区种植表现不同，但在同年同一地点种植表现相同。

表现型＝基因＋环境，因此，现有参试组合对生态环境的依赖程度较高，选育对生态环境普遍适应的高产稳产的超级杂交稻任务还十分艰巨。

各生态环境因子对产量性状的影响大小等还有待进一步研究。

# 第三章　栽植方式对超级杂交稻的影响及分析

## 1　栽插及中耕方式对超级杂交稻生理特性和产量的影响及其灰色关联度分析

　　水稻强化栽培技术体系（System of Rice Intensification，SRI）系 20 世纪 80 年代由 Henri de Laulanie 神父在马达加斯加（Madagascar）依据高产稻田"稀植较易获得高产"的调查结果总结提出的一种新的栽培方法，在马达加斯加应用多年获得了很好的增产效果[132]。该技术的核心内容就是超稀植，通过大量增施有机肥、培肥地力、移栽乳苗、间歇灌溉和多次中耕等措施，充分扩大水稻植株地上部与地下部的生长，以达到壮个体、穗大粒多高产的目的[133]。但由于生态条件的复杂性和稻作制度的多样性，对 SRI 技术的争议与讨论颇多，各地又推出了许多本土化的 SRI 技术[134～137]。我们以强化栽培为基础，通过不同栽培方式试验，将传统经验与现代科学技术结合，并运用灰色关联度分析法，探寻超级杂交稻集大穗与多穗于一体的理想高产栽培技术。

### 1.1　材料与方法

#### 1.1.1　供试材料和地点

　　供试材料：两系新组合两优 0293（原名 P88S/0293，已通过品种审定），由国家杂交水稻研究中心选育，作一季中稻栽培。

　　试验地点：国家杂交水稻研究中心农场试验田；土壤为第四纪红壤，基本理化性状为：全量 N、$P_2O_5$、$K_2O$ 含量分别为 2.8 g/kg、3.23 g/kg、11.0 g/kg，活性有机质 4.04%，pH6.06。

#### 1.1.2　试验设计

#### 1.1.2.1　不同栽插方式试验

处理 1：强化栽培（SRI）栽插（对照），该技术特点是等行株距正方形单本稀植，设 33.3cm×33.3cm 和 40 cm×40 cm 两个规格（注：分别简写为 a 或 33.32，b 或 402，以下同），每亩 6 000 穴和 4 167 穴，每穴插 1 粒谷苗（图 3–1 左）；

处理 2：宽窄行栽插，在每个正穴位斜向增插 1 穴，形成 2 穴 2 苗的错位式宽窄行，窄行间距为 10 cm，设主穴密度 a（33.3 cm×33.3 cm）和 b（40 cm×40 cm）两种，每亩总穴数在原基础上加倍，分别为 1.2 万穴（苗）和 8 334 穴（苗），算术表达式：a 为（10+23.3）cm×33.3 cm、b 为（10+30）cm×40 cm（图 3–1 中）；

处理 3：三角环形栽插，围绕每个正穴位临近插 3 苗，窄株间距 6 cm，成三角形插植，主穴布局错位，设主穴密度 a（33.3 cm×33.3 cm）和 b（40 cm×40 cm）两种，每亩总穴数在原基础上增加 3 倍，分别为 1.8 万穴和 1.25 万穴，算术表达式：a 为（6+6+21.3）cm×33.3 cm、b 为（6+6+28）cm×40 cm（图 3–1 右）。

小区面积 33.3 m²，重复 3 次，随机排列。小区间留走道，不另设分隔埂，宽窄行与三角形方式在分蘖末期中耕时用木制开沟起垄器沿宽行推泥起垄，其他施肥、管水、中耕除草、病虫防治等情况均按强化栽培要求。

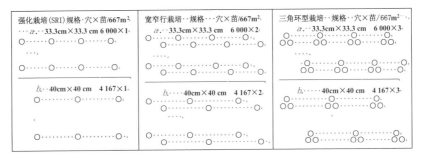

**图 3–1　3 种栽植方式田间配置示意图**

#### 1.1.2.2　不同中耕方式试验

在三角形栽培方式规格 a（即 33.3 cm×33.3 cm）的基础上，设 3 个处理，即：处理 I 为不中耕，只进行化学除草（简称"化除"，移栽后 10 d，除草剂"克草皇"按说明结合追肥使用）；处理 II 为只中耕不壅土培蔸（简称"不培土"，于分蘖期结合追肥双手扒泥中耕除草 2 次）；处理 III 为分蘖中期前后，结合追肥在稀植空间连续 2 至 3 次中耕壅土培兜（简称"培土"，手扒或运用简易起垄工具），变基部节间为地下节，促进基部节表根的发育，调节地上与地下的生长关系。小区设计及一般管理同上。

### 1.1.3 试验的实施

播种时间：2005 年 5 月 28 日；播种量：1 粒 / 孔，使用折叠式纸筒育秧盘（广东引进）4 盘共 2.2 万孔；移栽时间：6 月 10 日；移栽秧龄：3.3 叶。本田施肥：每亩施 1000 kg 堆肥（N、P、K 含量分别为 0.4%、0.2%、0.45%）、500 kg 猪粪（N、P、K 含量分别为 0.6%、0.4%、0.5%）、50 kg 水稻专用复合肥（N、P、K 含量分别为 12%、6%、12%）、40 kg 过磷酸钙（含 P 为 17%）作基肥；追肥、15 kg 俄罗斯产三元复合肥（N、P、K 含量均为 16%）、600 kg 农家肥（N、P、K 含量分别为 0.4%、0.05%、0.15%）。基肥 N、P、K 分别为 13 kg、13.8 kg、13.3 kg、追肥 N、P、K 分别为 4.8 kg、2.7 kg、3.3 kg。N、P、K 总量分别为 17.8 kg/ 亩、16.5 kg/ 亩、16.6 kg/ 亩。N、P、K 之比为 1∶0.93∶0.93，氮肥的基肥、追肥之比为 7.3∶2.7。氮肥的分蘖肥，穗肥，粒肥之比为 5∶3∶2，各处理一致。

### 1.1.4 观察、测定项目及方法

1.1.4.1 记载分蘖动态，各处理定位 5 个主穴，分别于 06–25，06–30，07–05，07–10，07–15，07–25，08–04，08–24 调查分蘖情况，记载各生育时期。

1.1.4.2 叶面积指数测定，于抽穗期和成熟期测干物重（105℃杀青后，在 80℃下烘干至恒重），抽穗期测叶面积（使用 CI–203 叶面积仪）。

1.1.4.3 维管束数测定 于抽穗期末齐穗期初 5 点取样法，每小区取 10 兜，每兜取 1 主穗，用双面刀片切片，分别于穗茎部和基茎部切片，各切片位置都是相应位置，保证可比性。用乳酸透明，用固定酸固定，在干涉差显微镜下观察记载微管束数。

1.1.4.4 净光合速率（Pn）测定：于齐穗期选择晴天的上午 9:30 后，14:00 后、对两优 0293 的 5 个栽培处理（SRI、宽宽行、三角形、中耕培土与中耕不培土，规格均为 33.3 cm × 33.3 cm）的倒 2 叶光合作用特性进行测定。使用便携式光合气体分析系统（LI—6400，USA）进行净光合速率（Pn）、气孔导度（Gs）和胞间 $CO_2$ 浓度（Ci）测定。

1.1.4.5 经济性状及产量测定：成熟时对角线 5 点取样考查各个处理的各项经济性状和理论产量；各小区单独收、晒，测定干谷产量。

1.1.4.6 数据处理：在 DPS 数据处理软件平台[131]上进行数据处理分析。

## 1.2 结果与分析

### 1.2.1 分蘖动态

定位调查表明，不同栽培形式、不同密度及不同除草中耕方式各处理最高苗峰大体出现在 7 月 15 日左右；栽培方式中的最高苗数为三角形＞宽窄行＞SRI，但三角形的最高苗数并不等于 SRI 的 3 倍，宽窄行的也不等于 SRI 的 2 倍；宽窄行和三角形方式的每穴最高苗数均以主穴密度为 $b$（40 cm×40 cm）的大于主穴密度为 $a$（33.3 cm×33.3 cm），SRI 两种密度的最高苗数非常接近；最高苗之前的增长速率以 SRI $a$、宽窄行 $b$ 和三角形 $b$ 较其对应的另一密度为快；最高苗后的消减速率则以 SRI $a$、宽窄行 $b$ 和三角形 $b$ 较其对应的另一密度为快；$b$ 规格在 7 月 10 日至 7 月 15 日似存在一个苗数激增期，在 7 月 25 日后存在一个苗数激减期。中耕方式中最高苗数以中耕不壅土培蔸的较多，其次中耕培蔸，化学除草的较少；分蘖的增长以中耕不壅土的较快，消减以中耕不壅土的较慢。8 月 24 日最后一次调查，SRI $b$ 和三角形 $b$ 的苗数仍然很多，宽窄行 $a$、$b$、三角形 $a$、中耕培土、不培土及化学除草处理的苗数较接近，说明这几种处理有利于建立合理的群体（表 3–1）。

表 3–1　不同处理的分蘖动态　　　　　　　　　　　　苗/穴

| 处理 | | 时间（月－日） | | | | | | | |
|---|---|---|---|---|---|---|---|---|---|
| | | 06–25 | 06–30 | 07–5 | 07–10 | 07–15 | 07–25 | 08–4 | 08–24 |
| SRI | $a$ | 6.4 | 10.0 | 16.4 | 25.6 | 38.6 | 32.8 | 25.4 | 22.0 |
| | $b$ | 4.6 | 7.4 | 13.4 | 22.2 | 38.4 | 36.6 | 34.4 | 30.0 |
| 宽窄行 | $a$ | 12.2 | 17.8 | 25.2 | 36.8 | 42.4 | 32.2 | 28.4 | 24.6 |
| | $b$ | 11.0 | 14.8 | 27.8 | 38.8 | 46.6 | 39.0 | 30.8 | 26.8 |
| 三角形 | $a$ | 14.0 | 21.2 | 33.0 | 51.0 | 60.6 | 47.2 | 29.6 | 26.2 |
| | $b$ | 17.2 | 25.0 | 37.2 | 56.8 | 70.6 | 57.0 | 36.6 | 32.0 |
| 化学除草 | | 16.6 | 23.0 | 34.2 | 47.8 | 54.4 | 44.0 | 27.8 | 24.0 |
| 不培土 | | 18.0 | 24.4 | 35.4 | 49.0 | 61.6 | 48.8 | 28.0 | 24.2 |
| 培土 | | 18.6 | 24.2 | 32.6 | 49.2 | 59.2 | 45.6 | 26.6 | 25.0 |

### 1.2.2 叶面积指数（LAI）

在不同栽培方式中，抽穗末期 LAI 的大小为宽窄行 *a* ＞三角形 *a* ＞宽窄行 *b* ＞三角形 *b* ＞ SRI *b* ＞ SRI *a*，总体上平均为宽窄行＞三角形＞ SRI。不同中耕方式处理则为中耕培土＞中耕不培土＞化学除草（表 3–2）。

**表 3–2　不同处理抽穗末期的 LAI**

| 处理 | 不同栽培方式 | | | | | | 不同中耕方式 | | |
| --- | --- | --- | --- | --- | --- | --- | --- | --- | --- |
| | SRI *a* | SRI *b* | 宽窄行 *a* | 宽窄行 *b* | 三角形 *a* | 三角形 *b* | 培土 | 不培土 | 化学除草 |
| LAI | 5.07 | 5.61 | 7.39 | 6.73 | 6.98 | 6.41 | 6.26 | 5.99 | 5.75 |

### 1.2.3 干物质积累

分别于抽穗期末和成熟期两次取样烘干称重。从抽穗期到成熟期，干物质积累以增加穗重为主，物质分配以库容增重为主。这段时期物质积累变化过程，规格为 33.3 cm × 33.3 cm 的 SRI、宽窄行、三角形栽植处理的干物重总重变化分别为 106.85、152.19、112.61 g/穴，规格为 40 cm × 40 cm 的 SRI、宽窄行和三角形的总重变化分别为 130.48、187.93、204.95 g/穴，因此稀植有利于单穴后期增加干物总重；每主穴增插 1 次穴的宽窄行、增插 2 次穴的三角形的总干物重又高于单穴单苗的 SRI，但并没有倍数关系（表 3–3），说明干物质积累除受的密度与基本苗影响外，还可能存在最佳的田间配置和群体结构。

**表 3–3　各处理不同时期的干物重**　　　　　　　　　　　g/穴

| 处理 | | 抽穗期干物重 | | | | 成熟期干物重 | | |
| --- | --- | --- | --- | --- | --- | --- | --- | --- |
| | | 叶重 | 茎鞘重 | 穗重 | 总重 | 茎叶重 | 穗重 | 总重 |
| SRI | *a* | 15.48 | 29.61 | 30.75 | 75.83 | 77.76 | 104.93 | 182.68 |
| | *b* | 17.09 | 42.74 | 26.71 | 86.54 | 94.50 | 122.70 | 217.02 |
| 宽窄行 | *a* | 18.38 | 42.47 | 23.75 | 84.59 | 101.60 | 135.19 | 236.78 |
| | *b* | 28.80 | 53.49 | 34.43 | 116.73 | 134.59 | 170.08 | 304.66 |
| 三角形 | *a* | 27.16 | 53.47 | 33.20 | 113.77 | 98.57 | 127.76 | 226.38 |
| | *b* | 24.77 | 104.27 | 27.94 | 156.98 | 162.97 | 198.96 | 361.93 |

### 1.2.4 齐穗期维管束数

于抽穗期末齐穗期初 5 点取样法，每小区取 10 蔸，每蔸取 1 主穗，用双面刀片切片，分别于穗茎部和基茎部切片，各切片位置都是相应位置，保证可比性。用乳酸透明，用固定液固定，在干涉差显微镜下观察记载维管束数。从表 3-4 可看出，不同处理的维管束数目均以稻秆基茎多于穗茎，相应位置维管束数目以 SRI 的较多，不同中耕方式以中耕培蔸的穗茎维管束数目略多于中耕不壅土。

**表 3-4 不同处理的茎穗维管束数比较**

| 项目 | 处理 | | | | |
|------|------|--------|--------|--------|----------|
| | SRI | 宽窄行 | 三角形 | 中耕培土 | 中耕不培土 |
| 基茎 | 70 | 66 | 66 | 68 | 68 |
| 穗茎 | 42 | 40 | 42 | 42 | 40 |

### 1.2.5 不同处理的光合作用特性

9:30 后测的是位于冠层内侧的倒 2 叶，相当于阴生叶，其净光合速率（Pn）以中耕培蔸处理的最高，其次为不培蔸的，宽窄行处理的最低；而气孔导度（Gs），SRI 和三角形的相等，并显著高于其他处理，培蔸和不培蔸低于其他处理，但这两者差别很小；胞间 $CO_2$ 浓度（Ci），以宽窄行最高，但与 SRI、三角形相差不大，以中耕培蔸的 Ci 值最低。下午 2 点测的是位于冠层外侧的倒 2 叶，相当于阳生叶，其 Pn 以 SRI 和培蔸的最高，显著高于其他 3 个处理方式（不培、宽窄行和三角形）；Gs 值也以 SRI 和培蔸的最高，显著高于其他 3 个处理方式，以三角形的最低；Ci 值以宽窄行最高，显著高于其他处理方式（表 3-5）。

将表 3-5 的上、下午值比较，Pn 以 SRI 和培蔸处理的下午阳生叶显著高于上午阴生叶，宽窄行及中耕不培蔸处理上下午差异小，三角形则上午阴生叶高于下午阳生叶较多；Gs 一般以上午阴生叶高于下午阳生叶（培蔸处理的下午略高），以 SRI 和三角形处理的上午阴生叶显著高于下午阳生叶；Ci 各处理也以上午阴生叶明显高于下午阳生叶。阳生叶和阴生叶以及各处理光合能力上的差异可能是它们生长期间吸收的光量不同的结果。阴生叶反射散失的光能要比阳生叶多（主要是中午前后太阳光最强的时候），也就是阳生叶每日的光捕获量比较大。上、下午结合比较，倒 2 叶净光合能力以 SRI 和中耕的较强。

表 3–5　不同处理的光合作用特性

| 测定项目 | SRI | | 宽窄行 | | 三角形 | | 培土 | | 不培土 | |
|---|---|---|---|---|---|---|---|---|---|---|
| | 上午 | 下午 | 上午 | 下午 | 上午 | 下午 | 上午 | 下午 | 上午 | 下午 |
| Pn ($\mu molCO_2m^{-2}S^{-1}$) | 10.64 | 13.56 | 10.37 | 9.92 | 11.06 | 9.83 | 11.81 | 13.55 | 11.49 | 11.21 |
| Gs ($molH_2Om^{-2}S^{-1}$) | 0.68 | 0.57 | 0.61 | 0.46 | 0.68 | 0.39 | 0.52 | 0.56 | 0.53 | 0.49 |
| Ci ($\mu mol/mol$) | 300.88 | 281.11 | 301.76 | 291.54 | 299.28 | 282.85 | 287.10 | 281.42 | 290.68 | 286.53 |

注：上午 9:30—10:30 测定为阴生叶，下午 14:00—15:00 测定为阳生叶。

### 1.2.6　不同处理的经济性状

表 3–6　不同处理经济性状

| 经济性状 | 不　同　处　理 | | | | | | | | | |
|---|---|---|---|---|---|---|---|---|---|---|
| | SRI $a$ | SRI $b$ | 宽窄 $a$ | 宽窄 $b$ | 三角 $a$ | 三角 $b$ | 培土 | 不培土 | 化除 | 理想式 * |
| 株高 (cm) | 113.3 | 115.7 | 114.7 | 117.7 | 117.7 | 115.7 | 117.0 | 117.3 | 117.0 | 118.0 |
| 穗长 (cm) | 21.7 | 23.2 | 21.5 | 22.2 | 20.9 | 22.2 | 22.7 | 22.7 | 23.0 | 24.0 |
| 实粒数 ( 粒 / 穗 ) | 208.0 | 181.0 | 158.0 | 165.0 | 147.0 | 180.0 | 194.0 | 176.0 | 179.0 | 200.0 |
| 总粒数 ( 粒 / 穗 ) | 242.0 | 208.0 | 186.0 | 203.0 | 174.0 | 219.0 | 222.0 | 207.0 | 205.0 | 230.0 |
| 结实率 (%) | 85.70 | 87.03 | 85.75 | 81.39 | 84.14 | 81.34 | 87.02 | 84.67 | 86.96 | 87.00 |
| 千粒重 (g) | 22.0 | 22.6 | 23.7 | 22.2 | 24.3 | 22.0 | 22.8 | 23.1 | 23.3 | 25.0 |
| 有效穗 ($10^4$/ 亩 ) | 13.20 | 13.33 | 18.89 | 17.07 | 15.72 | 13.33 | 15.00 | 14.52 | 14.40 | 18.00 |
| 理论产量 (t/hm$^2$) | 9.06 | 8.18 | 10.61 | 9.38 | 8.39 | 7.92 | 9.95 | 8.85 | 9.01 | 13.50 |
| 实际产量 (t/hm$^2$) | 8.82 | 8.13 | 10.35 | 9.30 | 8.37 | 7.75 | 9.27 | 8.37 | 8.77 | 12.75 |

注：理想栽培方式根据组合特性、栽培目标和实践经验进行设计，集大穗多穗、粒多粒重于一体，以便进行灰色关联分析。

　　在栽培方式处理中（两种密度平均），株高、穗长、每穗实粒数、总粒数、结实率以 SRI 较高，但有效穗数以 SRI 最少，以宽窄行的最多，千粒重差别不大，理论产量和实产量均以宽窄行的最高，SRI 次之，三角形最低；就密度处理而言，

栽培规格为 $a$（33.32）的 SRI、宽窄行、三角形的有效穗、理论产量和实产量都明显高于其对应 $b$（402）处理。不同中耕处理中，株高、穗长、千粒重差别小，每穗实粒数、总粒数、结实率和有效穗均以中耕培蔸的较高，理论产量和实际产量也较高。总体而言，理论产量和实际产量均以宽窄行 $a$、$b$ 和中耕培蔸的较高，SRI $a$ 和化学除草的产量中上，三角形 $b$ 最低（表 3–6）。

### 1.2.7　不同栽培方式、密度、中耕方式的灰色关联度分析

为了全面、准确、简捷地评估各栽培处理的效应，采用了灰色关联分析法[131]。将所有处理视为一个灰色系统，每处理作为其中一个因子（子序列 $X_i$），设计一理想栽培方式（母序列 $X_0$），将各处理与理想方式作灰色关联分析，关联度值越大，说明该处理与理想方式越接近，越有利用价值。对表 3–6 数据（剔除理论产量）在 DPS[131] 平台下处理结果如表 3–7。

表 3–7　各处理与理想方式的绝对差值、关联度和关联序

| $X_i$ | $K_1$ | $K_2$ | $K_3$ | $K_4$ | $K_5$ | $K_6$ | $K_7$ | $K_8$ | 关联度 | 关联序（位次） |
|---|---|---|---|---|---|---|---|---|---|---|
| $X_1$ | 0.023 | 0.114 | 0.219 | 0.287 | 0.009 | 0.116 | 0.136 | 0.154 | 0.864 | 1. 宽窄行 $a$ |
| $X_2$ | 0.083 | 0.107 | 0.161 | 0.207 | 0.031 | 0.114 | 0.141 | 0.122 | 0.747 | 2. 宽窄行 $b$ |
| $X_3$ | 0.060 | 0.019 | 0.041 | 0.024 | 0.042 | 0.013 | 0.009 | 0.003 | 0.740 | 3. 三角形 $a$ |
| $X_4$ | 0.083 | 0.056 | 0.023 | 0.105 | 0.013 | 0.060 | 0.060 | 0.047 | 0.653 | 4. 培蔸 |
| $X_5$ | 0.134 | 0.070 | 0.002 | 0.046 | 0.058 | 0.054 | 0.077 | 0.039 | 0.643 | 5. 化除 |
| $X_6$ | 0.092 | 0.126 | 0.179 | 0.303 | 0.001 | 0.130 | 0.157 | 0.161 | 0.614 | 6. 不培蔸 |
| $X_7$ | 0.048 | 0.084 | 0.137 | 0.168 | 0.010 | 0.087 | 0.101 | 0.092 | 0.594 | 7.SRI $a$ |
| $X_8$ | 0.090 | 0.097 | 0.121 | 0.185 | 0.021 | 0.098 | 0.120 | 0.101 | 0.579 | 8.SRI $b$ |
| $X_9$ | 0.077 | 0.083 | 0.110 | 0.140 | 0.029 | 0.085 | 0.107 | 0.082 | 0.561 | 9. 三角形 $b$ |

注：$X_1 \cdots X_9$ 分别代表 9 个栽培方式：SRI $a$、$b$，宽窄行 $a$、$b$，三角形 $a$、$b$，中耕培土、不培土、化学除草；$K_1 \ldots K_8$ 分别代表 8 项性状：株高、穗长、每穗实粒、每穗总粒、结实率、千粒重、有效穗、实产量。数据经无量纲标准化处理。
$\rho=0.5$，$\Delta \min=0.00063$，$\Delta \max=0.30319$，表中只保留 3 位小数。

表 3–7 结果表明，各处理综合表现与理想栽培方式关联度最密切的是宽窄行 a，其优劣关系以"＞"表示，则为宽窄行 $a$＞宽窄行 $b$＞三角形 $a$＞中耕培蔸＞化学除草＞中耕不培蔸＞ SRI $a$ ＞ SRI $b$ ＞三角形 $b$。在理论产量和实产量中都居第 3 位的处理 SRI $a$（33.3 cm×33.3 cm）在关联序中为第 7 位，三角形 $b$

与 SRIb 居倒数一、二位，可见此 3 处处理的真实效应均不理想。

### 1.2.8　农艺性状与实产量之间的灰色关联度分析

**表 3-8　各处理农艺性状因子与实际产量的绝对差值、关联度和关联序**

| $X_i$ | $K_1$ | $K_2$ | $K_3$ | $K_4$ | $K_5$ | $K_6$ | $K_7$ | $K_8$ | $K_9$ | $K_{10}$ | 关联度 | 关联序 |
|---|---|---|---|---|---|---|---|---|---|---|---|---|
| $X_1$ | 1.785 | 0.267 | 1.926 | 0.771 | 1.409 | 0.526 | 0.330 | 0.677 | 1.147 | 1.416 | 0.699 | 1. 有效穗 |
| $X_2$ | 0.531 | 1.605 | 1.811 | 0.307 | 1.105 | 0.759 | 0.263 | 0.943 | 0.884 | 0.701 | 0.664 | 2. 千粒重 |
| $X_3$ | 1.806 | 0.849 | 1.912 | 0.809 | 1.128 | 1.055 | 0.751 | 0.301 | 0.415 | 1.330 | 0.566 | 3. 结实率 |
| $X_4$ | 1.872 | 0.652 | 1.984 | 0.404 | 1.215 | 1.461 | 0.562 | 0.061 | 0.434 | 1.439 | 0.562 | 4. 穗长 |
| $X_5$ | 0.524 | 1.603 | 0.512 | 1.748 | 0.131 | 0.704 | 0.809 | 1.129 | 0.370 | 1.601 | 0.554 | 5. 每穗总粒 |
| $X_6$ | 0.846 | 0.233 | 0.206 | 0.974 | 1.762 | 0.108 | 0.357 | 0.490 | 0.564 | 0.560 | 0.534 | 6. 株高 |
| $X_7$ | 0.803 | 0.260 | 0.939 | 0.774 | 0.748 | 0.001 | 0.227 | 0.175 | 0.157 | 1.151 | 0.521 | 7. 每穗实粒 |

注：$X_1$...$X_7$ 分别代表株高、穗长、每穗实粒、每穗总粒、结实率、千粒重、有效穗；$K_1$...$K_{10}$ 分别代表 SRI$a$、$b$，宽窄行 $a$、$b$，三角形 $a$、$b$，中耕培土、中耕不培土、化学除草、理想方式；数据经无量纲标准化处理。$\rho=0.5$，$\Delta$ min=0.00127，$\Delta$ max=1.98417，表中只保留 3 位小数。

对表 3-6 数据格式作行列重排，以实产量为母序列（$X_0$），7 项农艺性状为子序列（$X_i$）进行灰色关联度分析。结果表明，与产量关联度最紧密的是有效穗，其他依次为千粒重＞结实率＞穗长＞每穗总粒数＞株高＞每穗实粒数。这与表 3-5、表 3-6 的分析是相吻合的，宽窄行 $a$、$b$ 的产量较高，与理想栽培方式关联紧密，主要是有效穗数多；三角形 $a$ 因千粒重最高、有效穗数偏多，故产量也较高；SRI$a$、$b$ 和三角形 $b$ 尽管每穗总粒数和实粒数多，但与产量的关联度低，不占影响产量的主导地位。表明超级稻两优 0293 在本身具有穗大粒多优势前提下，要获得高产就应采用增加有效穗数和千粒重方面的措施。

### 1.3　讨论

对超级杂交中稻两优 0293 进行了多个处理栽培试验，对分蘖动态、叶面积指数、干物质的积累与分配、茎穗维管束数、倒 2 叶光合作用特性等作了分析测定，进行了农艺性状考查，运用灰色关联度分析评估了各处理因子的综合表现及主要农艺性状对产量的效应。现对基本结果和存在问题作一讨论。

（1）各处理的最高苗期出现在移栽后 30 ~ 35 d（播种后 43 ~ 48 d），为主茎叶龄 11.5 ~ 12.5 叶期，其总叶龄平均为 16.5 叶，地上伸长节间 5 个，根据水稻生育进程叶龄模式 [138] 原理最高苗期一般出现在拔节叶龄期至幼穗分化始期，但受到田间配置、植株营养面积、群体发展和个体自身调控作用等的影响，SRI 的最高苗期出现期稍迟于宽窄行与三角形方式，而插植规格为 b（40 cm × 40 cm）的又比 a（33.3 cm × 33.3 cm）的出现时间稍迟。每穴最高苗数以三角形方式最多，其次为宽窄行，SRI 的最少，但并不成倍数关系。群体的消长以宽窄行 a、b 及三角形 a 的较为合理。

（2）水稻产量的形成，光合作用的同化产物是它的物质基础。光能利用率一般与 LAI 成直线回归关系，在一定范围内，单位土地上的有效叶面积越大，产量也越高 [139]。抽穗末期 LAI 以宽窄行 a 最大，其次为三角形 a、宽窄行 b，SRI 的较小；在不同中耕方式中，以中耕培土的最大，化学除草的最小。上述 LAI 的大小与本试验结果的产量表现趋势基本相符。

（3）抽穗期后的干物积累以增加穗重为主，物质分配以库容增重为主。在从抽穗到成熟期，规格为 b 的 SRI、宽窄行和三角形方式的干物重总重变化较大，规格为 a 的 SRI、宽窄行、三角形的总重变化较小。说明密植有利于前中期增加干物质重，稀植有利于后期增加干物总重。这与龙旭等人的研究 [140] 报道"强化栽培在低密度处理时，虽然在成熟期单株干物质积累量较大，但从群体上看，其干物质积累量则显著低于较高密度处理"的结果基本一致。每主穴增插 1 副穴的宽窄行、增插 2 副穴的三角形的总干物重均高于单穴单苗的 SRI，但没有倍数关系，因此，最适宜的栽植方式与密度是存在的。

（4）关于行株距的配置。SRI 的等行株距正方形单本栽植有利于分蘖和形成大穗，但在长沙生态条件下，表现有效穗数不足，产量偏低。关于三角形栽植，四川马均等研究 [141] 认为"三围立体强化栽培"——每穴按小正三角形移栽，排行错窝，能做到密中有稀，稀中有密，充分利用土地和空间资源，分蘖和有效穗数高于每丛栽 3 苗、2 苗和 1 苗，每穗粒数也有提高，可发挥某些重穗型水稻的高产潜力；本研究的结果表明三角形栽植实属变相的密植，有一定的增苗增穗作用，但两优 0293 叶片数多，分蘖力强，三角形内空间小，植株个体相互干扰性大，并产生不对称性生长，难以形成圆锥状理想株型 [139]，还易滋生病虫，引起早衰；而 40 cm × 40 cm 规格又浪费三角形外的空间，有效穗数不足，群体质量不高，产量低。对于宽窄行栽植，湖南严钦泉的研究 [142] 认为，宽窄行插植有利于利用杂交水稻的边际优势，有利于提高生物产量和收获指数；贵州梅佐有的研究[143]认为，垄作宽窄行有利于提高光能利用率，改善田间小气候，增加低位蘗，其产量极显著高于近等行株距平作。本研究对宽窄行栽植窄行的株间平位为错位，并开沟起垄，有利于发挥宽窄行的上述优点，又克服了宽窄行平作等位的遮光与干扰等副作用，因而在三种栽植方式中以宽窄行 $a$ 的产量最高。这与前人研究[144]认为"采用宽窄行密株栽培，在窄行中形成'品'字形排列有利发挥杂交水稻分蘗优势"的结果类同。

（4）维管束数目均以稻秆基茎多于穗茎，茎基维管束数为 66～70 个，以 SRI 的最多；穗茎维管束数一般 40～42，也以 SRI 的较多。不同中耕处理中则以中耕培土的较多。维管束较多说明其代谢运输能力较强，有利于提高抗性、促进大穗和提高结实率。万宜珍等研究[145]认为，水稻维管束数目越多，茎秆的韧性越大，就越不易倒伏。这可能是 SRI 和中耕培蔸处理的穗子较大且较抗倒伏的原因之一。

（5）据潘瑞炽等人的研究报道[145]，植物可分为阳生植物和阴生植物，阴生植物的叶绿素 a 和叶绿素 b 的比值小，阴生植物能强烈地利用蓝紫光，适应于在遮阴处生长；阳生植物要求充分的直射日光，其光补偿点明显高于阴生植物，在光强高于光补偿点时阳生植物有利于积累干物质，但农作物没有阴生植物和阳生植物之分。龙旭等人研究了杂交稻冈优 527 在不同密度、不同栽植方式下叶片净光合速率、气孔导度、蒸腾速率、胞间 $CO_2$ 浓度的变化，认为各处理在齐穗期后各功能叶的净光合速率、气孔导度、蒸腾速率都是随着密度的增加而下降，而胞间 $CO_2$ 浓度的变化趋势则相反；上 3 叶的净光合速率、气孔导度都是从上到下依次降低（剑叶＞倒 2 叶＞倒 3 叶），而胞间 $CO_2$ 浓度的变化趋势则相反[147]。本研究对两优 0293 齐穗期倒 2 叶内、外侧叶片根据上、下午光照特点提出阳生叶和阴生叶的概念，并对倒 2 叶的光合作用特性测定结果的变化规律作了初步探索，上、下午比较，净光合速率（Pn）下午（阳生叶）高于上午（阴生叶），胞间二氧化碳浓度（Ci）各处理以上午高于下午，气孔导度（Gs）未表现出与 Pn 的变化平行，其原因有待研究。

（7）关于灰色关联度分析在栽培上的运用。灰色关联度的分析有利于透过现象看本质，实现对系统运行行为和演化规律的正确把握和描述[131]，灰色关联度的分析常见于引种或品种区试结果的分析[147,148]，本研究用于栽培方式的综合比较，能够准确、简捷、全面地评估比较农艺性状、栽培处理的效应大小，筛选超级稻的理想栽培方式，这是本研究分析的创新之点。结果表明：7项农艺性状与产量关联度最紧密的是有效穗，其他依次为千粒重＞结实率＞穗长＞每穗总粒数＞株高＞每穗实粒数；9项栽培方式处理与理想栽培方式（集大穗多穗、粒多粒重于一体的超高产目标方式）的关联序为：宽窄行 $a$ ＞宽窄行 $b$ ＞三角形 $a$ ＞中耕培土＞化学除草＞中耕不培土＞SRI $a$ ＞SRI $b$ ＞三角形 $b$，可见综合能力表现与理想栽培方式关联度最紧密的是宽窄行 $a$，其次为宽窄行 $b$，在理论产量和实产量中都居第3位的处理SRI $a$（33.3 cm×33.3 cm）在关联序中为第7位，三角形 $b$ 与SRI $b$ 居倒数一、二位，因此SRI和三角形 $b$ 的推广价值不大。

（8）稻田化学除草早已是我国稻作生产中一项普遍使用的成熟技术[149]，只要选准剂型，使用方法正确，都能收到安全性高、操作方便、除草较彻底、省工省力、成本低，效益高的效果。SRI的核心技术之一是人力中耕除草2～4次，这样势必加剧农村劳力和季节的紧张，本研究表明人力中耕培蔸和化学除草的产量居于中上，说明化学除草不中耕在高产栽培中也是可行的。

综上所述，超级稻两优0293的理想栽培方式应当是有效穗数较多，结实率较高，千粒重中上，本研究设计的宽窄行 $a$、$b$ 方式可作为理想的栽培方式。试验未设置常规长方形行株距栽培方式处理，经济特性中未对米质进行研究，对水稻冠层叶片阳生叶和阴生叶光合性能的研究还很肤浅，有待今后进一步改进。

## 2　不同垄栽对超级杂交稻产量及根系、剑叶生长的影响研究

在海南三亚和湖南长沙进行了重复试验，以超级杂交水稻组合两优培九和苗头组合两优0293（原名88S/0293）、GD–1S/RB207为材料，设置了4个不同垄栽处理，研究了不同栽培处理对水稻产量和水稻根系生长、剑叶生长的影响。

### 2.1　材料与方法

#### 2.1.1　试验设计

本试验以国家杂交水稻工程技术研究中心育成的超级杂交稻新组合：（A）

两优培九、（B）两优0293、（C）GD–1S/RB207为材料，试验在三亚市三亚警备区农场国家杂交水稻工程技术研究中心南繁基地进行。试验田面积1260 m²，砂性土壤，土壤肥力中上，有机质含量32.9 g/kg，全 N 1.7 g/kg，全 P 0.6 g/kg，全 K 3.2 g/kg，碱解 N 105.4 mg/kg，速效 P 57.6 mg/kg，速效 K 60.0 mg/kg，pH6.2。

共设4个不同垄栽处理，即：$L_1$，窄垄（2行开1沟）；$L_2$，中垄（4行开1沟）；$L_3$，宽垄（6行开1沟）；$L_4$，平作（CK，不开沟）。移栽后1周开垄（元月15前后）。随机区组设计，栽插密度：26.6 cm×26.6 cm（82寸），每蔸2个基本苗（2粒种子苗）。小区面积20 m²，重复3次。基肥施用：统施1000 kg/亩猪牛粪有机肥加磷肥100 kg/亩加钾肥15 kg/亩。追肥施用：移栽后1周施10 kg/亩纯氮；栽后1个月施10 kg/亩纯氮；幼穗分化Ⅱ–Ⅳ期施10 kg/亩纯氮加钾肥15 kg/亩。

试验统一于2005年12月25日播种，2006年1月7日小区划行移栽，其他管理措施同当地水稻高产栽培大田。

长沙点进行了重复试验，试验设计大体上一样，供试组合只有（A）两优培九、（B）两优0293；施肥有所不同，常规高产施肥：熟菜枯饼粉40 kg/亩，磷肥40 kg/亩，钾肥15 kg/亩混匀均作基肥或西洋肥50 kg/亩作基肥。分蘖肥在移栽后1周施，尿素15 kg/亩，钾肥5 kg/亩。试验水稻于2006年5月22日播种，6月13日移栽，采用农村常用的水育秧。试验地点：长沙试验基地，土质情况：pH 7.1；有机质：39.6 g/kg；全氮：2.22 g/kg；全磷：0.94 g/kg；全钾：17.3 g/kg；碱解氮：138.8mg/kg；速效磷：66.2 mg/kg；速效钾：200.0 mg/kg。大田前茬为油菜。

### 2.1.2　测定项目和方法

2.1.2.1　分蘖动态　移栽后5 d调查各小区基本苗数，移栽后10 d开始，各小区定点10蔸观察分蘖发生动态，11叶以前，每3 d记载1次，11叶以后，每5 d记载1次，直到剑叶露尖；分别在高峰苗期和灌浆期调查高峰苗和有效穗数。基本苗、高峰苗和有效穗每小区随机调查50蔸总苗数，再取平均值。

2.1.2.2　株型调查　齐穗期各小区定点调查植株高度、主茎叶片数、叶片长、叶片宽。每点10蔸，重复2点。

2.1.2.3　叶片开张角　齐穗期在田间小区呈梅花形5点取样（每点1蔸）测剑叶

张角。

2.1.2.4 根系测量 于孕穗期和齐穗期在田间小区选代表性两蔸,测根系活力(伤流)和地上部干物重。以稻株为中心,以株、行距为半径,挖取 30 cm 深的土柱,以发根处为基点,0 ~ 10 cm 为 1 层;10 ~ 20 cm 为 2 层;20 cm 以下为 3 层进行根系分层。

2.1.2.5 农艺性状 产量测定以每一试验小区去除四周 3 行边行后实割平均产量折算而成。收获前 2 d 取出茎蘖动态观察点全部植株,每小区再梅花形 5 点取样(共 5 蔸)进行考种。

2.1.2.6 SPAD 值 应用 SPAD–502 测定,选取顶部全展叶片,每片叶片测叶中部、叶中部上端 3 cm 和叶中部下端 3 cm,共 3 个测定点的平均值。

2.1.2.7 光合作用测定 使用便携式光合气体分析系统(LI—6400,USA)进行净光合速率(Pn)、气孔导度(Gs)和胞间 $CO_2$ 浓度(Ci)测定。

2.1.2.8 数据处理 在 DPS 数据处理软件平台[131]上进行数据处理分析。

## 2.2 结果与分析

### 2.2.1 生长发育进程及分蘖动态

湖南长沙试验与海南三亚试验有相同趋势,以海南三亚试验为例,试验表明,不同生育时期的进程不同组合间有区别,但同一组合不同垄栽模式间没有区别,垄栽模式对生长发育进程没什么影响(表 3–9)。全生育期天数品种间有区别,但同一品种不同垄栽模式间没区别。垄栽模式对组合分蘖动态有影响(表 3–10)。各组合均以宽垄垄栽模式分蘖数最高。有效穗也是宽垄垄栽模式最高。

从表 3–11 可以看出,组合 A(两优培九)成穗率基本上呈现 2>1>4>3,组合 B(两优 0293)成穗率基本上呈现 2>1>3>4,分蘖盛期都是出现在移栽后 15 ~ 20 d 这段时间。最高苗数都控制得较好,比常规栽培大幅下降,这样就提高了成穗率。对于组合 A,最高苗数 3>4>1>2;组合 B,最高苗数不同处理之间呈现 4>3>1>2。这基本上反映出,垄栽处理 1 和 2 调水控苗效果优于 3 和 4,所以 1 和 2 的最高苗数会小于 3 和 4,各组合最高苗数都是处理 4,说明它的控水控苗效果最差。

表 3–9　不同垄栽处理对生长发育进程的影响（海南三亚）

| 处理 | 播种期（月–日） | 移栽期（月–日） | 高峰苗期（月–日） | 始穗期（月–日） | 齐穗期（月–日） | 成熟期（月–日） | 全生育期/d |
|---|---|---|---|---|---|---|---|
| $AL_1$ | 12–25 | 01–07 | 02–20 | 03–27 | 04–01 | 05–01 | 126 |
| $AL_2$ | 12–25 | 01–07 | 02–20 | 03–27 | 04–01 | 05–01 | 126 |
| $AL_3$ | 12–25 | 01–07 | 02–20 | 03–27 | 04–01 | 05–01 | 126 |
| $AL_4$ | 12–25 | 01–07 | 02–20 | 03–27 | 04–01 | 05–01 | 126 |
| $BL_1$ | 12–25 | 01–07 | 02–20 | 03–29 | 04–06 | 05–06 | 131 |
| $BL_2$ | 12–25 | 01–07 | 02–20 | 03–29 | 04–06 | 05–06 | 131 |
| $BL_3$ | 12–25 | 01–07 | 02–20 | 03–29 | 04–06 | 05–06 | 131 |
| $BL_4$ | 12–25 | 01–07 | 02–20 | 03–29 | 04–06 | 05–06 | 131 |
| $CL_1$ | 12–25 | 01–07 | 02–15 | 03–09 | 03–16 | 04–16 | 111 |
| $CL_2$ | 12–25 | 01–07 | 02–15 | 03–09 | 03–16 | 04–16 | 111 |
| $CL_3$ | 12–25 | 01–07 | 02–15 | 03–09 | 03–16 | 04–16 | 111 |
| $CL_4$ | 12–25 | 01–07 | 02–15 | 03–09 | 03–16 | 04–16 | 111 |

2.2.2　垄栽模式对根系伤流的影响

伤流量间接反映根系活力的强弱，随着垄栽模式的变化，伤流量也变化，说明垄栽模式影响根系活力，组合 A（两优培九），随着垄栽宽度的进一步上升，伤流量减少，说明窄垄栽有利于根系活力，但垄栽对根系活力的促进弱于对照（平作）。组合 B（两优 0293），也是随着垄栽宽度的进一步上升，伤流量减少，说明窄垄栽模式有利于根系活力，且窄、中垄栽对根系活力的促进都强于对照组。组合 C（GD–1S/RB207），中垄栽强于窄、宽垄栽模式，但稍弱于对照组（表3–12）。

2.2.3　垄栽模式对根层分布的影响

海南三亚试验在齐穗期对不同处理的超级稻根系进行土柱取样（以植株为中心，株行距为半径），对土柱进行分层取根（以发根处为基点，0～10 cm 为 1 层；10～20 cm 为 2 层；20 cm 以下为 3 层），考察数据显示，供试组合 A（两优培九）为：根重比 $L_1$、$L_2$、$L_3$、$L_4$ 处理均为 7∶2∶1；根体积比为 $L_1$，第 1、2、3 层根体积比为 5∶3∶2；$L_2$，根体积比为 6∶3∶1，$L_3$，根体积比为 6∶3∶1；$L_4$（对

表 3-10　不同垄栽处理对分蘖发生动态的影响（三亚）

$10^4$ 苗 /$hm^2$

| 处理 | 移栽后天数 /d | | | | | | | | | | | | | | |
| --- | 10 | 13 | 16 | 19 | 22 | 25 | 28 | 31 | 34 | 37 | 42 | 47 | 52 | 57 | 90 |
| AL₁ | 41.6 | 57.6 | 73.6 | 112.0 | 166.4 | 236.8 | 320.0 | 441.6 | 563.2 | 614.4 | 636.8 | 617.6 | 604.8 | 588.8 | 300.8 |
| AL₂ | 35.2 | 60.8 | 89.6 | 137.6 | 185.6 | 240.0 | 364.8 | 524.8 | 672.0 | 764.8 | 793.6 | 755.2 | 723.2 | 672.0 | 320.0 |
| AL₃ | 32.0 | 44.8 | 67.2 | 99.2 | 160.0 | 217.6 | 278.4 | 508.8 | 649.6 | 764.8 | 806.4 | 780.8 | 732.8 | 684.8 | 345.6 |
| AL₄ | 16.0 | 35.2 | 54.4 | 73.6 | 112.0 | 147.2 | 249.6 | 377.6 | 496.0 | 579.2 | 652.8 | 643.2 | 604.8 | 590.4 | 329.6 |
| BL₁ | 38.4 | 57.6 | 83.2 | 124.8 | 169.6 | 310.4 | 396.8 | 480.0 | 595.2 | 630.4 | 688.0 | 672.0 | 656.0 | 617.6 | 272.0 |
| BL₂ | 41.6 | 70.4 | 86.4 | 124.8 | 188.8 | 256.0 | 361.6 | 496.0 | 662.4 | 752.0 | 758.4 | 739.2 | 643.2 | 582.4 | 313.6 |
| BL₃ | 44.8 | 73.6 | 92.8 | 108.8 | 140.8 | 195.2 | 275.2 | 355.2 | 563.2 | 672.0 | 803.2 | 784.0 | 742.4 | 716.8 | 323.2 |
| BL₄ | 25.6 | 54.4 | 70.4 | 96.0 | 144.0 | 217.6 | 300.8 | 476.8 | 643.2 | 716.8 | 736.0 | 748.8 | 646.4 | 608.0 | 300.8 |
| CL₁ | 19.2 | 41.6 | 57.6 | 73.6 | 115.2 | 150.4 | 240.0 | 326.4 | 406.4 | 428.8 | 422.4 | 393.6 | 384.0 | 348.8 | 297.6 |
| CL₂ | 19.2 | 38.4 | 54.4 | 86.4 | 131.2 | 192.0 | 236.8 | 387.2 | 467.2 | 505.6 | 508.8 | 499.2 | 457.6 | 425.6 | 300.8 |
| CL₃ | 19.2 | 44.8 | 51.2 | 83.2 | 118.4 | 153.6 | 224.0 | 310.4 | 380.8 | 483.2 | 467.2 | 467.2 | 425.6 | 412.8 | 348.8 |
| CL₄ | 19.2 | 41.6 | 64.0 | 86.4 | 108.8 | 172.8 | 230.4 | 339.2 | 374.4 | 448.0 | 438.4 | 432.0 | 393.6 | 374.4 | 243.2 |

表 3-11 不同垄栽处理对分蘖发生动态的影响（长沙）

$10^4$ 苗 $/hm^2$

| 处理 | 移栽后天数 /d | | | | | | | | | | | | | | | | 成穗率 /% |
|------|------|------|------|------|------|------|------|------|------|------|------|------|------|------|------|------|------|
| | 15 | 20 | 25 | 30 | 35 | 40 | 45 | 50 | 55 | 60 | 90 | |
| AL1 | 118.1 | 241.9 | 337.5 | 368.4 | 385.3 | 365.6 | 334.7 | 312.2 | 284.1 | 250.3 | 219.4 | 56.9 |
| AL2 | 123.8 | 233.4 | 348.8 | 365.6 | 382.5 | 348.8 | 337.5 | 298.1 | 264.4 | 261.6 | 222.2 | 58.1 |
| AL3 | 129.4 | 272.8 | 374.1 | 390.9 | 416.3 | 374.1 | 371.3 | 323.4 | 255.9 | 244.7 | 205.3 | 49.3 |
| AL4 | 126.6 | 267.2 | 382.5 | 396.6 | 413.4 | 393.8 | 362.8 | 326.3 | 295.3 | 267.2 | 236.3 | 57.2 |
| BL1 | 137.8 | 292.5 | 379.7 | 405.0 | 416.3 | 379.7 | 365.6 | 286.9 | 264.4 | 258.8 | 250.3 | 60.1 |
| BL2 | 129.4 | 233.4 | 354.4 | 371.3 | 388.1 | 357.2 | 340.3 | 303.8 | 284.1 | 253.1 | 236.3 | 60.9 |
| BL3 | 129.4 | 278.4 | 405.0 | 410.6 | 421.9 | 388.1 | 371.3 | 312.2 | 295.3 | 292.5 | 244.7 | 58.0 |
| BL4 | 135.0 | 326.3 | 435.9 | 450.0 | 450.0 | 385.3 | 362.8 | 303.8 | 270.0 | 250.3 | 239.1 | 53.1 |

照，不开沟）处理，根体积比为 5：3：2。说明随着垄栽模式的不同，根系各层重量比不变，但体积比变化。$L_4$（对照，平作）处理和 $L_1$（2 行开 1 沟）处理，第 1、2、3 层根体积比均为 5：3：2，表层根所占体积比下降，下层根所占体积比上升，随着开沟，$L_2$（4 行开 1 沟）处理（中垄）和 $L_3$（6 行开 1 沟）处理（宽垄）根体积比均为 6：3：1，表层根所占体积比上升，下层根所占体积比下降。组合 B（两优 0293），各个处理，1、2、3 层根重比也均为 7：2：1，根体积比则是 $L_4$（对照）、$L_1$、$L_2$ 均为 6：3：1，$L_3$（宽垄）为 7：2：1，表层根所占体积比上升，下层根所占体积比下降。组合 C（GD-1S/RB207），各个处理，第 1、2、3 层根重比也均为 7：2：1，根体积比，$L_1$ 为 6：2：2，$L_2$ 为 5：3：2，$L_3$、$L_4$ 均为 6：3：1（表 3-13）。长沙试验表明：各层根重、根体积百分比比例倾向 6：3：1，与海南相比，可能是长沙耕作层比海南要深，导致中下层根比重增加（表 3-14）。

表 3-12　不同组合不同垄栽模式的伤流量比较（齐穗期）　mg/（茎·h）

| 组合 | 处　　理 | | | |
|---|---|---|---|---|
| | $L_1$ | $L_2$ | $L_3$ | $L_4$ |
| A | 16.3 | 12.5 | 11.7 | 21.3 |
| B | 29.6 | 26.6 | 17.9 | 23.3 |
| C | 25.5 | 36.3 | 28.4 | 37.5 |

表 3-13　不同组合不同垄栽模式齐穗期根层所占百分比分布比较（三亚）

| 组合 | 根层（干重/体积）（mL/g）% | 处　　理 | | | |
|---|---|---|---|---|---|
| | | $L_1$ | $L_2$ | $L_3$ | $L_4$ |
| A | 1（干重/体积） | 66.7/54.6 | 68.6/57.9 | 67.9/56.5 | 66.3/50.7 |
| | 2（干重/体积） | 23.7/30.2 | 22.5/29.7 | 22.3/29.3 | 23.3/31.9 |
| | 3（干重/体积） | 9.70/15.2 | 9.9/12.4 | 9.8/14.2 | 10.4/17.4 |
| B | 1（干重/体积） | 68.8/56.5 | 75.2/61.5 | 79.5/66 | 67.2/56.3 |
| | 2（干重/体积） | 20.3/27.2 | 17.8/24.6 | 16.3/25.5 | 21.1/26.2 |
| | 3（干重/体积） | 10.9/16.3 | 7.0/13.9 | 4.2/8.5 | 11.7/17.5 |
| C | 1（干重/体积） | 66.8/57.8 | 67.5/53.5 | 70.2/54.8 | 66.7/55.2 |
| | 2（干重/体积） | 21.3/22.2 | 18.2/32.3 | 17.6/32.3 | 21.2/33.7 |
| | 3（干重/体积） | 11.9/20 | 14.3/14.2 | 12.2/12.9 | 12.1/11.1 |

表 3-14　不同组合不同垄栽模式齐穗期根层所占百分比分布比较（长沙）

| 组合 | 根层（干重 / 体积）（mL/g）% | 处　理 | | | |
|---|---|---|---|---|---|
| | | L$_1$ | L$_2$ | L$_3$ | L$_4$ |
| A | 1(干重 / 体积) | 55.7/61.1 | 52.0/52.9 | 53.7/55.4 | 55.2/52.9 |
| | 2(干重 / 体积) | 31.2/27.8 | 35.4/35.3 | 34.2/33.8 | 32.4/35.3 |
| | 3(干重 / 体积) | 13.1/11.1 | 12.6/11.8 | 12.1/10.8 | 12.4/11.8 |
| B | 1(干重 / 体积) | 57.8/57.4 | 53.7/55.6 | 58.4/52.6 | 51.4/52.9 |
| | 2(干重 / 体积) | 28.2/28.6 | 32.8/33.3 | 27.4/31.6 | 33.2/35.3 |
| | 3(干重 / 体积) | 14/14 | 13.5/11.1 | 14.3/15.8 | 15.4/11.8 |

### 2.2.4　垄栽模式对剑叶张角的影响

两优培九随着垄栽模式的不同，剑叶与茎夹角也不同，随垄栽宽度增加，夹角上升，剑叶变披，对照组（平作）夹角最大，剑叶最长、最宽；两优 0293 抽穗期剑叶夹角以中垄栽培最大，剑叶最长、最宽，其次是宽垄，窄垄与对照夹角一样（表 3-15）。

表 3-15　不同组合不同栽培模式抽穗期剑叶性状比较

| 剑叶性状 | 组合 | 处　理 | | | |
|---|---|---|---|---|---|
| | | L$_1$ | L$_2$ | L$_3$ | L$_4$ |
| 与茎夹角 / (° ) | A | 10.5 | 12.1 | 13.1 | 14.5 |
| | B | 13.8 | 15.2 | 14.8 | 13.8 |
| 叶长 / cm | A | 29.10 | 29.08 | 28.35 | 29.31 |
| | B | 27.78 | 29.64 | 26.73 | 25.35 |
| 叶宽 / cm | A | 2.30 | 2.31 | 2.29 | 2.34 |
| | B | 13.80 | 15.20 | 14.80 | 13.80 |

### 2.2.5　垄栽模式对剑叶光合作用的影响

垄栽对光合速率的影响，两优培九光合速率，不垄栽（对照）的最高，其次是以 4 行为宽度的垄栽（中垄栽），再次是 6 行为宽度的垄栽（宽垄栽），两行为宽度的垄栽( 窄垄栽 )最低。两优 0293 光合速率则以中垄大于窄垄大于宽垄，对照最小。气孔导度，两优培九是窄垄大于宽垄大于对照不起垄大于中垄处理。

表 3-16　不同组合不同栽培模式剑叶光合作用（圆杆拔节期）（长沙）

| 观测项目 | 组合 | 处　　理 | | | |
|---|---|---|---|---|---|
| | | $L_1$ | $L_2$ | $L_3$ | $L_4$ |
| 光合速率 | A | 15.8 | 17.7 | 16.4 | 18.2 |
| | B | 18.2 | 19.9 | 17.4 | 16.3 |
| 气孔导度 | A | 2.18 | 1.31 | 1.86 | 1.84 |
| | B | 2.22 | 2.31 | 1.91 | 1.91 |
| 胞间 $CO_2$ 浓度 | A | 404.0 | 392.3 | 397.3 | 394.7 |
| | B | 396.0 | 394.0 | 393.3 | 398.3 |
| 蒸腾速率 | A | 12.53 | 10.57 | 11.50 | 11.12 |
| | B | 10.46 | 11.23 | 11.23 | 11.90 |
| 空气与叶室温 △ T℃ | A | 3.23 | 2.65 | 3.49 | 3.66 |
| | B | 3.28 | 3.11 | 3.22 | 3.22 |

两优 0293 是中垄 > 窄垄 > 宽垄，宽垄和对照平作处理相等。胞间 $CO_2$ 浓度，两优培九是窄垄 > 宽垄 > 平作 > 中垄；两优 0293 是平作 > 窄垄 > 中垄 > 宽垄，但差异很小。蒸腾速率，两优培九是窄垄 > 宽垄 > 平作 > 中垄；两优 0293 是平作 > 宽垄和中垄 > 窄垄，宽垄和中垄相等。空气与叶室温差，两优培九是平作 > 宽垄 > 窄垄 > 中垄；两优 0293 是窄垄最大，中垄最小，宽垄和平作相等。由此分析，垄栽对光合作用的影响没有明显的规律性（表 3-16）。

2.2.6　垄栽模式对顶叶完全叶 SPAD 值（叶绿素含量相对值）的影响

分蘖末期,叶绿素含量,两优培九是中垄 > 宽垄 > 窄垄 > 平作,但中垄、宽垄、窄垄差异不显著；两优 0293 是窄垄 > 中垄 > 宽垄 > 平作,但中垄、宽垄、窄垄差异不显著。由此可见，垄栽有利于增加叶绿素含量（表 3-17）。

表 3-17　不同组合不同垄栽模式分蘖末期顶叶 SPAD 值比较（长沙）

| 观测项目 | 组合 | 处　　理 | | | |
|---|---|---|---|---|---|
| | | $L_1$ | $L_1$ | $L_1$ | $L_1$ |
| SPAD 值 | A | 40.49 | 40.54 | 40.52 | 40.03 |
| | B | 41.48 | 41.36 | 41.34 | 40.88 |

### 2.2.7 产量及主要经济性状

从海南三亚试验的产量及主要经济性状结果看，不同垄栽模式有不同的影响（表3–18）。组合 A（两优培九），宽垄栽的有效穗最多，产量高于窄垄、中垄栽处理，且高于对照（平作）产量。每穗总粒数、千粒重也是随着垄栽宽度的增加而降低，且窄垄的千粒重、每穗总粒数也高于对照。组合 B（两优0293），中垄栽产量高于窄、宽垄栽产量，也高于对照组。每穗总粒数也是随着垄栽宽度的增加而降低，千粒基本上是这样，窄垄高于中垄、宽垄，但稍低于对照。组合 C（GD–1S/RB207），宽垄产量高于中垄、窄垄、对照的产量。每穗总粒数、千粒重窄垄高于中垄、宽垄，与对照接近。从湖南长沙产量及主要经济性状结果来看，与海南三亚呈现相似趋势，最高产量都是在垄栽处理内。组合 A（两优培九），宽垄栽产量＞窄垄栽产量＞中垄栽产量＞对照，垄栽有利于提高产量；在产量构成因素方面，垄栽有利于提高穗数，提高千粒重，提高每穗总粒数，提高结实率。组合 B（两优0293），也呈现相似趋势，垄栽处理产量高于对照产量，但在垄栽处理内，窄垄产量＞中垄产量＞宽垄产量。在产量构成因素方面，垄栽与对照相比，垄栽提高了有效穗数、每穗总粒数、结实率、千粒重。窄垄的有效穗数、每穗总粒数、结实率最大（表3–19）。

表 3–18 不同垄栽处理对产量及主要经济性状的影响（海南三亚）

| 处理 | 株高 /cm | 穗长 /cm | 有效穗 /（$10^4$/hm²） | 每穗总粒数 | 结实率 /% | 千粒重 /g | 理论产量 /（t/hm²） | 实际产量 /（t/hm²） | 收获指数 |
|---|---|---|---|---|---|---|---|---|---|
| AL₁ | 114.1 | 21.4 | 300.8 | 150 | 94 | 26.0 | 11.03 | 9.76 | 0.541 |
| AL₂ | 115.5 | 21.0 | 320.0 | 147 | 95.9 | 25.8 | 11.64 | 9.27 | 0.532 |
| AL₃ | 113.0 | 21.3 | 345.6 | 144 | 95.1 | 25.3 | 11.97 | 10.05 | 0.535 |
| AL₄ | 113.8 | 21.4 | 329.6 | 147 | 94.9 | 25.8 | 11.86 | 9.08 | 0.521 |
| BL₁ | 107.6 | 20.4 | 272.0 | 180 | 93.9 | 24.3 | 11.17 | 9.92 | 0.556 |
| BL₂ | 111.2 | 21.3 | 313.6 | 165 | 93.9 | 23.8 | 11.56 | 10.56 | 0.542 |
| BL₃ | 105.0 | 21.5 | 323.2 | 164 | 93.9 | 24.0 | 11.95 | 10.24 | 0.557 |
| BL₄ | 109.6 | 21.1 | 300.8 | 153 | 94.8 | 24.5 | 10.69 | 10.41 | 0.565 |
| CL₁ | 95.8 | 21.7 | 297.6 | 190 | 84.2 | 30.0 | 14.28 | 10.52 | 0.526 |
| CL₂ | 97.8 | 22.8 | 300.8 | 191 | 86.4 | 29.0 | 14.4 | 10.71 | 0.538 |
| CL₃ | 93.5 | 22.4 | 348.8 | 177 | 84.7 | 29.5 | 15.43 | 11.52 | 0.541 |
| CL₄ | 92.2 | 23.3 | 243.2 | 199 | 87.4 | 30.0 | 12.69 | 10.37 | 0.552 |

表 3–19　不同垄栽处理对产量及主要经济性状的影响（湖南长沙）

| 处理 | 株高 /cm | 穗长 /cm | 有效穗 /（$10^4$/hm²） | 每穗 总粒数 | 结实率 /% | 千粒重 /g | 理论产量 /（t/hm²） | 实际产量 /（t/hm²） | 收获 指数 |
|---|---|---|---|---|---|---|---|---|---|
| AL₁ | 136.6 | 26.1 | 236.0 | 207.2 | 86.8 | 24.4 | 10.36 | 10.1 | 0.535 |
| AL₂ | 130.8 | 25.8 | 232.0 | 202.3 | 88.7 | 24.6 | 10.24 | 9.8 | 0.511 |
| AL₃ | 130.5 | 24.3 | 235.5 | 207.3 | 88.6 | 24.9 | 10.77 | 10.5 | 0.542 |
| AL₄ | 128.8 | 26.1 | 226.5 | 201.7 | 86.2 | 24.3 | 9.57 | 9.1 | 0.503 |
| BL₁ | 128.2 | 23.6 | 250.4 | 219.3 | 89.4 | 24.6 | 12.07 | 11.3 | 0.573 |
| BL₂ | 125.6 | 24.2 | 236.3 | 210.2 | 88.3 | 25.8 | 11.34 | 10.9 | 0.567 |
| BL₃ | 132.0 | 23.2 | 244.7 | 206.9 | 89.0 | 24.7 | 11.13 | 10.7 | 0.537 |
| BL₄ | 129.8 | 23.1 | 239.1 | 200.2 | 82.9 | 24.2 | 9.64 | 9.4 | 0.505 |

## 2.3　小结与讨论

### 2.3.1　垄栽模式对水稻生长发育和产量的影响

本研究表明，垄栽模式对生长发育进程没有明显影响，但栽培模式对组合分蘖动态及产量构成因素有一定影响。各组合均以宽垄栽培模式分蘖数最高。组合 A（两优培九）、组合 C（GD–1S/RB207），均以宽垄栽产量最高。每穗总粒数、千粒重随着垄栽宽度的增加而降低。组合 B（两优 0293），中垄栽产量最高。每穗总粒数也是随着垄栽宽度的增加而降低。

### 2.3.2　垄栽模式对水稻根系生长的影响

组合 A（两优培九），窄垄栽伤流量大于中、宽垄栽，但垄栽的伤流量（对根系活力的促进）均小于对照组（不起垄，平栽）。组合 B（两优 0293），窄垄栽伤流量最大，且窄、中垄栽对根系活力的促进都强于对照。组合 C（GD–1S/RB207），中垄栽强于窄、宽垄栽，但稍弱于对照。随着栽培模式的不同，各组合均是根系各层重量比不变，均为 7：2：1，但体积比略有不同。组合 A（两优培九）L₄（对照组）处理和 L₁（2 行开 1 沟）处理，第 1、2、3 层根体积比均为 5：3：2，表层根所占体积比下降，下层根所占体积比上升，随着开沟，L₂（4 行开 1 沟）处理（中垄）和 L₃（6 行开 1 沟）处理（宽垄）根体积比均为 6：3：1，表层根所占体积比上升，下层根所占体积比下降。组合 B（两优 0293），根体积比是 L₄（对照组）、L₁、L₂ 均为 6：3：1，L₃（宽垄）为 7：2：1，表层根所占体积比上升，下层根所占体积比下降。

### 2.3.3 垄栽模式对水稻剑叶生长的影响

两优培九随着垄栽模式的不同，剑叶与茎夹角也不同，随垄栽宽度增加，夹角上升，剑叶变披，对照组（不开垄）夹角最大，剑叶最长、最宽；两优0293抽穗期剑叶夹角以中垄栽培最大，剑叶最长、最宽，其次是宽垄，窄垄与对照组夹角一样。

### 2.3.4 垄栽模式对叶绿素含量的影响

垄栽有利于增加叶绿素含量。

### 2.3.5 垄栽模式对光合作用的影响

垄栽对光合作用的影响看似没有明显的规律性。从理论上讲，叶绿素是光合作用的工厂，垄栽有利于增加叶绿素含量，叶绿素的增加应有利于光合作用的增强。其影响效果不明显可能系测定误差，或重复不够，因此还有待继续研究。

## 3 不同密度对超级杂交中稻产量和群体质量的影响

在水稻的产量构成因素中，穗数是决定水稻产量的主要因素，历来受到稻作学家的重视。20 世纪 60 年代，许多学者通过缩小行距增加单位面积穴数或增加前期施氮量等措施以增加中期茎蘖数来增加后期有效穗[150]，采用这种措施，在低产土壤上表现增产，但在高产或超高产条件下，往往因群体过大，引起倒伏而减产。随着水稻产量的提高及大穗型品种的选育，稀植成为高产栽培的重要方法，因而在 20 世纪 80 年代，栽培学家提出了各种稀植栽培法[151-153]。马达加斯加 Henri de Laulanie 神父总结了一些相对高产条件下水稻的栽培技术特点，并经过调查、比较研究后提出了一种新的稻株－土壤－水分－营养管理新概念，即水稻强化栽培技术（System of Rice Intensification，缩写为 SRI）。通过乳苗稀植、湿润灌溉、苗期多次中耕松土等措施保持持久而旺盛的根系活力，充分发挥个体的增产潜力，增加穗粒数，从而达到高产、稳产的一种新型的栽培技术体系[154]。在近几年的栽培试验和推广实践中，通过强化栽培获取高产已得到证明[155-159]，而一些地方行距过分扩大，生育中期虽然通风透光有利于健壮个体的形成，穗粒数和粒重增加，但由于行距过大，导致封行期过迟，穗数过少，单位面积总颖花量不足，个体的增长不能弥补群体过少所带来的损失，最终不能高产。本试验以两优 0293、GD–1S/RB207 为材料，着重研究不同栽插行距对生育中期叶面积组成和成穗率、产量构成因素的影响，为大面积水稻生产确定水稻强化栽培适宜的栽插密度，进一步提高水稻单产提供理论和实践依据。

## 3.1 材料与方法

### 3.1.1 试验设计

试验于 2006 年国家杂交水稻工程技术研究中心进行，供试品种两优 0293、GD–1S/RB207。主处理为密度设定 4 种，为每亩设 6000 株（33.3 cm×33.3 cm，$P_1$）、8000 株（27 cm×25 cm，$P_2$）、10000 株（25 cm×26.5 cm，$P_3$）和 12000 株（23.3 cm×23.3 cm，$P_4$）；副处理为新组合两优 0293、GD–1S/RB207，裂区设计，3 次重复，重复间作双埂间隔开，小区面积 19.98 m²，肥水管理按强化栽培的方式进行。

### 3.1.2 测定项目

1）定点定期测定叶龄与茎蘖动态；

2）主要生育期定株，活体测定各叶的长宽，按公式：叶面积 = Σ（叶长 × 叶宽）× 0.75，求叶面积；

3）成熟期取代表性植株测定产量及其构成因素。

4）SPAD 值　应用 SPAD–502 测定，选取顶部全展叶片，每片叶片测定叶中部、叶中部上端 3 cm 和叶中部下端 3 cm，共 3 个测定点的平均值。

5）光合作用测定　使用便携式光合气体分析系统（LI–6400，USA）进行净光合速率（Pn）、气孔导度（Gs）和胞间 $CO_2$ 浓度（Ci）测定。

### 3.1.3 数据处理　在 DPS 数据处理软件平台[131]上进行数据处理分析。

## 3.2 结果与分析

### 3.2.1 栽插密度对产量及其构成因素的影响

在低密度下群体产量随密度的增加而迅速提高，达到最高点后，进一步增大密度产量便开始下降。在本试验条件下，分蘖能力较强的两优 0293 以每 8000 株 / 亩为最佳密度，产量可达 825.9 kg/ 亩；分蘖能力较弱的 GD–1S/RB207 以 1 万株 / 亩为最佳密度，产量可达 812.3 kg/ 亩，两品种在 6000 株 / 亩为最低，其主要原因是密度过小，单位面积的有效穗数偏低，造成总颖花数减少而产量降低。随着密度增加单位面积的有效穗数增加，但当增加到一定数值后不再增加，而每穗粒数、结实率却一直在下降，只有在适宜的密度下穗数、粒数乘积才能达到最大，获得最高产。本试验条件下，GD–1S/RB207 获得最佳产量的结构为 $14.5 \times 10^4$ 穗 / 亩，65% 的结实率，千粒重 29.0 g；两优 0293 需要 $16.0 \times 10^4$ 穗 / 亩，85% 的结实率，千粒重 25.5 g（表 3–20）。

从表 3–20 还可以看出，单位面积上的有效穗数达到某一数值后不再增加，即单位面积容纳的有效穗是有一定限度的。不同的组合单位面积容纳的最大有效穗数不一样，如本试验 88S/0293 单位面积容纳的最大有效穗穗数为 16 万左右，GD–1S/RB207 为 14 万左右。达到最大有效穗数所需的密度也不同，分蘖能力较强的两优 0293 在密度低条件下就达到最大有效穗数，因此进行强化栽培需适当稀植；而 GD–1S/RB207 达到所需要的有效穗数要求密度高，进行强化栽培需适当密植。

表 3–20　不同组合不同密度对水稻强化栽培产量和产量构成因素的影响

| 组合 | 处理 | 有效穗 /（ $10^4$/亩） | 穗粒数 /（粒/穗） | 成穗率 /% | 总颖花数 /（ $10^7$/亩） | 结实率 /% | 千粒重 /g | 产量 /（kg/亩） |
|---|---|---|---|---|---|---|---|---|
| 两优 0293 | P$_1$ | 12.7 | 237.5 | 50.3 | 3.02 | 87.4 | 25.4 | 669.6 |
| | P$_2$ | 15.9 | 235.5 | 39.0 | 3.74 | 86.5 | 25.5 | 825.9 |
| | P$_3$ | 16.3 | 227.1 | 46.5 | 3.70 | 84.7 | 25.4 | 796.3 |
| | P$_4$ | 16.1 | 223.7 | 35.0 | 3.60 | 78.4 | 25.3 | 714.4 |
| GD–1S/ RB207 | G$_1$ | 10.5 | 311.4 | 74.5 | 3.27 | 67.6 | 30.2 | 667.5 |
| | G$_2$ | 12.5 | 308.2 | 72.4 | 3.85 | 67.5 | 30.0 | 744.9 |
| | G$_3$ | 14.5 | 289.2 | 65.3 | 4.19 | 66.8 | 29.0 | 812.3 |
| | G$_4$ | 14.3 | 278.6 | 53.8 | 4.12 | 65.5 | 28.5 | 743.7 |

### 3.2.2　栽插密度对叶面积的影响

#### 3.2.2.1　叶面积动态

叶面积大小决定光合产物的生产与积累的强弱，叶面积的发展是决定产量的主要因素。表 3–21 表明，密度不同，叶面积动态也不同，密度低的最高叶面积小，叶面积发展动态较平稳，孕穗到成熟期叶面积下降速率慢；密度高的最高叶面积大，叶面积波动较大，孕穗到成熟期叶面积下降速率快，如两优 0293 在 P$_1$ 密度下叶面积衰减率为 41.2%，而在 P$_4$ 密度下达 62.0%，GD–1S/RB207

叶面积变化也表现出相似的趋势。但密度过低，总叶面积减小，即使叶面积衰减慢，也不能获得高产。

表 3-21 不同组合不同密度对水稻强化栽培不同生育时期叶面积指数的影响

| 组合 | 处理 | 拔节期 | 孕穗期 | 抽穗期 | 成熟期 | 衰减率 /% |
|------|------|--------|--------|--------|--------|-----------|
| 两优 0293 | $P_1$ | 5.2 | 6.8 | 6.3 | 3.2 | 41.2 |
| | $P_2$ | 5.4 | 8.6 | 8.2 | 3.5 | 45.3 |
| | $P_3$ | 5.8 | 9.1 | 8.7 | 3.4 | 51.2 |
| | $P_4$ | 6.3 | 9.5 | 8.3 | 2.9 | 62.0 |
| GD-1S/RB207 | $G_1$ | 4.5 | 5.9 | 5.7 | 2.3 | 39.0 |
| | $G_2$ | 4.9 | 7.9 | 7.2 | 3.1 | 50.2 |
| | $G_3$ | 5.3 | 8.3 | 7.3 | 2.7 | 57.8 |
| | $G_4$ | 5.8 | 8.9 | 7.0 | 2.3 | 74.1 |

#### 3.2.2.2 抽穗期叶面积组成

表 3-22 不同组合不同密度对水稻强化栽培抽穗期叶面积组成的影响

| 组合 | 处理 | 总 LAI | 有效 LAI | 高效 LAI | 无效 LAI | 有效百分率 /% | 高效百分率 /% |
|------|------|--------|----------|----------|----------|---------------|---------------|
| 两优 0293 | $P_1$ | 6.26 | 5.82 | 5.18 | 0.44 | 94.5 | 82.7 |
| | $P_2$ | 7.88 | 7.14 | 6.18 | 0.74 | 90.7 | 78.4 |
| | $P_3$ | 8.30 | 7.04 | 6.08 | 1.26 | 85.4 | 73.0 |
| | $P_4$ | 8.70 | 6.89 | 5.94 | 1.81 | 79.2 | 68.3 |
| GD-1S/RB207 | $G_1$ | 5.94 | 5.68 | 5.19 | 0.26 | 95.6 | 87.2 |
| | $G_2$ | 7.03 | 6.25 | 6.06 | 0.78 | 90.4 | 86.3 |
| | $G_3$ | 7.84 | 6.48 | 6.54 | 1.30 | 82.7 | 83.5 |
| | $G_4$ | 8.30 | 6.43 | 6.49 | 1.81 | 77.5 | 78.2 |

栽插密度对抽穗期叶面积组成有很大影响。两组合总叶面积随着密度的增加而增加，而高效叶面积率、有效叶面积率随密度增加而减少，有效和高效 LAI 均随密度增加而增大，但到一定程度时不再增加，在本研究情况下，两优 0293 在 8000 株 / 亩、GD-1S/RB207 在 10000 株 / 亩密度下，有效

和高效 LAI 最大，这与两组合分别在此密度下获得最高产量的结果相一致（表 3–22）。

### 3.2.3 分蘖后期密度对光合作用的影响

抽穗前 20d 对各处理水稻顶叶进行光合作用测量如表 3–23，两组合各处理在分蘖后期各主茎顶叶的净光合速率都是随着密度的增加而下降，但 $P_1$、$G_1$ 例外，气孔导度、蒸腾速率两组合的表现略同，两优 0293 以 $P_3$ 的最大，GD–1S/RB207 也 $G_3$ 最大，胞间 $CO_2$ 浓度分别以 $P_3$、$G_3$ 最小（表 3–23）。

而各处理在齐穗期后各功能叶的净光合速率、气孔导度、蒸腾速率都是随着密度的增加而下降，而胞间 $CO_2$ 浓度的变化趋势则相反，但变化较小（表略）。这与他人[155,162]的研究相一致。

表 3–23　不同组合不同密度处理对分蘖后期叶片光合作用的影响

| 组合 | 处理 | 光合速率 /（$\mu molco_2 m^{-2}s^{-1}$） | 气孔导度 /（$molH_2Om^{-2}s^{-1}$） | 胞间 $CO_2$ 浓度 /（$\mu molCO_2mol^{-1}$） | 蒸腾速率 /（$mmolH_2Om^{-2}s^{-1}$） | 温度差 （气温与窑温差） /℃ |
|---|---|---|---|---|---|---|
| 两优 0293 | $P_1$ | 19.97 | 0.52 | 267.3 | 8.73 | 2.9 |
| | $P_2$ | 22.07 | 0.48 | 263.3 | 7.99 | 2.6 |
| | $P_3$ | 20.83 | 0.52 | 259.7 | 9.62 | 3.3 |
| | $P_4$ | 19.24 | 0.48 | 267.1 | 8.40 | 2.5 |
| GD–1S/ RB207 | $G_1$ | 19.40 | 0.48 | 267.3 | 8.75 | 2.7 |
| | $G_2$ | 20.97 | 0.55 | 276.3 | 9.02 | 2.9 |
| | $G_3$ | 20.40 | 0.57 | 266.0 | 10.40 | 3.2 |
| | $G_4$ | 19.72 | 0.50 | 269.5 | 8.41 | 3.0 |

### 3.2.4 不同处理对叶绿素 SPAD 值的影响

分蘖后期不同处理顶叶（完全展开）的 SPAD 值是随密度（1、2、3、4）增加，SPAD 值减少。齐穗期不同处理剑叶的 SPAD 值是随密度增加，SPAD 值减少（表 3–24）。

表 3-24　不同组合不同密度对不同生育时期叶绿素 SPAD 值的影响

| 组合 | 处理 | 分蘖后期（测完全展开顶叶） | | | | 齐穗期（测剑叶） | | | |
|---|---|---|---|---|---|---|---|---|---|
| | | 叶上部 | 叶中部 | 叶后部 | 平均 | 叶上部 | 叶中部 | 叶后部 | 平均 |
| 两优<br>0293 | $P_1$ | 42.14 | 43.76 | 42.82 | 42.91 | 45.48 | 45.68 | 47.20 | 46.10 |
| | $P_2$ | 42.44 | 42.68 | 45.04 | 43.39 | 42.90 | 46.20 | 44.90 | 44.70 |
| | $P_3$ | 41.50 | 41.66 | 42.04 | 41.73 | 42.70 | 42.90 | 44.10 | 43.20 |
| | $P_4$ | 39.94 | 41.91 | 42.71 | 41.52 | 43.30 | 45.05 | 45.50 | 44.62 |
| GD-1S/<br>RB207 | $G_1$ | 40.86 | 40.78 | 39.44 | 40.36 | 46.80 | 49.10 | 50.00 | 48.60 |
| | $G_2$ | 41.52 | 39.76 | 41.42 | 40.90 | 43.70 | 44.40 | 44.20 | 44.10 |
| | $G_3$ | 41.14 | 39.46 | 41.20 | 40.60 | 43.90 | 46.10 | 45.10 | 45.00 |
| | $G_4$ | 41.83 | 39.01 | 40.72 | 40.53 | 44.80 | 46.50 | 46.40 | 45.90 |

## 3.3　小结与讨论

　　稻谷产量的来源分为两部分，一是抽穗期以前的结构物质和贮藏物质，另一部分是来自抽穗至成熟的光合产物，产量的高低最终决定于抽穗至成熟的光合产物。叶片作为光合产物的主要器官，是群体干物质生产和产量形成的基础，但产量的高低不但与叶面积的大小相关，还与叶面积质量有关[160-163]。在适宜范围内稀植，控制基本苗数，有利于改善群体中后期的通透性和冠层结构，有效叶面积率和高效叶面积率提高，使之在抽穗期有适宜叶面积指数和较大干物质积累量，且抽穗后叶面积衰减率小，同时单位面积颖花量大，净同化率大，抽穗后干物质积累量大。叶面积数量和质量均得到改善，从而取得高产。但过稀，虽然抽穗后通风透光好，群体质量得到改善，但抽穗期叶面积过少，总颖花量偏低，产量不高。栽培密度过小水稻群体量不够，过大倒伏都会减产。因此，在推广水稻强化栽培时要防止过稀的倾向，且对不同的水稻品种，在密度上应区别对待，如分蘖能力较强的两优 0293 在 8000 株 / 亩是适宜的，保证了较高的颖花量，而分蘖能力弱的品种如 GD-1S/RB207 适宜栽插密度应以 10000 株 / 亩为宜。

# 第四章 施氮量对超级杂交稻产量及性状的影响

我国特别是在南方 13 省（区）以稻米为主食，解决粮食问题的有效途径就是靠增加水稻产量。超级杂交水稻的育成，为我国水稻单产的大幅度提高带来了新的曙光。许世觉等[164]以两优培九在湖南郴州作中稻栽培，"百亩示范片"实收单产达到 11.69 t/hm²。杨春献等[166]以两优 0293（P88S/0293）在湖南龙山作中稻栽培，"百亩示范片"实收单产平均达到 12.26 t/hm²，最高单产 12.53 t/hm²。吴朝晖等[168]和孟卫东等[169]在海南以两优 0293（P88S/0293）作早季栽培，"百亩示范片"实收单产达 12.4 t/hm²、12.5 t/hm²。但是已有研究[165-169, 51]也显示，超级杂交水稻源库大，具有不同于普通杂交水稻组合的栽培特性和要求，而且在不同栽培条件下产量差异较大。因此，进行超级杂交水稻的超高产栽培是发挥超级杂交水稻增产潜力的重要途径。根据洪克城等[169]的研究，在水稻超高产栽培的众多栽培因素中，氮肥施用属主要作用因子。氮肥投入是保证水稻稳产丰产的重要措施[170]，在适宜范围内，随着氮肥用量的增加，水稻产量逐步提高，主要表现在增穗增粒，但当氮肥用量增加到一定范围后，水稻产量不再增加，甚至会降低，成熟期也易出现倒伏等不良现象。同时有关超高产的研究，大多集中于地上部性状的改良或调控。由于根系是固持植株、吸收水分养分、合成氨基酸和某些重要激素的器官，与地上部保持着一定的形态与机能的均衡，人们也开始注意对超高产水稻根系的研究。森田提出培育理想根系，实现产量最大化的构想[171]。吴志强等[172～173]研究了高产杂交稻根系的形态发育和生理特性。凌启鸿等研究认为不同层次的根系对水稻产量形成的作用也不同，指出水稻的上层根在生育后期对产量形成具有决定性作用[174]。但多局限在实验室进行，田间根系研究资料有限，未见超高产水稻根系的研究报道。本研究通过在田间条件下观察比较不同施氮水平的根系形态，以此揭示超高产水稻根系的形态特征，评价不同层次根系对形成超高产的贡献，为超高产育种和超高产栽培提供科学依据。

# 1　材料与方法

## 1.1　试验设计

本试验以国家杂交水稻工程技术研究中心育成的超级杂交稻新组合：（A）两优培九；（B）两优0293；（C）GD–1S/RB207为材料，试验在三亚市三亚警备区农场国家杂交水稻工程技术研究中心南繁基地进行。试验田面积1260 m²，砂性土壤，土壤肥力中上，有机质含量32.9 g/kg，全氮1.7 g/kg，全P 0.6 g/kg，全钾3.2 g/kg，碱解氮105.4 mg/kg，速效磷57.6 mg/kg，速效钾60.0 mg/kg，pH 6.2。

共设5个不同施氮水平，即每公顷分别施纯氮0（N1，CK）、150（N2）、300（N3）、450（N4）、600 kg（N5）。随机区组设计，小区面积19.9 m²，重复3次。小区间起0.2 m高、0.3 m宽的埂隔离，埂上覆膜，实行单独排灌。氮肥按3∶3∶3∶1分别于移栽后一周、移栽后一个月、幼穗分化Ⅱ–Ⅳ期、抽穗期施。磷肥统一作为基肥一次性施用，750 kg/hm²；钾肥施用225 kg/hm²，其中基肥施50%、抽穗期施50%。试验统一于2005年12月25日播种，2006年1月7日小区划行移栽，移栽规格26.4 cm × 26.4 cm。其他管理措施同当地水稻高产栽培大田。

## 1.2　测定项目和方法

### 1.2.1　分蘖动态

移栽后5 d调查各小区基本苗数，移栽后10 d开始，各小区定点10蔸观察分蘖发生动态，11叶以前，每3 d记载1次，11叶以后，每5 d记载1次，直到剑叶露尖；分别在高峰苗期和灌浆期调查高峰苗和有效穗数。基本苗、高峰苗和有效穗每小区随机调查50蔸总苗数，再取平均值。

### 1.2.2　株型调查

齐穗期各小区定点调查植株高度、主茎叶片数、叶片长、叶片宽。每点10蔸，重复2点。

### 1.2.3　叶片开张角

齐穗期在田间小区呈梅花形5点取样（每点1蔸）测剑叶张角。

### 1.2.4 根系测量

田间稻根取样采用 Monolish 改良法,以稻株为中心,掘取长等于行距,宽等于株距,深 30 cm 的带根土块,以发根处为基点,0 ~ 10 cm 为 1 层;10 ~ 20 cm 为 2 层;20 cm 以下为 3 层进行根系分层,经冲洗去除杂物,得到各层次纯净的根系样品,然后分别测定根系体积、干重,于齐穗期在田间小区选代表性两蔸,测根系活力(伤流)和地上部干物重。根系体积测定采用排水法,根系干重用千分之一克电子天平测量,伤流量测定采用整株脱脂棉吸液法。

### 1.2.5 农艺性状

产量测定以每一试验小区去除四周 3 行边行后实割平均产量折算而成。收获前 2d 取出茎蘖动态观察点全部植株,每小区再采用梅花形 5 点取样(共 5 蔸)进行考种。

### 1.2.6 数据处理

在 DPS 数据处理软件平台 [131] 上进行数据处理分析。

## 2　结果与分析

### 2.1　生长发育进程及分蘖动态

对不同施氮处理生育进程调查表明,随氮肥施用量增加,高峰苗期没明显变化,各处理高峰出现时间相近,说明分蘖高峰出现时间跟施肥量的增加无显著相关性。但增施氮肥延长超级杂交水稻的生育期,始穗期和齐穗期均有所推迟,大致表现为氮肥用量每增加 150 kg/hm² (纯氮),始穗期和齐穗期相应推迟 3 d,最后全生育期延长 3 d,N3–N4 处理,全生育期延长了 6 d(表 4–1)。

表 4–1　不同处理对生长发育进程的影响

| 处理 | 播种期<br>(月 – 日) | 移栽期<br>(月 – 日) | 高峰苗期<br>(月 – 日) | 始穗期<br>(月 – 日) | 齐穗期<br>(月 – 日) | 成熟期<br>(月 – 日) | 全生育期<br>/d |
|------|------|------|------|------|------|------|------|
| AN1 | 12–25 | 01–07 | 02–20 | 03–27 | 04–01 | 05–01 | 125 |
| AN2 | 12–25 | 01–07 | 02–20 | 03–29 | 04–04 | 05–04 | 128 |
| AN3 | 12–25 | 01–07 | 02–25 | 03–31 | 04–07 | 05–07 | 131 |
| AN4 | 12–25 | 01–07 | 02–20 | 04–02 | 04–13 | 05–13 | 137 |
| AN5 | 12–25 | 01–07 | 02–20 | 04–04 | 04–17 | 05–17 | 141 |

续表

| 处理 | 播种期<br>（月–日） | 移栽期<br>（月–日） | 高峰苗期<br>（月–日） | 始穗期<br>（月–日） | 齐穗期<br>（月–日） | 成熟期<br>（月–日） | 全生育期<br>/d |
|------|------|------|------|------|------|------|------|
| BN1 | 12–25 | 01–07 | 02–20 | 03–27 | 04–04 | 05–04 | 128 |
| BN2 | 12–25 | 01–07 | 02–20 | 03–29 | 04–07 | 05–07 | 131 |
| BN3 | 12–25 | 01–07 | 02–20 | 03–31 | 04–10 | 05–10 | 134 |
| BN4 | 12–25 | 01–07 | 02–20 | 04–08 | 04–16 | 05–16 | 140 |
| BN5 | 12–25 | 01–07 | 02–20 | 04–12 | 04–20 | 05–20 | 144 |
| CN1 | 12–25 | 01–07 | 02–20 | 03–07 | 03–15 | 04–15 | 110 |
| CN2 | 12–25 | 01–07 | 02–20 | 03–10 | 03–18 | 04–18 | 113 |
| CN3 | 12–25 | 01–07 | 02–20 | 03–13 | 03–21 | 04–21 | 116 |
| CN4 | 12–25 | 01–07 | 02–20 | 03–19 | 03–27 | 04–27 | 122 |
| CN5 | 12–25 | 01–07 | 02–20 | 03–23 | 03–31 | 04–30 | 125 |

注：（A）两优培九；（B）两优0293；（C）GD–1S/RB207。

表 4–2　不同处理对分蘖发生动态的影响　　　苗 /m²

| 处理 | 移栽后天数 /d | | | | | | | | | | | | | | |
|------|------|------|------|------|------|------|------|------|------|------|------|------|------|------|------|
| | 10 | 13 | 16 | 19 | 22 | 25 | 28 | 31 | 34 | 37 | 42 | 47 | 52 | 57 | 90 |
| AN1 | 19.2 | 41.6 | 51.2 | 81.4 | 92 | 104 | 124 | 226 | 317 | 383 | 421 | 375 | 356 | 342 | 240 |
| AN2 | 16 | 44.8 | 57.6 | 86.4 | 102 | 125 | 163 | 326 | 378 | 438 | 480 | 470 | 474 | 493 | 246 |
| AN3 | 22.4 | 44.8 | 64 | 86.4 | 118 | 192 | 285 | 512 | 566 | 621 | 662 | 675 | 653 | 637 | 310 |
| AN4 | 19.2 | 44.8 | 64 | 83.2 | 125 | 192 | 278 | 496 | 573 | 675 | 762 | 730 | 723 | 656 | 342 |
| AN5 | 19.2 | 28.8 | 51.2 | 73.6 | 92.8 | 125 | 163 | 352 | 445 | 538 | 640 | 586 | 582 | 576 | 336 |
| BN1 | 19.2 | 41.6 | 57.6 | 86.4 | 96 | 128 | 144 | 234 | 285 | 371 | 463 | 447 | 428 | 380 | 243 |
| BN2 | 25.6 | 64 | 73.6 | 118 | 163 | 202 | 282 | 467 | 512 | 570 | 598 | 576 | 563 | 506 | 250 |
| BN3 | 22.4 | 44.8 | 67.2 | 96 | 112 | 160 | 224 | 419 | 496 | 554 | 643 | 624 | 605 | 550 | 282 |
| BN4 | 28.8 | 54.4 | 60.8 | 89.6 | 109 | 163 | 205 | 419 | 499 | 579 | 650 | 618 | 592 | 515 | 291 |
| BN5 | 25.6 | 32 | 44.8 | 57.6 | 89.6 | 134 | 173 | 339 | 413 | 522 | 614 | 611 | 589 | 566 | 310 |
| CN1 | 16 | 35.2 | 44.8 | 67.2 | 76.8 | 92.8 | 128 | 179 | 275 | 319 | 333 | 313 | 303 | 271 | 227 |
| CN2 | 32 | 54.4 | 57.6 | 92.8 | 106 | 131 | 157 | 298 | 352 | 371 | 387 | 365 | 357 | 333 | 246 |
| CN3 | 22.4 | 44.8 | 54.4 | 80 | 96 | 128 | 176 | 317 | 336 | 374 | 384 | 371 | 362 | 333 | 285 |
| CN4 | 19.2 | 41.6 | 54.4 | 76.8 | 96 | 122 | 166 | 342 | 416 | 451 | 458 | 422 | 406 | 387 | 323 |
| CN5 | 16 | 41.6 | 64 | 80 | 96 | 134 | 182 | 349 | 400 | 464 | 466 | 416 | 413 | 381 | 336 |

从分蘖动态看，移栽后 13 d，各施氮处理分蘖发生速率显著快于不施氮对照（CK），但各施氮处理间分蘖增量没有显著差异。随生育期的进展，处理间分蘖速率开始拉开差距，到高峰苗期差异达到最大，高峰苗后各处理茎蘖数差异又逐渐缩小（表 4–2）。

## 2.2 产量及主要经济性状

从产量结果（表 4–3）看，组合 A（两优培九）、C（GD–1S/RB207）产量与施肥关系拐点出现在 N3（300 kg/hm²）水平，在 1–3 区间（纯 N 为 0–300 kg/hm²），随着施 N 水平的上升，产量也随着提高；在大于 3 水平的施 N 水平下，随着施 N 水平的提高产量反而下降；表明纯 N300 kg/hm² 可能是超级杂交稻两优培九、GD–1S/RB207 高产栽培氮素施用量的阈值。组合 B（两优 0293）产量随施氮量（纯氮量）的增加先增加后降低。施氮 450 kg/hm² 时，产量最高，达 11.6 t/hm²，比对照增产 110.5%，但此时，植株出现贪青旺长，抗病性较差及部分倒伏；施氮肥 300 kg/hm² 时，产量为 11.3 t/hm²，比对照增产 105.1%，此处理植株生长健壮，生育期正常，感病轻度，无倒伏，产量与施氮 450 kg/hm² 无显著性差异。

表 4–3　不同处理对产量及主要经济性状的影响

| 处理 | 株高 /cm | 穗长 /cm | 有效穗 /（10⁴/hm²） | 每穗总粒数 | 结实率 /% | 千粒重 /g | 实际产量 /（t/hm²） | 相对产量 /% | 收获指数 |
|---|---|---|---|---|---|---|---|---|---|
| AN1 | 106.5 | 21.9 | 128 | 180 | 95.5 | 25.5 | 5.49d | 100 | 0.51 |
| AN2 | 113 | 22.7 | 216 | 184 | 95.6 | 26.6 | 9.9b | 180.3 | 0.534 |
| AN3 | 114.1 | 20.9 | 246 | 201 | 92.8 | 26.3 | 10.7a | 194.9 | 0.550 |
| AN4 | 113.4 | 22 | 249 | 174 | 85.5 | 24.8 | 8.9b | 162.1 | 0.532 |
| AN5 | 114.1 | 21.5 | 256 | 153 | 82.1 | 23.8 | 7.3c | 133.0 | 0.493 |
| BN1 | 105.6 | 23.2 | 127 | 181 | 96.1 | 25.8 | 5.51c | 100 | 0.513 |
| BN2 | 109.8 | 22.4 | 211 | 184 | 95.6 | 26.5 | 9.63b | 174.8 | 0.532 |
| BN3 | 109.7 | 22.7 | 232 | 203 | 92.5 | 26.3 | 11.3a | 205.1 | 0.553 |
| BN4 | 109.5 | 22.1 | 261 | 198 | 89.3 | 25.6 | 11.6a | 210.5 | 0.532 |
| BN5 | 112.6 | 23.4 | 276 | 173 | 83.1 | 24.1 | 9.37b | 170.1 | 0.492 |
| CN1 | 94 | 22.3 | 127 | 183 | 92.7 | 29.3 | 5.74d | 100 | 0.512 |
| CN2 | 95.7 | 22.7 | 206 | 192 | 92.7 | 30 | 10.6a | 184.7 | 0.523 |

续表

| 处理 | 株高 /cm | 穗长 /cm | 有效穗 / ( $10^4$/hm² ) | 每穗总粒数 | 结实率 /% | 千粒重 /g | 实际产量 / ( t/hm² ) | 相对产量 /% | 收获指数 |
|------|------|------|------|------|------|------|------|------|------|
| CN3 | 97 | 21.8 | 215 | 191 | 92.2 | 29.3 | 10.9a | 189.9 | 0.534 |
| CN4 | 96.3 | 22.1 | 220 | 175 | 89.1 | 28.6 | 9.6b | 167.2 | 0.516 |
| CN5 | 107.8 | 23 | 236 | 165 | 82.1 | 28.2 | 8.9c | 155.1 | 0.493 |

因此，推荐施氮量为 300 kg/hm²。施氮 600 kg/hm² 时，有效穗数最多，达 276 万穗 /hm²，比对照增加 117.3%；施氮 450 kg/hm² 时，有效穗数为 261 万穗 /hm²，比对照增加 105.5%。穗粒数随施氮量的增加由低到高再到低，其中施氮量为 300 kg/hm² 时穗粒数最多，达 203 粒 / 穗，比对照增加 22 粒 / 穗，在施氮量为 600 kg/hm² 时穗粒数最少，只有 173 粒 / 穗，比对照减少 8 粒 / 穗。结实率随施氮量的增加而降低。施氮量为 600 kg/hm² 时，结实率最低，为 83.1%，比对照降低 13%。千粒重随施氮量的增加先增加后降低（表 4–3）。施氮量为 150 kg/hm² 时，千粒重最高，达 26.5 g，比对照组增加 0.7 g；在施氮量为 600 kg/hm² 时，千粒重最低，为 24.1 g，比对照减少 1.7 g。

氮肥是超级稻获得高产的关键肥料。产量最主要的构成因子–分蘖成穗数主要由氮肥控制，不施氮或施氮量少时，其有效穗数很低，单穗粒数较少，不能获高产；施氮量过多时，有效穗数虽多，但营养生长过旺，不利于由"源"向"库"的转化，造成颖花分化质量差，灌浆质量差，结实率低，穗小粒小秕粒多，产量低。

## 2.3 施氮对生长期叶面积动态及植株干物质积累的影响

增施氮肥对功能叶的增长影响最大（表 4–4），这说明，适量的氮肥是保证功能叶叶面积的基础。

表 4–4　不同处理对功能叶、叶面积动态及干物质积累的影响

| 处理 | 成熟期绿叶数 | 成熟期上三叶长度 /cm | | | LAI | | | 干物质积累 / ( t/hm² ) | | |
|------|------|------|------|------|------|------|------|------|------|------|
| | | 剑叶 | 倒 2 | 倒 3 | 拔节期 | 抽穗期 | 成熟期 | 拔节期 | 抽穗期 | 成熟期 |
| AN1 | 2.01 | 21.2 | 31.0 | 32.0 | 1.59 | 1.32 | 1.03 | 2.1 | 3.1 | 10.7 |
| AN2 | 2.08 | 23.7 | 35.2 | 37.9 | 4.12 | 3.26 | 1.54 | 6.7 | 7.8 | 17.7 |

续表

| 处理 | 成熟期绿叶数 | 成熟期上三叶长度 /cm | | | LAI | | | 干物质积累 /（t/hm²） | | |
|---|---|---|---|---|---|---|---|---|---|---|
| | | 剑叶 | 倒 2 | 倒 3 | 拔节期 | 抽穗期 | 成熟期 | 拔节期 | 抽穗期 | 成熟期 |
| AN3 | 1.78 | 24.5 | 36.1 | 50.2 | 6.36 | 5.61 | 1.83 | 7.9 | 11.4 | 19.3 |
| AN4 | 2.03 | 27.6 | 45.6 | 55.8 | 7.21 | 6.78 | 2.57 | 7.8 | 9.9 | 18.6 |
| AN5 | 2.40 | 27.7 | 41.0 | 50.0 | 7.54 | 7.50 | 3.01 | 7.4 | 9.8 | 18.4 |
| BN1 | 2.10 | 22.2 | 32.0 | 33.0 | 1.60 | 1.35 | 1.05 | 2.3 | 3.3 | 10.9 |
| BN2 | 2.22 | 24.7 | 36.3 | 39.0 | 4.13 | 3.28 | 1.56 | 6.9 | 7.9 | 17.9 |
| BN3 | 1.88 | 25.7 | 37.3 | 51.5 | 6.38 | 5.62 | 1.84 | 8.1 | 11.5 | 19.5 |
| BN4 | 2.06 | 29.0 | 47.0 | 57.0 | 7.22 | 6.80 | 2.58 | 8.1 | 10.0 | 18.9 |
| BN5 | 2.56 | 29.0 | 42.0 | 51.0 | 7.56 | 7.52 | 3.02 | 7.6 | 9.9 | 18.6 |
| CN1 | 1.80 | 21.6 | 32.2 | 33.2 | 1.63 | 1.37 | 1.15 | 2.5 | 3.6 | 10.6 |
| CN2 | 2.06 | 23.9 | 36.5 | 38.7 | 4.12 | 3.31 | 1.58 | 7.1 | 8.1 | 17.3 |
| CN3 | 1.95 | 24.5 | 37.6 | 50.9 | 6.36 | 5.65 | 1.86 | 8.3 | 11.7 | 19.1 |
| CN4 | 2.12 | 27.9 | 46.9 | 57.3 | 7.20 | 6.79 | 2.57 | 8.9 | 10.2 | 18.3 |
| CN5 | 2.32 | 28.6 | 42.3 | 50.6 | 7.55 | 7.53 | 3.03 | 7.9 | 10.1 | 18.2 |

最大叶面积指数出现在拔节期。增施氮肥对叶面积指数的影响最大，不施或少施氮肥，群体叶面积过小，严重影响光合作用，影响植株生长；过多施用氮肥，叶面积指数过大，植株通风透光性差，易染病和倒伏。增施氮肥对干物质积累的影响最大，氮肥施量过少，干物质积累很低；过多又使营养生长过旺，贪青晚熟，影响营养物质向穗部的转移，使谷粒产量相对降低，经济系数降低（表 4-4）。

表 4-5　齐穗期不同组合不同施氮水平齐穗期的伤流量比较　　　　mg/（茎·h）

| 组合 | 处　理 | | | | |
|---|---|---|---|---|---|
| | N₁ | N₂ | N₃ | N₄ | N₅ |
| A | 11 | 26 | 56.4 | 98.6 | 67 |
| B | 10.3 | 11.5 | 61.2 | 115.3 | 83.7 |
| C | 35.4 | 87.5 | 66.9 | 115.7 | 65.2 |

表 4–6　不同组合不同施氮水平齐穗期不同根层根系的体积干重比较　　ml/蔸，g/蔸

| 组合 | 根层<br>（体积 \ 干重） | 处理 | | | | |
|---|---|---|---|---|---|---|
| | | N₁ | N₂ | N₃ | N₄ | N₅ |
| A | 1(体积\干重) | 15.5\4.98 | 14.5\3.95 | 8.0\2.40 | 11.0\3.15 | 13.8\3.95 |
| | 2(体积\干重) | 5.6\0.93 | 6.5\1.20 | 6.8\1.30 | 4.8\0.98 | 7.0\1.30 |
| | 3(体积\干重) | 1.8\0.25 | 3.5\0.55 | 3.0\0.55 | 2.8\0.38 | 3.0\0.45 |
| B | 1(体积\干重) | 12.5\3.55 | 13.8\4.35 | 11.5\3.50 | 13.3\4.05 | 12.5\3.85 |
| | 2(体积\干重) | 5.9\1.15 | 6.5\1.20 | 4.0\1.10 | 5\0.90 | 5.5\1.13 |
| | 3(体积\干重) | 2.9\0.425 | 3.3\0.58 | 2.5\0.43 | 2.5\0.38 | 2.4\0.28 |
| C | 1(体积\干重) | 18.8\5.65 | 12.2\4.75 | 8.9\3.45 | 10.4\3.63 | 13.3\3.15 |
| | 2(体积\干重) | 4.7\2.60 | 7.0\1.15 | 5.9\1.53 | 5.5\0.90 | 8.5\1.53 |
| | 3(体积\干重) | 2.8\0.365 | 3.1\0.58 | 3.0\0.50 | 1.5\0.35 | 1.6\0.23 |

## 2.4　施氮对根系伤流的影响

伤流量间接反映根系活力的强弱，随着施氮水平的上升，伤流量增加，说明施氮促进根系活力的增强，N4 水平后，随着施氮水平的进一步上升，伤流量不增反降，说明到 N4 水平后，再施氮对根系活力反而有抑制作用（表 4–5）。

## 2.5　施氮对根层分布的影响超高产水稻根系的发育形态

在齐穗期对不同处理的超级稻根系进行土柱取样，对土柱进行分层取根（以发根处为基点，0 ~ 10 cm 为 1 层；10 ~ 20 cm 为 2 层；20 cm 以下为 3 层），考察数据显示，3 个供试组合均为 N1（不施氮）处理，第 1、2、3 层根体积比为 7∶2∶1；N2 处理为 6∶3∶1；N3 处理为 5∶4∶1；N4 处理为 6∶3∶1；N5 处理为 6∶3∶1。说明随着施氮水平的上升，表层根所占体积比下降，中层根所占体积比上升，到一定施氮水平后，表层根所占体积比不降反升，中层根所占体积比不升反降（表 4–6）。

## 2.6　各层次根系对形成超高产的贡献

相关分析结果表明，在稻谷产量 8.1 ~ 11.3 t/hm² 范围内，产量与 0 ~ 10 cm、10 ~ 20 cm、土层的稻根干重呈极显著正相关，相关系数分别达 0.9035[**]、0.6259[**]；与 20 ~ 30 cm 土层的稻根干重无关，$r=-0.0826$。然而，相关系数只表达了两个因素间的表观相关程度，为分清其中的直接作用和间接作用，又

对 2 个与产量相关达显著程度的因素进行通径分析，结果评估出各层根系对形成超高产的贡献率：0 ~ 10cm 土层的上层根贡献率最高，达 71%；其次为 10 ~ 20 cm 土层根系，占 27%。但上层根发育受制于下层根，10 ~ 20 cm 土层根系通过上层根对产量的间接作用仍较大，其间接通径系数为 0.4718，大于它对产量的直接通径系数（表 4–7）。因此，为了实现水稻超高产，必须大力培育发达的上层根，同时注意培育耕作层内的下层根，并保持根系高而持久的活力。

表 4–7　各层稻根对稻谷产量的作用

| 稻根层次 | 因素间相关系数 | | | 对产量 /y 通径系数 /p | | 对产量贡献率 |
|---|---|---|---|---|---|---|
| （cm） | X2 | X3 | y | X1 → y | X2 → y | / (p·r) |
| 0–10,x1 | 0.6435[**] | 0.6224[**] | 0.9035[**] | 0.6277 | 0.1624 | 0.7128 |
| 10–20,x2 | | 0.4301 | 0.6259[**] | 0.4718 | 0.2726 | 0.2666 |
| 20–30,x3 | | | –0.0826 | | | |

注：$n=20$；※$r_{0.05}=0.4438$，※※$r_{0.01}=0.5614$；$R^2=0.9794$。

### 2.7 施氮对剑叶张角的影响

两优培九随着施氮水平的上升，剑叶变披，适宜施氮水平剑叶不披反而变得紧凑；施氮水平继续上升，剑叶变披；两优 0293 抽穗期剑叶施 N 从不施到施，夹角有明显增大，随着上升，夹角变小，叶型紧凑，进一步上升，夹角增大，叶型稍披。随施氮水平的上升，两组合均表现剑叶增长的趋势；剑叶变长、变宽（表 4–8）。

表 4–8　不同组合不同施氮水平抽穗期剑叶性状比较

| 剑叶性状 | 组合 | 施 N 处理 | | | | |
|---|---|---|---|---|---|---|
| | | $N_1$ | $N_2$ | $N_3$ | $N_4$ | $N_5$ |
| 与茎夹角 / (°) | A | 13.0 | 16.4 | 15.8 | 13.3 | 15.2 |
| | B | 6.9 | 12.4 | 9.3 | 8.7 | 9.8 |
| 叶长 / cm | A | 30.0 | 27.6 | 31.5 | 30.3 | 34.0 |
| | B | 26.0 | 31.5 | 28.9 | 29.8 | 31.7 |
| 叶宽 / cm | A | 1.9 | 2.2 | 2.4 | 2.4 | 2.5 |
| | B | 1.9 | 2.4 | 2.3 | 2.4 | 2.5 |

## 3　小结与讨论

### 3.1　氮肥管理对水稻生长发育和产量的影响

本研究表明，分蘖高峰出现时间与施肥量的增加无显著相关，而始穗期和齐穗期随施氮量增大而推迟。在适宜的施氮量范围内，产量随施氮量的增加而增加，增加到一定量后，施氮量再增加，产量反而下降，与前人研究结果[175,46]一致。组合 A 和组合 B 都是随着施氮水平的上升，株高、有效穗、每穗总粒数和生物产量增加，但其用量超过一定水平（纯 N450 kg/hm²）后每穗实粒数、千粒重反而下降。在海南三亚生态条件下，超级杂交水稻的适宜总施氮量为纯 N300 kg/hm²。

### 3.2　氮肥管理对水稻根系生长的影响

施氮量影响根系分布：适量施氮可促进根系生长与下扎，而过量施氮对根系下扎反而会有抑制作用。

施氮量影响根系活力：随着施氮水平的上升，伤流量增加，说明施氮促进根系活力的增强，$N_4$ 水平后，随着施氮水平的进一步上升，伤流量不增反降，说明到 $N_4$ 水平后，再施 N 对根系活力反而有抑制作用。

### 3.3　氮肥管理对水稻剑叶生长的影响

两组合剑叶张角随着施氮水平的上升，表现先增大后减小再增大的变化趋势；两组合剑叶随施氮水平的上升而有变长、变宽趋势。

# 第五章　超级杂交稻优化施氮模式研究

我国超级杂交水稻的育成，为水稻单产的大幅度提高带来了新的活力。自从超级杂交水稻育成以来，围绕其高产栽培技术做了大量的工作，各地创造了许多成功的范例和经验[128,133,165–167,175,176,177]。高产栽培概括起来主要是培育壮秧、肥水调控以及栽植密度等农艺措施的合理组配，达到建立合理的群体结构和协调的源库关系，最大限度地发挥品种的高产潜力而获得更高的产量。我们于 2005—2007 年连续 3a 进行了不同施氮水平试验，旨在进一步探讨相应的超级杂交水稻高产调控栽培技术，丰富高产栽培的应用理论。

## 1　材料与方法

### 1.1　试验设计

试验于 2005 年 5 月至 2007 年 6 月在湖南省长沙市浏阳永安试验基地进行。油菜水稻两熟，土壤基本性状见表 5–1。供试品种为两优 0293、两优培九。

表 5–1　供试土壤的基本性状

| 土壤 | pH /H₂O | 有机质 /(g·kg⁻¹) | 全氮 /(g·kg⁻¹) | 全磷 /(g·kg⁻¹) | 缓效钾 /(mg·kg⁻¹) | 速效磷 /(mg·kg⁻¹) | 速效钾 /(mg·kg⁻¹) | 代换量 /(c·mol·kg⁻¹) |
|---|---|---|---|---|---|---|---|---|
| 黄黏土 | 7.3 | 35.0 | 2.09 | 0.934 | 410 | 5.0 | 121.3 | 17.7 |

#### 1.1.1　2005 年氮肥施用量试验

试验 1：设 5 个氮肥水平：A（对照不施）；B（90 kg/hm²）；C（180 kg/hm²）；D（270 kg/hm²）；E（360 kg/hm²），基蘖肥：穗肥比为 7：3；基蘖肥中，基肥：蘖肥 7：3。

　　试验2：在上述施肥处理基础上，设两种施肥方式：习惯法为当地农民习惯，即耕耙平整后移栽前基施，有水层追肥；改良法为基肥无水层混施（即在田面无水层撒施氮肥，随即耙混，然后再灌水整地移栽）和追肥"以水带氮"深施（即追肥时让田面自然落干并达到水分不饱和状态，然后撒施尿素于土表，再浅灌薄水以使尿素进入土壤中。改良施肥各处理分别用B改、C改、D改和E改表示。

　　试验1、2的小区面积为40 m²，4次重复，共36个处理组合。

　　试验3：在C（180 kg/hm²）、D（270kg/hm²）施肥水平基蘖肥：穗肥为7∶3基础上，各增设基蘖肥：穗肥4∶6和6∶4两种运筹方式，并分别用C1、D1（4∶6）和C2、D2（6∶4）表示。3次重复，共12个处理。

### 1.1.2　2006年试验设计

　　设3个氮肥水平：Ⅰ（0）、Ⅱ（225 kgN/hm²）、Ⅲ（315 kgN/hm²），分别设基蘖肥：穗肥比为4∶6、5∶5、6∶4和7∶3；基蘖肥中，基肥∶蘖肥7∶3。小区面积为20 m²，3次重复，共27个处理组合。

### 1.1.3　2007年试验设计

　　试验设4个氮肥水平：a（0）、b（225 kgN/hm²）、c（270 kgN/hm²）、d（300 kgN/hm²），其中b、d分别设基蘖肥：穗肥比为5∶5、6∶4和7∶3；c水平设6∶4。基蘖肥中，基肥∶蘖肥7∶3。另外所有小区的穗肥分两次施入，在倒4叶施入总量的30%，其余则在倒3叶施入。基肥无水层混施、湿润追肥"以水带氮"。小区面积为20 m²，3次重复，共24个处理组合。

## 1.2　测定项目

　　于收获期每小区按对角线取12蔸考查产量构成因素；小区中心5 m²收割脱粒后晒干测产，折算成14%水分的单位面积产量。稻米加工品质（出糙率、精米率、整精米率）、外观品质（粒长、宽、长宽比和垩白）等测定。

### 1.2.1　氮效率计算公式

　　差减法氮肥利用率（%）＝（施氮区作物吸氮量－无氮区作物吸氮量）/施氮量×100%

　　氮素稻谷生产效率（kg 稻谷 kg⁻¹N）＝水稻的稻谷产量/水稻吸氮量

　　氮素干物质生产效率（kg 稻谷 kg⁻¹N）＝成熟期水稻生物产量/对应的水稻的吸氮量

氮肥生理利用率( kg 稻谷 kg$^{-1}$N )=( 施氮区籽粒产量 – 无氮区籽粒产量 )/( 施氮区植株吸氮量 – 无氮区植株吸氮量 )

氮肥农学利用率（kg 稻谷 kg$^{-1}$N）=（施氮区水稻产量 – 无氮区水稻产量）/ 施氮量

### 1.3 数据处理

在 DPS 数据处理软件平台[131]上进行数据处理分析。

## 2 结果与分析

### 2.1 水稻高产施氮模式

#### 2.1.1 施氮量

不同施氮量处理的产量及产量构成因素列于表 5–2，两年的趋势一致，以两年的平均数据表示。方差分析表明 2005 — 2007 年两品种的施氮量效应均达极显著水平，多重比较结果表明：两优培九 2a 最高产的施氮量处理均为 180 kg/hm$^2$，产量为 10.70 t/hm$^2$，各施肥处理间的产量差异达极显著水平，不同施氮处理的每公顷产量分别在 7 t、8 t、9 t、10 t 4 个台阶，说明两优培九的产量潜力较大。两优 0293，2007 年最高产的施氮量为 270 kg/hm$^2$，但与施氮量 225 kg/hm$^2$ 无显著差异，而显著高于其他施氮量处理。两优 0293 比两优培九的产量潜力大，需肥量也高。综合 3a 两品种施氮量试验，湖南长沙地区超级杂交水稻高产适宜的施氮量 180 ~ 225 kg/hm$^2$，两优培九产量潜力相对低的超级杂交水稻品种宜取下限，两优 0293 等产量潜力高且耐肥的超级杂交水稻品种宜取上限。在上述适宜施氮量基础上继续增施氮肥增产幅度有限，甚至引起倒伏减产。

表 5–2  不同施氮量处理对水稻产量及其构成因素的影响

| 品种与年份 | 处理 | 有效穗 /（10$^4$/hm$^2$） | 每穗粒数 | 结实率 /% | 千粒重 /g | 产量 /（t/hm$^2$） | 倒伏比例 /% |
|---|---|---|---|---|---|---|---|
| 两优培九（2005 年） | A | 249.0 | 149.6 | 83.9 | 26.64 | 7.3d | 0 |
| | B | 266.2 | 154.3 | 83.1 | 26.50 | 8.64c | 0 |
| | C | 282.0 | 175.5 | 83.2 | 26.62 | 10.70a | 0 |
| | D | 270.7 | 181.2 | 73.4 | 26.39 | 9.59b | 5 |
| | E | 259.6 | 186.9 | 64 | 26.17 | 7.39d | 10 |

续表

| 品种与年份 | 处理 | 有效穗 / ( $10^4$/hm² ) | 每穗粒数 | 结实率 /% | 千粒重 /g | 产量 / ( t/hm² ) | 倒伏比例 /% |
|---|---|---|---|---|---|---|---|
| 两优培九 （2006 年） | I | 248.6 | 150.1 | 84.2 | 26.65 | 7.4d | 0 |
| | II | 271.5 | 186.2 | 76.1 | 26.39 | 9.72ab | 0 |
| | III | 265.1 | 179.3 | 76.7 | 26.47 | 9.09abc | 5 |
| 两优0293 （2007） | a | 226.0 | 145 | 87.2 | 26.5 | 7.14c | 0 |
| | b | 268.5 | 200.6 | 86.5 | 26.1 | 11.75a | 0 |
| | c | 276.6 | 206.5 | 86.1 | 25.8 | 12.04a | 0 |
| | d | 260 | 200.5 | 83.1 | 25.2 | 10.61b | 0 |

注：数据后的英文字母表示差异达 0.05 显著水平，下同。

### 2.1.2　氮肥运筹

不同氮肥运筹的产量及产量构成因素列于表 5-3，结果表明：前中期不同施氮比例（基蘖肥∶穗肥）对杂交稻产量影响极大，在本试验条件下，两优 0293、两优培九产量排序均为 6∶4>5∶5>7∶3>4∶6>3∶7，其中前中期施氮比例为 6∶4 的处理产量显著高于其他处理，其次是 5∶5、7∶3 处理，但二者差异不显著。3∶7 处理产量最低，且极显著低于其他处理。超级杂交水稻较其他品种分蘖旺盛，前期吸氮能力强，需氮量较多，故略增加前期施氮比例有利于满足其生长需求，为高产提供条件。两品种产量在前中期施氮比例为 4∶6、3∶7 条件下产量相对较低，且成熟期田间长势较差，弱小穗多。说明杂交水稻生长中后期不宜施氮过多，否则不利于产量的提高。通过进一步研究发现，前期施氮占总施氮比例（基蘖肥比例 $X$，百分率）与产量（各施氮处理以最高产量进行归一化处理，百分率）呈极显著的抛物线关系，关系式为：$Y=-1.6788X^2+197.97X+4296.2$（ $R=0.9867*$ ），表明当基蘖肥比例 $X=58.99\%$ 时，产量最高。综上分析可见，湖南长沙地区超级杂交中籼稻适宜的基蘖肥与穗肥比例为 6∶4 ～ 5∶5，最优为 5.6∶4.4。这一适宜氮肥运筹和以往 7∶3 或 8∶2 相比，前氮后移显著降低了基蘖肥的比例（用量），增加穗肥的比例（用量）。

表 5-3　不同氮肥运筹对水稻产量及其构成因素的影响

| 品种与年份 | 施氮量 /(kg/hm²) | 施肥比例 | 有效穗 /(10⁴/hm²) | 每穗粒数 | 结实率 /% | 千粒重 /g | 产量 /(t/hm²) |
|---|---|---|---|---|---|---|---|
| 两优培九 (2005) | 180 | （4∶6） | 237.9 | 177.3 | 86.1 | 25.6 | 9.30d |
| | | （6∶4） | 236.0 | 177.0 | 87.4 | 25.9 | 9.46c |
| | | （7∶3） | 233.7 | 176.1 | 87.7 | 25.8 | 9.31d |
| 两优培九 (2005) | 270 | （4∶6） | 239.1 | 190.7 | 85.4 | 25.0 | 9.73b |
| | | （6∶4） | 238.9 | 190.2 | 86.9 | 25.7 | 10.14a |
| | | （7∶3） | 238.0 | 190.1 | 86.4 | 25.8 | 10.07a |
| 两优培九 (2006) | 225 | （3∶7） | 235.3 | 172.5 | 88.8 | 25.2 | 8.75c |
| | | （4∶6） | 216.1 | 202.3 | 89.6 | 25.8 | 9.51b |
| | | （5∶5） | 219.1 | 221.5 | 89.7 | 24.7 | 9.91a |
| | | （6∶4） | 217.6 | 230.9 | 88.3 | 25.3 | 10.28a |
| | | （7∶3） | 222.4 | 217.1 | 87.1 | 25.4 | 10.11a |
| 两优培九 (2006) | 315 | （7∶3） | 239.1 | 177.4 | 87.2 | 25.5 | 9.32c |
| | | （4∶6） | 241.2 | 176.4 | 84.8 | 25.1 | 9.03d |
| | | （5∶5） | 240.8 | 176.6 | 85.9 | 25.6 | 9.33bc |
| | | （6∶4） | 240.6 | 175.5 | 86.5 | 25.4 | 9.28c |
| 两优 0293(2007) | 225 | （4∶6） | 242.0 | 188.0 | 89.1 | 25.2 | 10.21d |
| | | （5∶5） | 240.0 | 191.6 | 90.2 | 25.7 | 10.65c |
| | | （6∶4） | 238.0 | 189.6 | 90.8 | 26.2 | 10.73c |
| | | （7∶3） | 235.0 | 187.3 | 91.0 | 26.2 | 10.45d |
| 两优 0293(2007) | 300 | （5∶5） | 263.0 | 200.0 | 88.0 | 25.3 | 11.70b |
| | | （6∶4） | 261.0 | 202.5 | 88.8 | 25.6 | 11.99a |
| | | （7∶3） | 259.0 | 198.5 | 88.0 | 25.6 | 11.58b |

### 2.1.3 施肥方式

表 5-4　不同施肥方式对水稻产量及其构成因素的影响

| 施肥方式 | 肥料水平 /(kg/hm²) | 有效穗 /(10⁴/hm²) | 每穗粒数 | 结实率 /% | 千粒重 /g | 产量 /(t/hm²) |
|---|---|---|---|---|---|---|
| 习惯施肥 | 90 | 234.8 | 171.1 | 91.4 | 26.3 | 9.65d |
| | 180 | 237.9 | 189.2 | 89.9 | 25.9 | 10.43c |

续表

| 施肥方式 | 肥料水平 /(kg/hm²) | 有效穗 /(10⁴/hm²) | 每穗粒数 | 结实率 /% | 千粒重 /g | 产量 /(t/hm²) |
|---|---|---|---|---|---|---|
| | 270 | 240.0 | 200.2 | 88.1 | 25.8 | 10.92b |
| | 360 | 241.1 | 171.5 | 85.2 | 25.7 | 9.05f |
| 改良施肥 | 90 | 233.1 | 172.1 | 91.3 | 26.5 | 9.70d |
| | 180 | 238.0 | 189.6 | 90.5 | 26.1 | 10.58c |
| | 270 | 243.0 | 206.5 | 88.6 | 25.8 | 11.44a |
| | 360 | 243.1 | 175.5 | 85.1 | 25.8 | 9.27e |

不同施肥方式下的产量及产量构成因素列于表5-4,结果表明:从总体上看,各施氮水平下改良施肥方式的处理的产量均比相应的习惯施肥方式处理有所提高,增产0.34% ~ 1.55%,施氮量越多,增产效果越大。一生总施氮量为90 kg/hm²的两施肥方式处理间差异不显著,而在施氮量为270 kg/hm²与360 kg/hm²水平下两种施肥方式处理间差异显著。因此,改进施肥方式利于增产,提高氮肥利用效率,减少氮肥损失。

## 2.2 水稻优质施氮模式的研究

### 2.2.1 施氮量对稻米品质的影响

两优培九的出糙率、精米率和整精米率均有随施氮量的增加而上升的趋势。出糙率和精米率变化幅度较小,但施氮处理均显著高于无肥处理,随施氮量增加, 提高幅度减缓,施氮量180 kg/hm²以上的处理间无明显差异。整精米率随施氮量的增加上升幅度相对较大,施肥区比无肥处理高出12.4 ~ 15.0个百分点,但也随施氮量增加,提高幅度减缓,施氮量270 kg/hm²以上的处理间无明显差异。表明增施一定的氮肥能改善稻米加工品质。两优0293每公顷施氮从225 kg 增加至270 kg 可以提高出糙率、精米率和整精米率,且随施氮量的增加而增加,再增施氮则无明显改变（表5-5）。

表 5-5　不同施氮量对稻米加工品质的影响

| 品种与年份 | 施氮量 /(kg/hm²) | 出糙率 /% | 精米率 /% | 整精米率 /% |
|---|---|---|---|---|
| 两优培九（2005 年） | 0 | 82.5c | 73.2c | 52.3c |
| | 90 | 83.7b | 74.5b | 64.7b |

续表

| 品种与年份 | 施氮量 /(kg/hm²) | 出糙率 /% | 精米率 /% | 整精米率 /% |
|---|---|---|---|---|
| | 180 | 84.2a | 75.2ab | 66.6a |
| | 270 | 84.1a | 75.2ab | 67.5a |
| | 360 | 84.3a | 75.6a | 67.4a |
| | 0 | 81.3c | 72.7c | 69.6b |
| 两优培九（2006 年） | 225 | 82.2b | 74.2a | 72.5a |
| | 315 | 83.1a | 74.1a | 72.1a |
| | 0 | 82.5d | 74.7e | 70.1d |
| 两优 0293（2007） | 225 | 84.1b | 78.1c | 74.1c |
| | 270 | 84.5a | 79.1ab | 75.6a |
| | 300 | 84.7a | 79.2ab | 75.7a |

施氮量对稻米外观、蒸煮及营养品质的影响表明（表 5–6）：两优培九垩白粒率随施氮量的增加而下降，施氮量 0 kg/hm²、90 kg/hm²、180 kg/hm² 处理间差异不显著，与施氮量 270 kg/hm²、360 kg/hm² 间差异达显著水平。垩白度表现为：随着施氮量的增加，各处理垩白度呈上升趋势，中、高施氮量间差异不明显。因此，增施氮肥对于垩白粒率有改善作用，而对于垩白度有劣变作用。两优培九蛋白质含量随施氮量的增加而显著上升，施氮量在 180 kg/hm² 以下，各处理的蛋白质含量能控制在 9% 以下，达到优质稻谷质量标准；各处理直链淀粉含量随施氮量的增加呈下降趋势，变动在 16.1% ~ 17.9% 范围内，施氮量225 kg/hm²、315 kg/hm² 间无显著差异；胶稠度表现为：随施氮量的增加，米胶长度变短，即施氮使胶稠度减小，无肥处理与施氮处理间胶稠度均存在显著差异，总体上来看，施氮处理中，施氮量 180 kg/hm² 向上又有一个劣变过程。两优 0293 则呈现相同趋势，说明适当减少施氮量可以改善米饭质地。

表 5–6　不同施氮量对稻米外观、蒸煮及营养品质的影响

| 品种与年份 | 施氮量 /(kg/hm²) | 垩白粒率 /% | 垩白度 /% | 胶稠度 /mm | 蛋白质 /% | 直链淀粉 /% |
|---|---|---|---|---|---|---|
| 两优培九（2005 年） | 0 | 12.8a | 14.1b | 82.1a | 8.2b | 17.8a |
| | 90 | 12.5a | 14.7ab | 78.6b | 8.3b | 17.8a |

续表

| 品种与年份 | 施氮量 /(kg/hm²) | 垩白粒率 /% | 垩白度 /% | 胶稠度 /mm | 蛋白质 /% | 直链淀粉 /% |
|---|---|---|---|---|---|---|
| | 180 | 11.6ab | 15.3a | 81.9a | 9.1a | 17.5a |
| | 270 | 10.1c | 15.7a | 76.1c | 9.3a | 17.6a |
| | 360 | 11.3b | 15.1a | 75.5c | 9.5a | 16.1b |
| | 0 | 14.8a | 13.8b | 80.8a | 8.7b | 18.6a |
| 两优培九（2006年） | 225 | 14.2b | 15.7a | 79.3b | 8.9b | 18.0a |
| | 315 | 14.1b | 15.9a | 79.1b | 9.3a | 18.1a |
| | 0 | 13.7a | 9.8a | 88.1a | 7.5b | 17.1a |
| 两优0293（2007） | 225 | 12.2c | 7.7c | 81.6b | 8.3a | 15.5c |
| | 270 | 12.2c | 7.8c | 80.8c | 8.6a | 15.5c |
| | 300 | 12.6b | 8.2b | 80.7c | 8.4a | 16.3b |

### 2.2.2 氮肥运筹对稻米品质的影响

在不同施氮比例下，两优培九2005年各处理的出糙率、精米率和整精米率并未表现出明显的差异（表5-7），但在2006年试验中，前期施氮所占比例大，出糙率下降，但精米率以及整精米率有提高的趋势。此外，同施氮量下，随前期施氮比例的增加，两优0293的出糙率、精米率和整精米率均呈下降的趋势。总体上，各施氮水平基蘖肥与穗肥比例为5:5或6:4的处理加工品质没有明显劣变，是适宜的氮肥运筹比例。

进一步分析氮肥运筹对稻米外观、蒸煮及营养品质的影响表明（表5-8），两优培九各处理的垩白率无明显差异，前期施氮多的垩白粒率偏高一些。不同处理的垩白度表现为：随前期施氮比例的增加，垩白度呈下降趋势，即增加前期施氮能降低垩白度，4:6比例处理与6:4、7:3比例处理均呈显著差异。

表 5-7 不同氮肥运筹对稻米加工品质的影响

| 品种与年份 | 施氮量 /(kg/hm²) | 施肥比例 | 糙米率 /% | 精米率 /% | 整精米率 /% |
|---|---|---|---|---|---|
| | | （4:6） | 84.1a | 75.2a | 67.7a |
| 两优培九 | 180 | （6:4） | 84.2a | 75.9a | 67.5a |
| | | （7:3） | 84.3a | 75.3a | 67.7a |

续表

| 品种与年份 | 施氮量 /(kg/hm²) | 施肥比例 | 糙米率 /% | 精米率 /% | 整精米率 /% |
|---|---|---|---|---|---|
| 两优培九 | 270 | （4∶6） | 84.3a | 75.3a | 68.0a |
| | | （6∶4） | 84.6a | 74.6a | 67.8a |
| | | （7∶3） | 84.2a | 75.3a | 67.6a |
| 两优培九 | 225 | （4∶6） | 83.7a | 73.1cd | 70.6c |
| | | （5∶5） | 82.9ab | 73.6c | 71.6b |
| | | （6∶4） | 82.3c | 74.3ab | 72.6ab |
| | | （7∶3） | 82.4c | 74.4ab | 72.5ab |
| 两优培九 | 315 | （4∶6） | 83.9a | 73.6c | 71.2bc |
| | | （5∶5） | 83.4ab | 74.2b | 71.7b |
| | | （6∶4） | 83.2ab | 74.1b | 72.1b |
| | | （7∶3） | 83.0b | 74.8a | 73.1a |
| 两优0293 | 225 | （5∶5） | 84.2b | 77.7cd | 74.3c |
| | | （6∶4） | 84.1b | 78.0c | 74.2c |
| | | （7∶3） | 83.6c | 77.1d | 73.8c |
| 两优0293 | 300 | （5∶5） | 84.9a | 79.3a | 75.6a |
| | | （6∶4） | 84.8a | 79.1ab | 75.7a |
| | | （7∶3） | 84.7a | 78.7b | 75.1b |

表 5-8　不同氮肥运筹对稻米外观、蒸煮及营养品质的影响

| 品种与年份 | 施氮量 /(kg/hm²) | 施肥比例 | 垩白粒率 /% | 垩白度 /% | 胶稠度 /mm | 蛋白质 /% | 直链淀粉 /% |
|---|---|---|---|---|---|---|---|
| 两优培九 | 180 | （4∶6） | 10.7a | 18.8a | 74.7b | 9.5a | 17.7a |
| | | （6∶4） | 10.7a | 15.3b | 75.5b | 9.4a | 17.6a |
| | | （7∶3） | 11.5a | 14.6b | 81.9a | 9.0a | 17.4a |
| 两优培九 | 270 | （4∶6） | 9.6a | 18.0a | 76.9b | 10.3a | 17.6a |
| | | （6∶4） | 9.7a | 16.8a | 78.2a | 9.5ab | 17.2a |
| | | （7∶3） | 10.0a | 13.3b | 79.0a | 9.3b | 17.5a |
| 两优培九 | 225 | （4∶6） | 13.7b | 17.9a | 75.9c | 9.2a | 18.2a |
| | | （5∶5） | 13.6b | 16.4b | 79.3a | 8.9ab | 18.3a |
| | | （6∶4） | 14.3a | 15.7bc | 79.4a | 8.8ab | 17.9a |

续表

| 品种与年份 | 施氮量/(kg/hm²) | 施肥比例 | 垩白粒率/% | 垩白度/% | 胶稠度/mm | 蛋白质/% | 直链淀粉/% |
|---|---|---|---|---|---|---|---|
| 两优培九 | 315 | （7∶3） | 13.8b | 15.5c | 77.7b | 8.7b | 17.5b |
|  |  | （7∶3） | 14.2a | 15.9b | 78.7ab | 8.6b | 17.4b |
|  |  | （4∶6） | 13.3b | 17.4a | 75.0c | 9.7a | 17.8ab |
|  |  | （5∶5） | 13.6b | 16.6ab | 77.5b | 9.2ab | 17.7ab |
|  |  | （6∶4） | 14.0ab | 15.9b | 79.1ab | 9.3b | 18.1a |
| 两优0293 | 225 | （5∶5） | 13.5b | 8.3a | 80.2bc | 8.2a | 15.8ab |
|  |  | （6∶4） | 12.2cd | 7.6b | 81.5a | 8.2a | 15.5b |
|  |  | （7∶3） | 12.1d | 7.3b | 81.7a | 8.0ab | 15.2b |
| 两优0293 | 300 | （5∶5） | 14.7a | 8.5a | 78.4c | 8.6a | 16.7a |
|  |  | （6∶4） | 12.6c | 8.2a | 80.6b | 8.3a | 16.3ab |
|  |  | （7∶3） | 12.5c | 8.2a | 80.3bc | 8.4a | 16.0ab |

表5-8结果说明，同等施氮量下，两优0293各处理垩白率、垩白度均随前期施氮比例的增加而下降。6∶4处理与7∶3处理间无差异，外观品质均较好。随前期施氮比例的增加，不同处理的蛋白质含量与胶稠度呈下降的趋势；直链淀粉含量也呈下降趋势，2005年不同施氮量的各比例间无显著差异，2006年在两个施氮水平下5∶5和6∶4运筹间的差异达显著水平，说明适当减少后期施氮量可以降低两优培九的蛋白质含量，而适当增加前期施氮可以改善米饭质地。随前期施氮比例的增加，两优0293各处理的蛋白质含量、直链淀粉含量呈下降的趋势，同施氮水平各比例处理间均无显著差异，而不同处理的胶稠度呈上升趋势，在6∶4、7∶3比例下能获得较好的稻米营养品质。

## 2.3　水稻高氮素利用效率的施氮模式

### 2.3.1　施氮量对水稻氮素利用率的影响

试验表明不同施氮量对水稻农学、生理利用率及干物质、稻谷生产效率的影响，随着施氮量的增加，两品种的农学、生理利用率及干物质、稻谷生产效率均呈下降趋势（表5-9）。由表还可看出，两优培九各施氮水平下氮素农学利用率均呈显著水平，在施氮量为90～180 kg/hm²下较适宜；施氮量为90 kg/hm²、

180 kg/hm² 水平下氮素生理利用率不显著，均与 270 kg/hm²、360 kg/hm² 水平差异显著，270 kg/hm²、360 kg/hm² 水平之间也达显著水平，分别比 90 kg/hm² 水平降低了 27.5% 和 38.8%，生理利用率较低；从氮素干物质生产效率来看，270 kg/hm²、360 kg/hm² 水平之间不显著，其他各水平间均呈显著差异；氮素稻谷生产效率反映了与干物质生产效率同样趋势，综合来看，两优培九在施氮量为 90 kg/hm²、180 kg/hm² 水平上氮素利用率较高，干物质与稻谷生产效率也较高。两优 0293 在施氮量为 225 kg/hm²、270 kg/hm² 水平上农学利用率、生理利用率与氮素干物质生产效率不显著，皆与 300 kg/hm² 水平达显著水平，氮素稻谷生产效率在 225 kg/hm²、300 kg/hm² 水平上显著，其他各水平间均不显著，总体上说，施氮量在 225 kg/hm² ~ 270 kg/hm² 间较适宜。

表 5-9　不同施氮量对水稻氮肥农学利用率等的影响

| 品种与年份 | 施氮量/(kg/hm²) | 氮素农学利用率/(kg 稻谷/kgN) | 氮素生理利用率/(kg 稻谷/kgN) | 氮素干物质生产效率/(kg·kg⁻¹N) | 氮素稻谷生产效率/(kg 稻谷·kg⁻¹N) |
|---|---|---|---|---|---|
| | 0 | — | — | 94.69a | 56.76a |
| | 90 | 13.22a | 33.67a | 90.38b | 50.87b |
| 两优培九 | 180 | 11.84b | 33.12a | 86.40c | 47.68c |
| | 270 | 7.09c | 24.41b | 79.37d | 42.78d |
| | 360 | 5.24d | 20.27c | 78.23d | 40.66d |
| | 0 | — | — | 102.01a | 57.15a |
| 两优培九 | 225 | 9.72a | 29.83a | 83.43b | 45.90b |
| | 315 | 6.05b | 21.80b | 80.95b | 41.57c |
| | 0 | — | — | 114.10a | 63.13a |
| 两优 0293 | 225 | 10.92a | 31.94a | 99.85b | 49.74b |
| | 270 | 10.70a | 31.79a | 98.12b | 48.61bc |
| | 300 | 9.55b | 29.56b | 94.21c | 46.79c |

### 2.3.2　氮肥运筹对水稻氮素利用率的影响

从表 5-10 可以看出，相同施氮量下，两品种的氮素农学利用率与生理利用率 2005 年在 6∶4、7∶3 比例处理上无差异，高于 4∶6 比例处理，2006 年在 5∶5、

6∶4 比例处理上无差异，高于 4∶6 与 7∶3 比例处理。除在 330 kg/hm² 水平上各施氮比例间无差异外，两优培九各施氮水平下 6∶4 处理均与 4∶6、7∶3 处理达显著水平。由表再知，两优培九 2005 年的氮素干物质与稻谷生产效率均在 7∶3 下较高，高肥处理下各施氮比例间无差异，2006 年总体上，不同比例间氮素干物质与稻谷生产效率均无差异。两优 0293 不同比例处理间无显著差异，总体上，6∶4 比例处理的氮素干物质与稻谷生产效率较高。

表 5-10　不同氮肥运筹对水稻氮肥农学利用率等特性的影响

| 品种与年份 | 处理 | 氮素农学利用率/(kg 稻谷 /kgN) | 氮素生理利用率/(kg 稻谷 /kgN) | 氮素干物质生产效率/(kg · kg⁻¹N) | 氮素稻谷生产效率/(kg 稻谷 · kg⁻¹N) |
|---|---|---|---|---|---|
| 两优培九（2005） | C1 | 11.78ab | 32.58a | 84.13a | 47.40a |
| | C2 | 12.44a | 31.04b | 81.34b | 46.18b |
| | C3 | 11.84b | 31.04b | 85.12a | 46.48ab |
| | D1 | 6.46d | 22.16d | 79.10c | 41.78c |
| | D2 | 7.26c | 24.06c | 78.42c | 42.33c |
| | D3 | 7.09c | 23.99c | 78.81c | 42.47c |
| 两优培九（2006） | Ⅱ1 | 8.45b | 27.91a | 83.16a | 45.62a |
| | Ⅱ2 | 9.33a | 28.48b | 80.77b | 45.30a |
| | Ⅱ3 | 9.72a | 29.83a | 83.43a | 45.90a |
| | Ⅱ4 | 8.32b | 28.34bc | 82.34a | 46.01a |
| | Ⅲ1 | 5.69c | 21.84d | 80.22bc | 42.14b |
| | Ⅲ2 | 6.10c | 21.66d | 79.53c | 41.38b |
| | Ⅲ3 | 6.05c | 21.80d | 80.95b | 41.57b |
| | Ⅲ4 | 5.77c | 22.01d | 79.31c | 42.16b |
| 两优 0293（2007） | B1 | 10.77ab | 31.45b | 98.56a | 49.51b |
| | B2 | 10.92a | 31.94a | 99.85a | 49.74ab |
| | B3 | 10.21b | 31.90a | 98.59a | 50.23a |
| | D1 | 8.99d | 28.05c | 94.24b | 46.13c |
| | D2 | 9.56c | 29.58b | 94.21b | 46.80c |
| | D3 | 8.64d | 27.75c | 94.12b | 46.24c |

### 2.3.3 施肥方式对水稻氮素利用率的影响

不同施肥方式下，改良施肥与习惯施肥处理间氮素农学利用率差异不显著（表 5–11），但各水平下改良处理的均高于习惯处理；各施氮水平的氮素生理利用率在改良处理与习惯处理间差异均达显著水平，B、C、D、E 水平习惯处理的氮素生理利用率分别比改良处理低 1.93%、3.68%、4.94% 及 6.87%，施氮越多，改良施肥方式的氮素生理利用率提高越明显。改良施肥下的氮素干物质生产效率比习惯处理提升较小，D 水平下不显著，其他施氮水平均达显著水平，各施氮水平下分别提高 1.53%、1.50%、0.72% 及 3.48%。

氮素稻谷生产效率在 B、D 水平上不同施肥方式间无差异，C、E 水平均达显著，各施氮水平下分别提高 2.32%、3.59%、1.98% 和 5.18%。综合来看，改良施肥提高了水稻氮素农学、生理利用率及氮素干物质、稻谷生产效率。

**表 5–11　不同施肥方式对水稻氮素农学利用率等特性的影响**

| 施肥方式 | 处理 | 氮素农学利用率<br>/（kg 稻谷 /kgN） | 氮素生理利用率<br>/（kg 稻谷 /kgN） | 氮素干物质<br>生产效率<br>/（kg · kg⁻¹N） | 氮素稻谷<br>生产效率<br>/（kg 稻谷·kg⁻¹N） |
|---|---|---|---|---|---|
| 改良施肥 | B 改 | 13.22a | 33.67a | 90.38a | 50.87a |
| | C 改 | 11.84b | 33.12a | 86.40c | 47.68b |
| | D 改 | 7.09c | 24.41c | 79.37e | 42.78d |
| | E 改 | 5.24d | 20.27e | 78.23e | 40.66e |
| 习惯施肥 | B | 12.96a | 30.64b | 89.02b | 49.72a |
| | C | 11.40b | 29.90b | 85.12d | 46.03c |
| | D | 6.74c | 22.81d | 78.81e | 41.95d |
| | E | 4.88d | 17.45f | 75.60f | 38.66f |

## 2.4　不同施氮水平产量经济效益比较

只考虑施氮，对于组合 A 即两优 0293 而言，最佳效益是施氮量 $N_4$（270 kg/hm²）处理；对于组合 B，两优培九，最佳效益是施氮量 $N_3$（180 kg/hm²）处理。当然这仅是从施氮量的角度来考虑氮肥的投入与稻谷的产值，只是一个相对的最佳效益。事实上，田间投入还包括其他肥料投入（如磷肥、钾肥等）和病虫害防控所需农药费用以及种田所需人力成本等。有时施氮量较大，产量虽然提高，但病虫害防控费用也跟着提高了，所以综合起来看，是不经济合算的（表5–12）。

表 5–12　施氮水平与投入（只考虑施氮）产出（稻谷）比

| 组合 A，两优 0293 | | | | | 组合 B，两优培九 | | | | |
| --- | --- | --- | --- | --- | --- | --- | --- | --- | --- |
| 施氮量/(kg/hm²) | 产量/(t/hm²) | 投入/元 | 产出/元 | 效益/元 | 施氮量/(kg/hm²) | 产量/(t/hm²) | 投入/元 | 产出/元 | 效益/元 |
| $N_0$ 0 | 7.54 | 0 | 12516.4 | ck | $N_0$ 0 | 7.3 | 0 | 12118 | ck |
| $N_1$ 90 | 9.78 | 360 | 16234.8 | +3358.4 | $N_1$ 90 | 8.64 | 360 | 14342.4 | +1864.4 |
| $N_2$ 180 | 10.95 | 720 | 18177 | +4940.6 | $N_2$ 180 | 10.70 | 720 | 17762 | +4924.0 |
| $N_3$ 225 | 11.75 | 900 | 19505 | +6088.6 | $N_3$ 225 | 9.72 | 900 | 16135.2 | +3117.2 |
| $N_4$ 270 | 12.04 | 1080 | 19986.4 | +6390 | $N_4$ 270 | 9.59 | 1080 | 15919.4 | +2721.4 |
| $N_5$ 360 | 10.24 | 1440 | 16998.4 | +3042 | $N_5$ 360 | 7.39 | 1440 | 12267.4 | −1290.6 |

注：每个组合都以 $N_0$ 为对照，其他处理与它相比，投入了多少 N 肥钱，与它相比多产了多少谷钱。设氮价格为 4.0 元 /kg，稻谷价为 1.66 元 /kg（2007 年价格）。

## 3　小结与讨论

（1）本试验结果表明，施氮量对两优培九和两优 0293 影响显著，在同等施氮下，两优 0293 产量潜力大，适宜的施氮量高。两优培九的适宜施氮量为150 ~ 180 kg/hm²，产量为 10.5 t/hm² 左右，施氮量超过 300 kg/hm² 出现了倒伏现象；两优 0293 的适宜施氮量为 180 ~ 225 kg/hm²，产量为 12 t/hm² 左右。不同氮肥运筹下，产量排序基本为 6:4≈5:5>7:3≈4:6；6:4 处理与 5:5 处理间差异不显著，而与 7:3、4:6 处理达显著水平，说明湖南长沙地区水稻适宜的氮肥基蘖肥与穗肥比例 6:4 ~ 5:5，这一适宜氮肥运筹显著降低了基蘖肥的比例（用量），增加穗肥的比例（用量）。前氮后移的改良施肥方法有一定的增产作用。

（2）随施氮量的增加，两品种的氮肥表观利用率呈下降趋势，在施氮量为90 ~ 180 kg/hm² 水平上较多田块能达到 40% 及以上，再增加施氮量则下降明显，这是由于当地土壤自身肥力较高，导致植株吸收利用相对较少。增施氮对水稻农学、生理利用率及干物质、稻谷生产效率均呈下降趋势。不同氮肥运筹下，前后期施氮比例为 5∶5 与 6∶4 处理的氮素农学、生理利用率以及干物质、稻谷生产效率较高，改良施肥能较明显的提高水稻的氮素农学、生理利用率以及干物质、稻谷生产效率。

（3）施氮量对稻米的垩白粒率和垩白度影响较大，垩白粒率和垩白度有随氮肥施用量的增加而上升的趋势，但年度间不尽一致。施氮对稻米各项品质影响较大，其中对整精米率、垩白、胶稠度以及崩解值影响最大。施氮量多，加工品质较好，但外观品质以及蒸煮、营养品质较差；对淀粉糊化特性的影响不明显，在中肥条件下较好。不同氮肥运筹下，随着前期施氮比例的增加，出糙率下降，但精米率以及整精米率较高，垩白粒率无明显差异，垩白度呈下降趋势，直链淀粉含量呈下降趋势，米胶长度略长。总的来说，在中肥（每公顷施氮 180 ～ 225 kg）条件下，前后期施氮比例为 6∶4 的条件下，该地区两优培九以及两优 0293 的稻米品质均较好。

（4）只从施氮量来看经济效益，5 种施氮量中，两优培九施氮量宜为 180 kg/hm²，而两优 293 宜为 270 kg/hm²。

综合 3 年试验，长沙地区优化施氮模式为：施氮量宜为 180 ～ 225 kg/hm²，基蘖肥∶穗肥比例采用 6∶4 ～ 5∶5，从而能取得较高的产量以及氮肥利用率，并且稻米品质较好；同时采用基肥无水层混施，追肥"以水带氮"的改良施肥方法可以明显提高氮肥利用率，减少氮肥损失。另外，农学效应与环境效应之间各影响因素的精确定量还有待进一步研究。

# 第六章　超级杂交稻抗衰老与
# 调控补偿栽培研究

　　水稻的产量潜力取决于其抽穗至成熟期光合生产力，抽穗至成熟期间的干物质积累量与产量高低密切相关[85,178]，有研究报道，高产的途径是在一定穗数基础上增加每穗实粒数[179,180]。水稻群体生育后期的绿叶面积的大小、叶绿素含量的高低与群体及个体的光合速率高低、叶片功能衰减快慢及干物质生产量的多少乃至产量的高低有着至关重要的影响[178,180,181,189]。可见，为获得高产，必须使水稻群体生育后期保持较高的光合速率和减缓功能叶片的衰老；但目前生产上推广的水稻品种尤其是大穗型的杂交中籼稻多存在生育后期叶片早衰、结实率偏低、空秕率较高的问题[179,181,182]，限制了杂交中籼稻产量潜力的进一步发挥。超级稻特别是籼型超级杂交稻的大面积推广，是近年来我国水稻产量不断上升的一个重要原因。然而，由于籼型超级杂交稻库容量大[180,181]，灌浆结实期长，后期往往容易早衰，造成碳水化合物严重不足，空瘪粒增加，限制了产量的进一步提高。因此，如何采取调控措施，已成了人们日益关注的问题。除了自然气候和品种特性以外，肥水管理不当，造成后期肥料脱力，常常是加速早衰的人为灾害[178,179,183,184]，以往有较多运用植物生长调节剂类物质或植物激素叶面喷施减缓叶片衰老的研究报道[187-188]，但由于运用技术的复杂性、喷施量的掌握难度大以及药剂的本身的原因，很少在大面积生产上应用。从大面积生产的需要出发，为了探求简便高效、防止早衰、提高产量的技术，我们通过不同穗肥施用和根外追肥方法的比较，对杂交稻防早衰的效果进行了初步研究，以期为超级杂交中籼稻的推广并进一步挖掘增产潜力提供技术支持。

# 1 材料与方法

表 6–1 试验设计　　　　　　　单位：kg/hm²

| 处理 | 基肥<br>P₂O₅+K₂O+N | 蘖肥<br>N | 穗肥<br>N+K₂O | 粒肥<br>N+KH₂PO₄+15% 三唑酮 |
|---|---|---|---|---|
| T1 | 90+90+90 | 90 | — | — |
| T2 | 90+90+90 | 90 | 30 | — |
| T3 | 90+90+90 | 90 | 30+36 | — |
| T4 | 90+90+90 | 90 | 30+36 | 15/2 |
| T5 | 90+90+90 | 90 | 30+36 | （15+6）/2 |
| T6 | 90+90+90 | 90 | 30+36 | （15+6+1.5）/2 |

注：基肥（N、P、K 含量 15% 的复合肥）移栽前平田时施用，分蘖肥（尿素）栽后 7 d 施用，穗肥幼穗分化 Ⅱ 期施用，粒肥于孕穗期和始穗期分两次作根外追肥施用。

## 1.1 试验材料

选择 A（P88S/0293）、B（GD–1S/RB207）、C（两优培九）3 个组合和曾在我国分布最广的具代表性的籼型杂交中稻汕优 63 作供试材料，2006 年正季在长沙浏阳永安试验基地进行，试验田土壤 pH 6.3，全氮 1.567 g/kg，有机质 1.79 g/kg，速效钾 75.3 mg/kg，速效磷 9.58 mg/kg。

## 1.2 试验设计与方法

试验统一采取软盘育秧，5 月 20 日播种，6 月 15 日移栽，行株距为 27 cm×20 cm，单本移栽，3 次重复，随机排列，小区面积 20 m²。3 组成对试验 6 个处理设置，如表 6–1。

## 1.3 测定内容与分析方法

1）叶龄、茎蘖动态：栽后每隔 5 d 各小区定 2 个非边行点（每点连续 10 穴）调查茎蘖数和叶龄，直至齐穗期。

2）干物质和叶面积测定：于孕穗期（booting stage,BS）、抽穗期（heading stage,HS）、齐穗期（full heading stage,FS）、齐穗后 20d(grain–filling stage,GS)、成熟期（mature stage,MS）等关键生育时期，按调查平均数每小区取样 3 穴，

分蘖、叶、穗各器官分别测定干物重；采用长宽系数法测定叶面积，叶面积 $S=K \times L \times D$（其中 $L$ 为叶片长，$D$ 为叶片宽，$K$ 为叶面积换算系数，本试验中 $K$ 取 0.75）。

3）叶绿素含量：在孕穗期每小区选 120 株生长相对一致的稻株，挂牌标记，孕穗期、齐穗期、齐穗后 20 d、成熟期用 SPAD–502 型叶绿素测定仪跟踪联体无损伤分别测定上三叶 SPAD 值，每叶测前 1/3、中 1/3、后 1/3 值，SPAD 以平均值计。

4）同时每期选用标记单株 10 株，用日产 AM200 叶面积扫描仪测定齐穗后的各叶位的绿叶面积和枯黄部分的面积，结合干物重和产量进行分析不同品种不同处理的早衰指标。

5）测产和考种：成熟期按平均有效穗数在非边行选择连续的有代表性的植株 5 穴，进行考种，对小区实收产量。

6）数据处理：在 DPS 数据处理软件平台[131]上进行数据处理分析。

## 1.4　叶片绿叶面积变化计算方法

高效叶面积率（%）= 孕穗期单株上三叶绿叶面积 ÷ 孕穗期单株平均总叶片面积 ×100%

高效叶面积衰减率（%）=（孕穗期单株上三叶绿叶面积 –Ti 期单株上三叶绿叶面积）÷ 孕穗期单株上三叶绿叶面积 ×100%

高效叶面积衰减速率（$cm^2/d$）=（孕穗期单株上三叶绿叶面积 –Ti 期单株上三叶绿叶面积）÷ 孕穗期至 Ti 期的天数

## 2　结果与分析

### 2.1　分蘖动态

在所有 6 个试验处理中，除处理 1（T1），即所有的氮磷钾肥料均于营养生长前期施用完成，拔节后也不再补充其他营养的，也即农民习惯施肥法，又称"一头轰"施肥模式外，其他 5 个处理拔节前的生长条件和管理方法都相同，因而分蘖动态也基本一致；虽然品种间略有差异，但总体趋势完全一致。

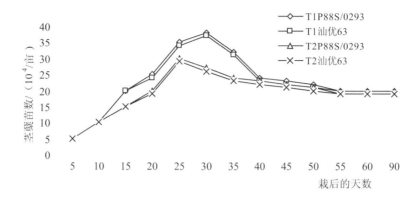

图 6–1　不同品种的氮肥不同施用方式下的群体茎蘖动态

本文为叙述方便、作图简洁，选取其中汕优 63 和两优 0293 两个品种的 T1 和 T2 两个处理予以图示说明，图 6–1 可见，"一头轰"式施肥的栽后分蘖增长迅速，栽后 15d 够苗、30d 达到分蘖高峰期，高峰苗数多，之后分蘖苗数下降快；减少营养生长期氮肥施用量、30% 后移作穗肥施用的活棵后分蘖平稳增长，栽后 16–17 d 够苗、25d 达到分蘖高峰期，高峰苗数低，之后的分蘖苗数下降也慢。不同品种的 T3、T4、T5、T6 与 T2 的分蘖动态基本类似，但最后成穗数有一定的差异。

## 2.2 产量及构成

理论产量和实收产量均以 T6 最高，其后依次为 T5、T4、T3、T2 和 T1，其中 T5、T4、T3、T2、T6 差异不显著，但显著高于 T1。从产量构成因素的总平均值看，除每穗粒数及由此计算出的群体颖花量处理间差异不显著外，单位面积有效穗数、结实率和千粒重不同处理间差异均达极显著水平。单位面积有效穗数 T1 最高，极显著地高于其他 5 个处理；T4、T3、T6、T2、T5 依次减少，但相互间差异不显著。结实率以 T1 最低，其他处理 T3、T4、T5、T6、T2 依次减少，差异也未达显著水平，但均极显著高于 T1。千粒重处理间达显著差异水平，其中 T6 最高，除和 T5 差异不显著外，显著高于其他处理；T5>T4>T3>T2，其相互间差异不显著，但均显著高于 T1（表 6–2）。可见虽然减少了前期氮肥，有效穗数也随之减少，但前氮后移增加了后期的肥料供应，结实率和千粒重增加，补偿了穗数的负效应，因此仍然有利于产量的提高。穗肥增施钾肥并对结实率和千粒重未见明显结果。用尿素和磷酸二氢钾粒作粒肥根外追施，有利于灌浆充实，提高千粒重；在灌浆初期叶面喷施15% 三唑酮也明显改善功能叶后期的营养、光合状况，促进光合物质积累与运转，提高粒重而增产。

表 6-2　不同处理的产量及产量构成因素

| 组合 | 处理 | 有效穗 /(10⁴/hm²) | 穗粒数 | 群体颖花量 /(10⁴/hm²) | 结实率 /% | 千粒重 /g | 理论产量 /(t/hm²) | 实收产量 /(t/hm²) |
|---|---|---|---|---|---|---|---|---|
| P88S/0293 | T1 | 281.3 | 166.7 | 46889.0 | 82.1 | 25.77 | 9.92 | 9.13 |
| | T2 | 262.5 | 190.1 | 50500.8 | 86.8 | 26.51 | 11.48 | 10.35 |
| | T3 | 265.7 | 190.5 | 50376.1 | 88.7 | 27.05 | 12.14 | 10.82 |
| | T4 | 267.2 | 193.4 | 52047.0 | 88.3 | 27.34 | 12.48 | 11.08 |
| | T5 | 263.1 | 197.3 | 52216.6 | 88.0 | 27.42 | 12.53 | 11.12 |
| | T6 | 265.9 | 198.5 | 52598.1 | 87.4 | 28.16 | 12.99 | 12.19 |
| GD-1S/ RB207 | T1 | 262.9 | 162.5 | 44339.4 | 76.4 | 27.78 | 9.07 | 9.04 |
| | T2 | 242.0 | 184.4 | 46467.2 | 82.3 | 28.85 | 10.60 | 10.30 |
| | T3 | 243.8 | 183.3 | 46519.9 | 84.2 | 29.04 | 10.93 | 10.63 |
| | T4 | 244.6 | 187.2 | 47665.7 | 83.8 | 29.32 | 11.25 | 10.94 |
| | T5 | 241.2 | 191.8 | 48179.5 | 83.5 | 29.40 | 11.36 | 11.04 |
| | T6 | 242.2 | 194.1 | 48954.6 | 82.9 | 30.00 | 11.69 | 11.43 |
| 两优培九 | T1 | 276.0 | 160.3 | 45840.9 | 80.9 | 26.78 | 9.59 | 8.83 |
| | T2 | 259.8 | 187.2 | 50500.8 | 84.6 | 27.85 | 11.46 | 10.73 |
| | T3 | 261.6 | 185.5 | 50376.1 | 86.5 | 28.04 | 11.77 | 11.01 |
| | T4 | 262.1 | 189.6 | 52047.0 | 86.1 | 28.06 | 11.41 | 11.31 |
| | T5 | 259.0 | 194.1 | 52216.6 | 85.8 | 28.16 | 11.43 | 11.33 |
| | T6 | 258.8 | 195.7 | 52598.1 | 85.2 | 28.00 | 11.97 | 11.86 |
| 汕优63 | T1 | 283.5 | 132.5 | 37563.8 | 76.4 | 27.85 | 8.46 | 7.63 |
| | T2 | 267.3 | 148.8 | 39774.2 | 82.2 | 28.90 | 9.72 | 8.77 |
| | T3 | 269.1 | 146.9 | 39530.8 | 84.2 | 29.10 | 9.95 | 8.99 |
| | T4 | 270.6 | 152.4 | 41239.4 | 83.8 | 29.35 | 10.42 | 9.40 |
| | T5 | 266.6 | 156.8 | 41795.0 | 83.5 | 29.46 | 10.56 | 9.58 |
| | T6 | 267.3 | 157.3 | 42046.3 | 82.9 | 30.23 | 10.83 | 9.94 |

续表

| 组合 | 处理 | 有效穗 /(10⁴/hm²) | 穗粒数 | 群体颖花量 /(10⁴/hm²) | 结实率 /% | 千粒重 /g | 理论产量 /(t/hm²) | 实收产量 /(t/hm²) |
|---|---|---|---|---|---|---|---|---|
| 平均 Mean | T1 | 275.9a | 155.5 | 43658.2 | 78.9b | 26.97c | 9.26 | 8.66b |
| | T2 | 257.9b | 177.6 | 46662.2 | 84.0a | 28.03b | 10.82 | 10.04a |
| | T3 | 260.1b | 176.6 | 46758.3 | 85.9a | 28.31b | 11.20 | 10.36a |
| | T4 | 261.13b | 180.6 | 48154.7 | 85.5a | 28.52b | 11.54 | 10.71a |
| | T5 | 257.48b | 185.0 | 48525.2 | 85.2a | 28.61ab | 11.57 | 10.79a |
| | T6 | 258.55b | 186.4 | 49092.6 | 84.6a | 29.10a | 11.90 | 11.28a |

注：同一组合不同处理数字后的英文字母表示在 0.05 水平上的差异显著性，下同。

## 2.3 叶面积和功能叶光合功能期

### 2.3.1 灌浆结实期叶面积指数（LAI）变化

图 6–2 可见所有处理孕穗期的 LAI 最大，之后随生育进程渐减，但 LAI 不同处理下降速度不同。其中 T1 孕穗期的 LAI 最大，随后的下降也最快，到成熟期其 LAI 最小；其他处理 T2、T3、T4、T5、T6 孕穗期的 LAI 相近，随后的下降速度 T2>T3>T4>T5>T6，到成熟期 T6 的 LAI 最大。不同品种间虽略有差异但变化趋势完全一致。

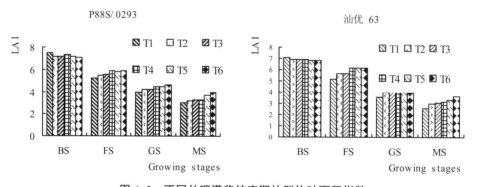

图 6–2　不同处理灌浆结实期的群体叶面积指数

### 2.3.2 灌浆结实期单株高效叶面积变化

图 6–3 可见所有处理孕穗期的单株高效（上三叶）叶面积最大，之后随生育进程渐减，但单株高效叶面积不同处理下降速度不同，其中 T1 的下降也最快，到成熟期最小；其他处理 T2、T3、T4、T5、T6 孕穗期的 LAI 相近，随后的下

降速度 T2>T3>T4>T5>T6，到成熟期 T6 的单株高效叶面积最大。不同品种间虽略有差异但变化趋势完全一致。

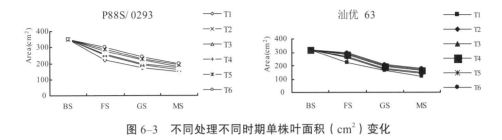

图 6-3　不同处理不同时期单株叶面积（cm²）变化

不同叶位的高效叶叶面积的衰减变化也大致相同，倒 1 叶衰减速率最慢，倒 2 次之，倒 3 衰减最多。不同处理间的变化规律和总的叶面积的变化相同（图 6-4）。

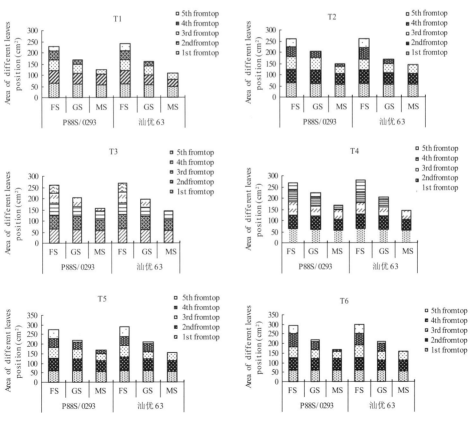

图 6-4　不同处理不同时期不同叶位叶面积（cm²）变化

### 2.3.3 后期功能叶叶绿素含量及功能期变化

以叶绿素含量变化作为叶片衰老指标的结果（图6-5）可看出，齐穗后10 d内，不同处理的水稻叶片叶绿素含量与对照一样变化不大，15 d以后，对照中叶绿素含量迅速下降，至30 d分别下降到起始值的65% 和35% 左右，而经过T6处理的10 ~ 25 d变化很少，20 d仍保持在起始值的89%，30 d以后才开始下降，30 d时叶绿素含量尚有其实值的67%，比对照高32%，即T6具对水稻叶片有明显的延缓效应。

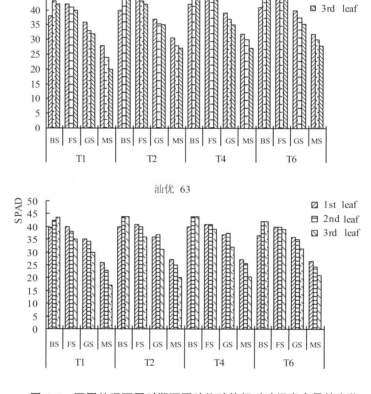

图6-5　不同处理不同时期不同叶位叶片相对叶绿素含量的变化

## 3 讨论

### 3.1 合理的肥料运筹可以延缓衰老

肥料运筹是水稻高产中的一项重要技术措施[86,191,193]。科学施肥是提高水稻成穗率，增加总颖花数和产量的重要途径[193]。本试验证实，在相同施肥（氮）量的情况下，随着后期穗肥比例的增加，结实率、千粒重也逐渐增加，比"一头轰"式的施肥处理增产达到了显著水平（T1 → T2）。在氮、磷的基础上增施钾肥（T2 → T3）则可以延缓衰老，提高结实率和粒重而增产。在前期肥料施用量及方式都相同的条件下，后期喷施叶面肥的处理较对照有利于延缓水稻的衰老，其中结实率略有降低，但千粒重明显增加，产量增加不显著，其原因有待进一步研究。

### 3.2 穗肥的施用原则

在保证施肥总量的前提下，如何协调前后期施肥比例，控制无效分蘖的发生，提高分蘖成穗率，延缓植株衰老是水稻高产再高产必须解决的难题。在高产生产中，要求适量早施但不多施分蘖肥（本试验中分蘖肥10%），增施穗肥、粒肥。穗肥因施用时期和作用不同，可分为促花肥和保花肥。现在生产上的杂交中籼水稻多为大穗型品种，颖花形成能力极强，一般凡是前期施肥适当、禾苗长势平衡的，应少施或不施促花肥，以保花增粒肥为重点；如果前期施肥不足，群体苗数偏少，个体长势差，那么促花肥与保花肥都要施用。后期根外施肥，用肥少，见效快，是减轻高温逼熟、防止早衰现象发生的最有效的肥料管理措施之一[193]。

### 3.3 根外追肥可以防早衰

对于抽穗期粒肥的根外喷施，已有研究表明始穗期前后施用穗肥能明显提高叶片光合功能、延缓叶片衰老[190]，本研究也再次证明叶面喷施有利于维持功能叶的光合时间。杂交水稻在生长中后期易发生各种叶面病害，导致功能叶干枯衰败，使空壳率达18% ～ 28%，影响后期的物质积累而使千粒重下降，施三唑酮防治病害的同时在防止水稻早衰的直观效果非常明显：①提高叶片中叶绿素的含量，一般在施药后约 6 d，易早衰的品种如汕优63就可见直观效果，施用的叶色增绿明显，施药后 25 d 左右，叶绿素含量可提高 2 倍左右。②叶片绿色维持时间长，一般比不施药的要延长 7 ～ 10 d，且愈接近水稻成熟期，绿叶程度愈提高，即有利于延长光合功能期。根据杂交中籼稻大田生产示范调查结果，叶面喷施三唑酮配套增施尿素和磷酸二氢钾，到稻株成熟时，LAI 可达 3.0 以上，秆青籽黄，结实率提高，每穗实粒数增多，籽粒饱满，产量提高，施药防病和防早衰，一般可增加产量 5% ～ 9%。

### 3.4 库源关系与衰老

籼型杂交水稻库大源相对较小，所以要提高其产量必须增源，即增加光合效率，延长其光合作用时间。杂交水稻叶片衰老与其源库比较大有关[190]。叶绿素逐渐丧失是叶片衰老最明显的外观标志。因此，叶绿素含量是衡量叶片衰老的灵敏指标。较高的叶绿素含量可以延长水稻功能叶的光合功能期，有利于增加功能叶中光合产物的形成和积累，对提高水稻产量具有重要作用。喷施调控剂增加水稻生育后期绿叶面积和叶绿素含量，减慢叶片衰老过程，延长生育后期功能叶的寿命，加强水稻生育后期的光合作用能力，提高结实率，叶片衰老延迟，不仅可以延长水稻光合作用的时间，起到"增源"效果，还可以延长灌浆时间。可见合理的肥料运筹和生长调节物质的调控，在一定程度上改善了目前生产条件下限制杂交水稻产量的库大与源不足的矛盾，这是其增产的原因所在。

## 4 结论

本试验结果说明，在施肥总量不变的前提下，减少分蘖肥，增加穗肥的比例，维持灌浆结实期水稻植株一定的含氮水平，是防止后期根叶早衰的关键[178,179]。孕穗期增施钾肥，防止早衰的效果更为明显，使结实率提高而增产。另外，将单施穗肥改为施用穗肥和增施粒肥，再结合根外喷施磷酸二氢钾、硅酸盐生物钾肥和 15% 三唑酮更能延长功能叶寿命，籽粒饱满，增加千粒重，有利于进一步提高杂交稻的产量。

# 第七章　综合处理对超级杂交稻生理特性及产量的影响

## 1　不同施肥量和密度处理对超级杂交水稻的影响

近来，随着生产条件的改善、品种生产力的演进以及增施氮肥和改进栽培技术等，水稻单产不断提高，对缓减粮食压力起了重要作用[193-199]。前面章节已分别介绍了栽植方式和施肥水平对超级杂交中稻产量及某些生理特性的影响，本章重点介绍栽植方式（移栽密度）和施肥水平对超级杂交水稻的综合影响。本试验在不同栽插密度（行距）条件下，研究不同施肥量对产量形成和生理特性的影响，为水稻优质高产高效施肥技术提供理论和实践依据。

### 1.1　材料与方法

#### 1.1.1　试验地点

试验于 2006、2007 年在湖南省杂交水稻研究中心试验田进行。重复性较好。

表 7-1　供试土壤特性

| pH /H$_2$O | 有机质 /g·kg$^{-1}$ | 全氮 /g·kg$^{-1}$ | 全磷 /g·kg$^{-1}$ | 全钾 /g·kg$^{-1}$ | 速效磷 /mg·kg$^{-1}$ | 速效钾 /mg·kg$^{-1}$ | 水解性氮（N） /mg·kg$^{-1}$ |
|---|---|---|---|---|---|---|---|
| 5.3 | 30.5 | 2.02 | 0.71 | 17.0 | 16.4 | 119 | 204.2 |

#### 1.1.2　供试品种

超级杂交中籼稻：两优 0293。

#### 1.1.3　试验设计

两优 0293 设 3 个施肥水平：N$_1$（不施肥）为对照；N$_2$（低氮，135 kg/hm$^2$）；N$_3$（中氮，270 kg/hm$^2$）；N$_4$（高氮，405 kg/hm$^2$）；基蘖肥：穗粒肥 =6：4；

N、P、K 配比如下：按 N∶P∶K 为 1∶0.5∶0.8；密度也设 3 个水平：M₁（33.3 cm×33.3 cm）；M₂（26.6 cm×26.6 cm）；M₃（26.6 cm×20 cm）。试验采用裂区试验，以肥料为主区，以密度为副区，小区均随机排列。4 次重复。小区拉线划行作为田埂，埂面覆盖塑料薄膜，面积 32 m²，单灌单排。5 月 21 日播种，湿润育秧。6 月 11 日移栽，每穴 2 苗，秧苗带茎蘖数、叶龄基本一致，田间管理同大田栽培。全生育期采用无污染浅水灌溉，不晒田。全程进行病虫防治。

表 7–2　每小区（32 m²）的施肥量

| 处理 | 肥料类别 | 基蘖肥 /（kg/ 小区 32 m²） | 穗粒肥 /（kg/ 小区 32 m²） |
|---|---|---|---|
| N1 | N、P、K | 0 | 0 |
| N2 | N 肥 | 复合肥 1.5 kg 尿素 0.1 kg | 尿素 0.4 kg 钾肥 0.24 kg |
|  | P 肥、K 肥 | | |
| N3 | N 肥 | 复合肥 3 kg 尿素 0.2 kg | 尿素 0.8 kg 钾肥 0.48 kg |
|  | P 肥 | | |
|  | K 肥 | | |
| N4 | N 肥 | 复合肥 4.5 kg 尿素 0.3kg | 尿素 1.2 kg 钾肥 0.72 kg |
|  | P 肥 | | |
|  | K 肥 | | |

表 7–3　田间试验排列如下

| 重复 I | | | |
|---|---|---|---|
| N₂ | N₄ | N₃ | N₁ |
| M₁M₂M₃ | M₂M₁M₃ | M₂M₃M₁ | M₂M₃M₁ |
| 重复 II | | | |
| N₃ | N₄ | N₂ | N₁ |
| M₃M₁M₂ | M₁M₃M₂ | M₂M₁M₃ | M₁M₃M₂ |
| 重复 III | | | |
| N₂ | N₃ | N₁ | N₄ |
| M₁M₂M₃ | M₃M₁M₂ | M₁M₂M₃ | M₂M₁M₁ |
| 重复 IV | | | |
| N₁ | N₃ | N₄ | N₂ |
| M₂M₃M₁ | M₃M₂M₁ | M₃M₂M₁ | M₂M₁M₃ |

1.1.4　测定项目及方法

1) 叶龄进程、茎蘖动态。移栽后 15 d，每小区定点 10 蔸，每 5 d 观测一次群体苗数，直到抽穗。

2) 叶面积指数（Leaf area index，LAI）和干物质积累量。各小区分别于分蘖高峰期、幼穗分化期、孕穗期、齐穗期按梅花形取样，每小区取 5 蔸，用长宽系数法测定叶面积，于孕穗期、抽穗期、齐穗期按梅花形取样，每小区取 5 蔸，然后将植株按茎、叶、穗分别装袋，于 105℃杀青 30 min，经 80℃烘干至恒重，考察干物质积累量。

3) 成熟期测定产量结构，割方测定实产。于收获期每小区按对角线取 12 蔸考察产量构成因素；小区中心 5 m² 收割脱粒后晒干测产，折算成 13.5% 水分的单位面积产量。

4) 分蘖期、幼穗分化期、孕穗期测根系活力，TTC 还原法测定。

5) 用 SPAD502 叶绿素计测定各处理分蘖期 1.5 叶、齐穗期剑叶的叶绿素相对含量，即 SPAD 值。

6) 分蘖期、孕穗期、齐穗期、乳熟期、蜡熟期 5 个生育时期检测根际微生物，检测的菌类有：硝化细菌、反硝化细菌、自生固氮菌、磷细菌、硅酸盐细菌和微生物总活性等及田间土壤 pH 的大小。

7) 分蘖期、幼穗分化期、孕穗期、齐穗期、成熟期测植株 N、P、K 含量，检测方法：全氮，硫酸–双氧水消煮–扩散法；全磷，硫酸–过氧化氢消煮–钼锑抗比色法。全钾，硫酸–双氧水消煮–火焰光度法[200-202]。

8) 幼穗分化期用液相色谱法测定根系的三种激素生长素 IAA、脱落酸 ABA、玉米素 Z 的分泌量。

9) 齐穗后 10d 各小区梅花型取样测 5 蔸主茎剑叶光合作用，使用便携式光合气体分析系统（LI—6400，USA）进行净光合速率（Pn）、气孔导度（Gs）和胞间 $CO_2$ 浓度（Ci）测定。

1.1.5　数据处理　在 DPS 数据处理软件平台[131]上进行数据处理分析。

## 1.2　结果与分析

1.2.1　不同处理对产量与产量构成因素的影响

表 7-4　两优 0293 不同处理的产量及产量构成

| 处理 | 株高 /cm | 穗长 /cm | 有效穗 / (10$^4$/hm$^2$) | 每穗 总粒数 | 结实率 /% | 千粒重 /g | 理论 产量 / (t/hm$^2$) | 实际 产量 / (t/hm$^2$) | 收获 指数 |
|---|---|---|---|---|---|---|---|---|---|
| N$_1$M$_1$ | 102.6 | 25.4 | 189.5 | 212.9 | 82.1 | 24.0 | 7.95 | 7.31d | 0.5414 |
| N$_1$M$_2$ | 99.9 | 23.4 | 221.2 | 182.6 | 87.8 | 24.2 | 8.58 | 7.90d | 0.5261 |
| N$_1$M$_3$ | 105.4 | 24.4 | 229.7 | 184.4 | 84.9 | 24.4 | 8.77 | 7.65d | 0.5081 |
| 平均 | 102.6 | 24.4 | 213.5 | 193.3 | 84.9 | 24.2 | 8.43 | 7.65d | 0.5252 |
| N$_2$M$_1$ | 112.4 | 26.2 | 216 | 231.3 | 82.9 | 23.6 | 9.77 | 9.7b | 0.5045 |
| N$_2$M$_2$ | 111.6 | 25.9 | 250.6 | 197.8 | 83.1 | 23.9 | 9.84 | 9.4b | 0.5062 |
| N$_2$M$_3$ | 107.4 | 25.0 | 270 | 196.3 | 83.0 | 23.9 | 10.5 | 9.3b | 0.4887 |
| 平均 | 110.5 | 25.7 | 245.5 | 208.5 | 83.0 | 23.8 | 10.04 | 9.5b | 0.5998 |
| N$_3$M$_1$ | 111.9 | 24.0 | 222.3 | 222.3 | 83.6 | 23.1 | 9.5 | 9.0b | 0.5481 |
| N$_3$M$_2$ | 115.0 | 25.4 | 273 | 201.5 | 83.5 | 24.0 | 11.02 | 10.3a | 0.5887 |
| N$_3$M$_3$ | 114 | 24.0 | 283.1 | 184.8 | 86.7 | 24.3 | 11.02 | 10.9a | 0.5842 |
| 平均 | 113.6 | 24.4 | 259.5 | 202.9 | 84.6 | 23.8 | 10.51 | 10.07a | 0.5737 |
| N$_4$M$_1$ | 108.5 | 23.4 | 221.4 | 196.5 | 82.1 | 23.1 | 8.25 | 8.1c | 0.3876 |
| N$_4$M$_2$ | 107.4 | 24.7 | 264.6 | 183.3 | 83.3 | 23.4 | 9.45 | 9.1b | 0.4414 |
| N$_4$M$_3$ | 113.9 | 23.5 | 270 | 182.6 | 81.2 | 23.7 | 9.49 | 8.8c | 0.4459 |
| 平均 | 109.9 | 23.9 | 252 | 187.5 | 82.2 | 23.4 | 9.06 | 8.8c | 0.4250 |

　　分析试验结果表明，各施肥处理间的产量差异达极显著水平，不同施氮处理的每公顷产量分别在 7、8、9、10 t 4 个台阶，说明两优 0293 的产量潜力较大，氮肥运筹对超级杂交稻产量的影响十分明显，总体上为施氮量越低，产量越低（表 7-4）。如施氮水平低于 N$_2$（135 kg/hm$^2$），产量较低，低于 9 t/hm$^2$，这与别人的结论一致。唐启源等（2002）得出施氮水平在 0 ~ 130 kg/hm$^2$，产量在 9 t/hm$^2$ 以下。施氮水平等于 N$_2$（135 kg/hm$^2$），产量大于 9 t/hm$^2$，但小于 10 t/hm$^2$，施氮水平 N$_3$ 处理（270 kg/hm$^2$）的平均产量达 10.07 t/hm$^2$，个别小区达 12 t/hm$^2$。施氮量与产量的关系呈单峰曲线，以 270 kg/hm$^2$ 施氮量处理产量最高。在施氮量 135 ~ 270 kg/hm$^2$ 的范围内增产效应明显。密度对产量的影响，理论产量都是 M$_1$< M$_2$< M$_3$，实际产量，不施氮时，以中等密度（M$_2$，26.6 cm × 26.6 cm）产量最高。低氮水平 N$_2$ 下，以低密度（M$_1$，33.3 cm × 33.3

cm）最高。中氮水平 $N_3$ 下，以高密度（$M_3$，20 cm×26.6 cm）产量最高。高氮水平 $N_4$ 下，以中等密度（$M_2$，26.6 cm×26.6 cm）产量最高。综合来看，以 $N_3M_3$ 处理产量最高，实际产量达 10.9 t/hm$^2$。各施氮处理的株高没有明显差异，株高随着施氮水平提高而有所升高，超过一定水平后，随施氮水平进一步提高，株高反而有所回落，但这升高降低都不显著。穗长也呈同样的趋势，随施氮水平增加而增加，超过一定限度后，不升反降。

从产量结构看，各施肥处理间的千粒重差异显著，不施肥处理（$N_1$）千粒重最大，随着施氮水平提高，千粒重下降。但同一施肥处理不同密度之间差异极小。有效穗数随施氮水平的提高而增加，但超过一定限度后，不升反而有所下降，但幅度不大，如果只从施氮量来做进一步分析，施氮量 135 kg/hm$^2$ 以上和以下的处理间，有效穗数存在较大差异，但施氮量 135 kg/hm$^2$ 以上的处理间基本差异很小。同一施氮水平下，都是稀密度（$M_1$）有效穗数远小于中密度（$M_2$）和高密度（$M_3$）。但中密度（$M_2$）和高密度（$M_3$）之间差异很少。其中以 $N_3M_3$ 处理有效穗数最多，达 283.1 万 /hm$^2$。每穗粒数与施氮水平存在显著正相关，从 $N_1$ 到 $N_2$，随施氮水平上升每穗粒数增加，到了一定水平后，再增加施氮水平，$N_3$ 到 $N_4$，每穗粒数反而下降。中期施穗粒肥，促进了颖花数增多，说明施氮水平对超级杂交稻产量形成的影响，在较低施氮水平下表现为对穗数的影响，但在较高施氮水平下主要表现为对每穗粒数的影响。在同一施氮水平下，都是 $M_1$ 显著大于 $M_2$、$M_3$，而 $M_2$、$M_3$ 间基本没差异。结实率除高氮处理（$N_4$）外，其余相差较小。同一施氮水平内，不同密度间基本没什么差异。

### 1.2.2　不同处理的群体结构特点

#### 1.2.2.1　不同处理对分蘖发生动态的影响

不同时期不同施氮处理的茎蘖动态图表明，各施氮处理的茎蘖动态差异，从分蘖中期后没有太大的变化，说明两优 0293 的茎蘖数较为稳定。不同处理的分蘖高峰期发生在移栽后 35～40 d，高峰期苗数均随施氮水平上升而增加，随密度增加而增加。不同密度的分蘖动态都是稀的（$M_1$）小于密的（$M_2$、$M_3$），不施氮时，$M_2$ 与 $M_3$ 基本没差异，施氮水平提升后，$M_2$ 与 $M_3$ 差异也较小，但都与 $M_1$ 有显著差异，分蘖数远大于 $M_1$（表 7-5）。本试验条件下，说明 $M_1$ 太稀，不适宜超级稻高产栽植，不能保证高产所需足够的分蘖数和有效穗数。

以有效穗数最多、中等、最少三种处理为代表，作综合影响分蘖动态图（图 7–1），进一步分析发现，在 135 kg/hm² 及其以上，$M_3$（20 cm × 26.6 cm）的栽植密度时，有效分蘖数均能达到 270 万 /hm² 以上，而且处理间差异极小。其中以 $N_3M_3$ 处理有效分蘖数最多，达 283.1 万 /hm²（表 7–5）。

表 7–5　不同处理对分蘖发生动态的影响　　　　　　分蘖数 / 平方米

| 处理 | 移栽后天数 /d | | | | | | | | | | | |
|---|---|---|---|---|---|---|---|---|---|---|---|---|
| | 15 | 20 | 25 | 30 | 35 | 40 | 45 | 50 | 55 | 60 | 65 | 90 |
| $N_1M_1$ | 61.2 | 80.1 | 139.5 | 200.7 | 224.6 | 256.9 | 221.4 | 203.9 | 203.0 | 198.0 | 195.0 | 189.5 |
| $N_1M_2$ | 84.7 | 124.6 | 198.8 | 305.2 | 343.7 | 326.2 | 266.0 | 250.6 | 246.4 | 238.0 | 231.0 | 221.2 |
| $N_1M_3$ | 138.8 | 172.5 | 285.9 | 403.1 | 458.4 | 412.5 | 285.9 | 268.1 | 265.0 | 261.6 | 257.8 | 229.7 |
| 平均 | 94.9 | 125.7 | 208.1 | 303.0 | 342.2 | 331.9 | 257.8 | 240.9 | 238.1 | 232.5 | 227.9 | 213.5 |
| $N_2M_1$ | 54.5 | 79.2 | 147.6 | 220.5 | 246.2 | 257.9 | 234.9 | 223.7 | 220.0 | 217.0 | 216.7 | 216.0 |
| $N_2M_2$ | 95.2 | 141.4 | 231.0 | 363.3 | 408.8 | 394.8 | 310.1 | 287.0 | 282.0 | 276.0 | 273.0 | 250.6 |
| $N_2M_3$ | 107.8 | 165.0 | 273.8 | 409.7 | 490.3 | 489.4 | 323.4 | 299.1 | 290.1 | 281.2 | 277.5 | 270.0 |
| 平均 | 85.8 | 128.5 | 217.5 | 331.2 | 381.8 | 380.7 | 289.5 | 269.9 | 264.0 | 258.1 | 255.7 | 245.5 |
| $N_3M_1$ | 65.3 | 99.0 | 184.5 | 298.4 | 354.6 | 344.3 | 294.3 | 275.5 | 271.2 | 269.1 | 268.7 | 222.3 |
| $N_3M_2$ | 126.0 | 198.1 | 323.4 | 466.9 | 527.8 | 493.5 | 355.6 | 306.6 | 300.1 | 290.2 | 286.3 | 273.0 |
| $N_3M_3$ | 121.9 | 189.4 | 309.4 | 468.8 | 531.6 | 534.4 | 373.1 | 319.7 | 312.1 | 302.9 | 301.9 | 283.1 |
| 平均 | 104.4 | 162.2 | 272.4 | 411.4 | 471.3 | 457.4 | 341.0 | 300.6 | 294.5 | 287.4 | 285.6 | 259.5 |
| $N_4M_1$ | 67.5 | 114.3 | 190.4 | 279.5 | 351.9 | 353.7 | 275.4 | 272.3 | 272.0 | 271.8 | 271.2 | 221.4 |
| $N_4M_2$ | 114.1 | 178.5 | 291.2 | 456.4 | 540.4 | 518.7 | 351.4 | 328.3 | 318.2 | 308.3 | 304.5 | 264.6 |
| $N_4M_3$ | 135.9 | 227.8 | 394.7 | 574.7 | 646.9 | 682.5 | 411.6 | 366.6 | 346.1 | 331.2 | 329.1 | 270.0 |
| 平均 | 105.8 | 173.5 | 292.1 | 436.9 | 513.1 | 518.3 | 346.1 | 322.4 | 312.1 | 303.8 | 301.6 | 252.0 |

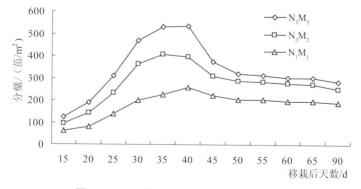

图 7–1　不同施肥与密度综合影响分蘖动态

## 1.2.2.2 不同处理条件下的干物质积累与分配特点以及 LAI

植株干物质积累量是水稻产量形成的重要基础。不同施肥处理间的地上部干物质积累差异，随生育进程的推进而逐渐加大，施氮处理对光合产物累积的影响主要表现在中后期（图 7-3）。

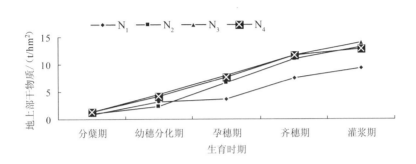

图 7-2　不同施肥处理的干物质积累动态

干物质在植株各部位的分配比例，各施氮处理间在抽穗以前没有明显不同，但在抽穗以后存在规律性的差异（表 7-6）。各生育期特别是孕穗期、齐穗期叶片的干物质比例，以施氮量较少、产量较低的处理较小，以 $N_3M_3$ 处理产量最高，叶片的干物质比例最大（图 7-2）。说明孕穗期、齐穗期叶片维持一定水平的光合产物比例，对于超级稻防止早衰和夺取高产是有利而必要的。成熟期残存于秸秆中的干物质比例，与抽穗期相反，以产量较低的处理较高，表明这些施氮处理的光合产物转运不完全，可能与其早衰从而导致运输不畅有关。

表 7-6　两优 0293 不同时期不同处理下的干物质分配比例

| 处理 | 孕穗期（08-09） | | 抽穗期（08-21） | | | 成熟期（09-28） | | |
| | 叶 Leaf | 茎鞘 Stem+sheath | 叶 Leaf | 茎鞘 Stem+sheath | 穗 Panicle | 叶 Leaf | 茎鞘 Stem+sheath | 穗 Panicle |
|---|---|---|---|---|---|---|---|---|
| $N_1M_1$ | 33.3 | 66.7 | 22.3 | 46.2 | 31.5 | 31.8 | 29.9 | 38.3 |
| $N_1M_2$ | 35.2 | 64.8 | 23.6 | 40.6 | 35.8 | 34.2 | 32.2 | 33.6 |
| $N_1M_3$ | 32.6 | 67.4 | 19.7 | 40.9 | 39.4 | 33.2 | 31.1 | 35.7 |
| 平均 | 33.7 | 66.3 | 21.9 | 42.6 | 35.6 | 33.1 | 31.1 | 35.8 |
| $N_2M_1$ | 37.1 | 62.9 | 28.2 | 47.4 | 24.4 | 32.1 | 26.8 | 41.1 |
| $N_2M_2$ | 34.8 | 65.2 | 24.5 | 45.2 | 30.3 | 38.4 | 24.9 | 36.7 |

续表

| 处理 | 孕穗期（08–09） | | 抽穗期（08–21） | | | 成熟期（09–28） | | |
| | 叶<br>Leaf | 茎鞘<br>Stem+sheath | 叶<br>Leaf | 茎鞘<br>Stem+sheath | 穗<br>Panicle | 叶<br>Leaf | 茎鞘<br>Stem+sheath | 穗<br>Panicle |
|---|---|---|---|---|---|---|---|---|
| $N_2M_3$ | 36.5 | 63.5 | 26.8 | 45.8 | 27.4 | 31.7 | 26.6 | 41.7 |
| 平均 | 36.1 | 63.9 | 26.5 | 46.1 | 27.4 | 34.1 | 26.1 | 39.8 |
| $N_3M_1$ | 42.2 | 57.8 | 34.4 | 48.1 | 17.5 | 39.1 | 28.2 | 32.7 |
| $N_3M_2$ | 36.9 | 63.1 | 29.8 | 49.6 | 20.6 | 39.5 | 37.2 | 23.3 |
| $N_3M_3$ | 42.0 | 58.0 | 36.2 | 49.0 | 14.8 | 34.2 | 30.6 | 35.2 |
| 平均 | 40.4 | 59.6 | 33.5 | 48.9 | 17.6 | 37.6 | 32.0 | 30.4 |
| $N_4M_1$ | 45.4 | 54.6 | 32.9 | 52.6 | 14.5 | 32.6 | 30.2 | 37.2 |
| $N_4M_2$ | 44.3 | 55.7 | 35.0 | 47.0 | 18.0 | 32.8 | 29.3 | 37.9 |
| $N_4M_3$ | 40.3 | 59.7 | 30.5 | 45.2 | 24.3 | 33.6 | 31.5 | 34.9 |
| 平均 | 43.3 | 56.7 | 32.8 | 48.3 | 18.9 | 33.1 | 30.3 | 36.6 |

表 7–7　不同时期两优 0293 不同处理下的 LAI

| 处理 | 分蘖期（07–06） | 幼穗分化后期（07–25） | 孕穗期（08–09） | 齐穗期（08–27） |
|---|---|---|---|---|
| $N_1M_1$ | 0.74 | 2.03 | 4.33 | 4.01 |
| $N_1M_2$ | 1.05 | 2.84 | 5.41 | 5.05 |
| $N_1M_3$ | 1.01 | 3.19 | 6.02 | 5.12 |
| 平均 | 0.93 | 2.69 | 5.25 | 4.73 |
| $N_2M_1$ | 0.92 | 2.48 | 6.33 | 6.67 |
| $N_2M_2$ | 1.48 | 3.99 | 5.90 | 6.30 |
| $N_2M_3$ | 1.40 | 4.09 | 6.08 | 8.70 |
| 平均 | 1.27 | 3.52 | 6.10 | 7.22 |
| $N_3M_1$ | 1.04 | 2.55 | 5.41 | 8.40 |
| $N_3M_2$ | 1.88 | 4.98 | 6.51 | 8.01 |
| $N_3M_3$ | 1.99 | 5.56 | 8.40 | 9.37 |
| 平均 | 1.64 | 4.36 | 6.77 | 8.59 |
| $N_4M_1$ | 1.01 | 2.68 | 6.95 | 8.99 |
| $N_4M_2$ | 1.42 | 3.91 | 7.26 | 9.49 |
| $N_4M_3$ | 2.41 | 5.10 | 6.83 | 8.23 |
| 平均 | 1.61 | 3.90 | 7.01 | 8.90 |

叶面积指数是反映群体生长快慢的一个重要指标。由表 7-7 可知，LAI 的趋势表现为，随施氮量增加，LAI 逐渐增大（ $r=0.9783^{**}$ ）；随生育期推进，LAI 增大，除 $N_1$（不施肥，对照）以孕穗期的 LAI 最大外，其余处理 $N_2$、$N_3$、$N_4$ 均以齐穗期的 LAI 最大，齐穗期后逐渐下降。同一施肥水平下，随密度增加，LAI 增加，但齐穗期，$N_3$、$N_4$ 施肥处理有波动（表 7-7）。

### 1.2.2.3 不同处理对群体结构的影响

不同处理的基本苗随密度增加而增加，随施氮水平上升而增加。最高苗数也是随施氮水平上升而增加，随密度增加而增加。有效穗随着施氮水平的上升而增加，$N_3$ 后稍有下降。在同一施氮水平下，随密度增加而增加，$M_2$、$M_3$ 比 $M_1$ 有显著增加。成穗率随施氮水平上升而减少，但差异不显著。在同一施氮水平下，随密度增加，成穗率减少，差异显著。但 $N_3M_2$ 稍有特例，可能是误差所致。抽穗期叶面积指数随施氮水平上升而升高，但和密度无显著相关性。凌启鸿等认为抽穗期单茎茎鞘重对群体质量具有较大意义[194]，在本试验中，随施氮水平上升，抽穗期单茎茎鞘重稍有下降，差异不显著，不施氮最低。单茎叶片重随施氮水平上升而增重，但 $N_3$ 后稍有下降（表 7-8）。产量在 8 t/hm² 以下的 $N_1$，其单茎叶重相应较低（<1.0 g），这可能与两优 0293 极好的株叶型有关，同时也表明超级杂交稻超高产对源器官的要求与一般杂交稻组合不同，其抽穗期单茎叶片重应达到一定水平（1.1 ~ 1.6 g）。

表 7-8 不同处理的植株群体结构及抽穗期干物重、粒叶比

| 处理 | 基本苗 /(10⁴/hm²) | 最高苗 /(10⁴/hm²) | 有效穗 /(10⁴/hm²) | 成穗率 % | 抽穗期 Heading | | 粒叶比 /(粒/平方厘米) |
| | | | | | LAI | 单茎叶片干重 /g | 单茎茎鞘干重 /g | |
|---|---|---|---|---|---|---|---|---|
| $N_1M_1$ | 61.2 | 256.9 | 189.5 | 73.8 | 4.01 | 0.910 | 1.887 | 1.004 |
| $N_1M_2$ | 84.7 | 343.7 | 221.2 | 64.4 | 5.05 | 0.967 | 1.664 | 0.810 |
| $N_1M_3$ | 138.8 | 458.4 | 229.7 | 50.1 | 5.12 | 0.902 | 1.874 | 0.878 |
| 平均 | 94.9 | 353.0 | 213.5 | 52.7 | 4.73 | 0.926 | 1.808 | 0.897 |
| $N_2M_1$ | 54.5 | 257.9 | 216.0 | 83.7 | 6.67 | 1.324 | 2.229 | 0.750 |
| $N_2M_2$ | 95.2 | 408.8 | 250.6 | 61.3 | 6.30 | 1.073 | 1.981 | 0.791 |
| $N_2M_3$ | 107.8 | 490.3 | 270.0 | 55.1 | 8.70 | 1.422 | 2.433 | 0.592 |

**续表**

| 处理 | 基本苗 /(10⁴/hm²) | 最高苗 /(10⁴/hm²) | 有效穗 /(10⁴/hm²) | 成穗率 % | 抽穗期 Heading | | | 粒叶比 /(粒/平方厘米) |
|------|------|------|------|------|------|------|------|------|
| | | | | | LAI | 单茎叶片干重/g | 单茎茎鞘干重/g | |
| 平均 | 85.8 | 385.7 | 245.5 | 66.7 | 7.22 | 1.273 | 2.214 | 0.711 |
| $N_3M_1$ | 65.3 | 354.6 | 222.3 | 62.7 | 8.40 | 1.628 | 2.272 | 0.586 |
| $N_3M_2$ | 126.0 | 527.8 | 273.0 | 51.7 | 8.01 | 1.259 | 2.094 | 0.687 |
| $N_3M_3$ | 121.9 | 534.4 | 283.1 | 53.0 | 9.37 | 1.419 | 1.919 | 1.107 |
| 平均 | 104.4 | 472.3 | 259.5 | 55.8 | 8.59 | 1.435 | 2.095 | 0.660 |
| $N_4M_1$ | 67.5 | 353.7 | 221.4 | 62.6 | 8.99 | 1.714 | 2.742 | 0.492 |
| $N_4M_2$ | 114.1 | 540.4 | 264.6 | 49.0 | 9.49 | 1.531 | 2.053 | 0.514 |
| $N_4M_3$ | 135.9 | 682.5 | 270.0 | 39.6 | 8.23 | 0.708 | 1.050 | 0.559 |
| 平均 | 105.8 | 525.5 | 252.0 | 50.4 | 8.90 | 1.318 | 1.948 | 0.522 |

LAI 和粒叶比的趋势表现为，随着施氮量增加，LAI 逐渐增大，虽然颖花数也相应增加，但粒叶比呈减少趋势，这说明施氮对叶面积的增加作用超过了对颖花的促进作用。其中施氮量最高的 $N_4$ 处理 LAI 最高，而粒叶比最低，表现为群体结构开始失调。因此，如何协调 LAI 和粒叶比的关系，是超级杂交稻施肥需要探讨的重要问题。

#### 1.2.2.4 不同处理对株叶型的影响

不同处理施氮水平对株高有显著影响，$N_1$、$N_2$、$N_3$、$N_4$ 水平下的株高差异显著。随着施氮水平上升，株高增高。在同一施氮水平下，移栽密度不同，株高也有差异。但在不同的施氮水平下，密度影响株高的显著性不同。$N_1$ 水平下，不同密度下的株高差异不显著。$N_2$ 水平下，稀植（$M_1$，33.3 cm × 33.3 cm）和密植（$M_3$，20 cm × 26.6 cm）差异显著，但都与中等密度 ($M_2$，26.6 cm × 26.6 cm) 差异不显著。$N_3$ 水平下，$M_1$ 株高显著高于 $M_2$、$M_3$ 的株高，$N_4$ 水平下，$M_1$ 株高要高于 $M_2$，显著高于 $M_3$ 的株高。综合来看，施氮水平最高移栽密度最稀的 $N_4 M_1$ 处理的株高最高（表 7-9）。

表 7–9　不同处理成熟期的株高以及顶部三片叶与垂直穗轴夹角

| 处理 Treatment | 株高 /cm | 倒 3 叶与穗轴夹角 /° | 倒 2 叶与穗轴夹角 /° | 倒 1 叶（剑叶）与穗轴夹角 /° |
|---|---|---|---|---|
| $N_1M_1$ | 120.6a | 46.25a | 31.75a | 28.75a |
| $N_1M_2$ | 119.2a | 39.00a | 27.25b | 29.75a |
| $N_1M_3$ | 116.9a | 40.25a | 28.00ab | 34.25a |
| $N_1$ | 118.9d | 41.83a | 29.00a | 30.92b |
| $N_2M_1$ | 135.7a | 37.25a | 26.25b | 34.50b |
| $N_2M_2$ | 131.9ab | 39.75a | 27.50b | 45.25a |
| $N_2M_3$ | 131.1b | 34.75a | 34.75a | 37.25ab |
| $N_2$ | 132.9c | 37.25bc | 29.50a | 39.00a |
| $N_3M_1$ | 141.5a | 40.25a | 28.25b | 27.50b |
| $N_3M_2$ | 137.2b | 37.25a | 28.25b | 34.50b |
| $N_3M_3$ | 137.2b | 38.50a | 33.00a | 46.00a |
| $N_3$ | 138.6b | 38.67ab | 29.83a | 36.00ab |
| $N_4M_1$ | 143.6a | 36.00a | 28.75a | 36.75a |
| $N_4M_2$ | 142.1ab | 32.75a | 30.25a | 43.40a |
| $N_4M_3$ | 138.9b | 34.25a | 32.50a | 43.25a |
| $N_4$ | 141.5a | 34.33c | 30.50a | 41.13a |

备注：数字后字母标示，LSD 显著性为 5% 显著水平。

　　由上可见，倒 3 叶与垂直穗轴的夹角，不同施氮水平间有显著差异，但同一施氮水平不同密度处理间，无显著差异。$N_1$ 水平下，倒 3 叶夹角显著大于 $N_2$、$N_4$ 处理下的夹角，不显著大于 $N_3$ 处理下夹角。说明倒 3 叶夹角与密度无关，而与施氮水平有关。倒 2 叶与垂直穗轴的夹角，不同施氮水平间无显著差异，但同一施氮水平不同密度处理间，有的却有显著差异。$N_1$ 水平下，$M_1$ 与 $M_2$ 有显著差异；$N_2$、$N_3$ 水平下，$M_3$ 与 $M_1$、$M_2$ 有显著差异；$N_4$ 水平下，不同密度间无显著差异。不同密度间，$M_3$ 与 $M_1$、$M_2$ 有显著差异，$M_1$ 与 $M_2$ 间无显著差异。倒 1 叶与垂直穗轴的夹角，不同施氮水平间 $N_1$ 与 $N_2$、$N_3$、$N_4$ 处理间有显著差异，同一施氮 $N_1$、$N_4$ 水平下不同密度处理间，并无显著差异。

### 1.2.3　不同处理对叶片叶绿素及光合特性的影响

### 1.2.3.1　不同处理对叶绿素 SPAD 值的影响

叶片 SPAD 值（相对叶绿素含量）在分蘖期，通过测叶龄为 8.5 时的 8 叶，通过表 7–10 可以看出，随着施氮水平的上升，SPAD 值随之上升。到了齐穗期，剑叶已完全长出，通过测剑叶的 SPAD 值，随施氮量水平上升，SPAD 值反而减少。SPAD 值 $N_1$（不施氮）小于 $N_2$、$N_3$，但略大于 $N_4$。不同时期，叶片均表现为 SPAD 值叶前端最小，叶后段最大，叶中段中等。密度与 SPAD 值没有明显规律性（表 7–10）。

表 7–10　不同处理不同生育时期叶绿素 SPAD 值

| 处理 | 分蘖期（测 8.5 叶龄的 8 叶） | | | | 齐穗期（测剑叶） | | | |
|---|---|---|---|---|---|---|---|---|
| | 叶前 | 叶中 | 叶后 | 平均 | 叶前 | 叶中 | 叶后 | 平均 |
| $N_1M_1$ | 41.2 | 44.8 | 46.4 | 44.1 | 45.0 | 46.4 | 47.4 | 46.3 |
| $N_1M_2$ | 39.6 | 43.9 | 45.6 | 42.3 | 42.9 | 46.2 | 44.9 | 44.7 |
| $N_1M_3$ | 39.2 | 44.7 | 47.1 | 43.7 | 42.7 | 42.9 | 44.1 | 43.2 |
| 平均 | 40.0 | 44.5 | 46.4 | 43.4 | 43.5 | 45.2 | 45.5 | 44.7 |
| $N_2M_1$ | 42.3 | 46.3 | 48.7 | 45.7 | 46.8 | 49.1 | 50.0 | 48.6 |
| $N_2M_2$ | 41.1 | 45.2 | 46.6 | 44.3 | 43.7 | 44.4 | 44.2 | 44.1 |
| $N_2M_3$ | 42.8 | 45.8 | 47.2 | 45.3 | 43.9 | 46.1 | 45.1 | 45.0 |
| 平均 | 42.1 | 45.8 | 47.5 | 45.1 | 44.8 | 46.5 | 46.4 | 45.9 |
| $N_3M_1$ | 42.0 | 48.1 | 50.6 | 46.9 | 45.6 | 44.3 | 45.5 | 45.1 |
| $N_3M_2$ | 41.5 | 46.4 | 48.3 | 45.4 | 43.0 | 45.0 | 44.8 | 44.3 |
| $N_3M_3$ | 42.2 | 46.3 | 49.0 | 45.8 | 43.9 | 46.1 | 45.6 | 45.2 |
| 平均 | 41.9 | 46.9 | 49.3 | 46.0 | 44.2 | 45.1 | 45.3 | 44.9 |
| $N_4M_1$ | 43.5 | 46.6 | 48.6 | 46.2 | 44.5 | 42.9 | 45.9 | 44.4 |
| $N_4M_2$ | 42.8 | 46.8 | 48.7 | 46.1 | 44.1 | 46.3 | 46.2 | 45.5 |
| $N_4M_3$ | 42.6 | 46.7 | 48.5 | 45.9 | 42.7 | 45.1 | 44.3 | 44.0 |
| 平均 | 43.0 | 46.7 | 48.6 | 46.1 | 43.8 | 44.8 | 45.5 | 44.6 |

#### 1.2.3.2　不同处理对光合作用的影响

随着施氮水平的提高，光合速率也显著增加，施氮量与光合速率呈显著正相关，光合速率与密度则无显著相关性。气孔导度随施氮水平的提高而增加，$N_3$ 后到 $N_4$，气孔导度下降，但都不显著。同一施氮量下，气孔导度密度密的（$M_3$）

大于密度稀的（$M_1$）、密度中等的（$M_2$）。$M_1$ 与 $M_2$ 没什么差异。胞间 $CO_2$ 浓度随施氮量提高而下降，差异显著。在同一施氮量下，胞间 $CO_2$ 浓度随密度变密而增加，差异不明显。蒸腾速率随施氮量的提高而增加，$N_1$、$N_2$、$N_3$ 之间差异显著，$N_3$ 之后，$N_3$ 与 $N_4$ 差异不显著。空气与叶室温差反映了叶片的降温能力，随施氮量的增加，空气与叶室温差增大，说明随施氮量增加，叶片的降温能力增强，说明增施氮肥有助于增强叶片抗高温的能力。在同一施氮量水平下，密度增密，温差增大，但都不显著，说明密度对叶片抗高温有一定作用（表 7-11）。

表 7-11　不同处理齐穗期后 15d 剑叶光合特性测量值

| 处理 | 光合速率 /$\mu mol$ $CO_2 m^{-2} s^{-1}$ | 气孔导度 /mol $H_2 O m^{-2} s^{-1}$ | 胞间 $CO_2$ 浓度 /$\mu mol$ $CO_2 m^{-2} s^{-1}$ | 蒸腾速率 /mmol $H_2 O m^{-2} s^{-1}$ | 空气温度 /℃ | 叶室温度 /℃ | 空气与叶室温 /℃ |
|---|---|---|---|---|---|---|---|
| $N_1 M_1$ | 7.5 | 0.15 | 262.8 | 3.93 | 29.60 | 28.66 | 0.94 |
| $N_1 M_2$ | 6.9 | 0.16 | 275.4 | 4.13 | 29.75 | 28.81 | 0.94 |
| $N_1 M_3$ | 6.6 | 0.15 | 274 | 3.87 | 29.79 | 28.74 | 1.05 |
| 平均 | 7.0 | 0.15 | 270.7 | 3.98 | | | 0.98 |
| $N_2 M_1$ | 10.7 | 0.16 | 231.1 | 3.89 | 29.10 | 28.24 | 0.86 |
| $N_2 M_2$ | 9.4 | 0.16 | 248.6 | 3.80 | 28.86 | 27.94 | 0.92 |
| $N_2 M_3$ | 9.4 | 0.19 | 262.3 | 4.62 | 29.74 | 28.53 | 1.21 |
| 平均 | 9.83 | 0.17 | 247.3 | 4.10 | | | 1.0 |
| $N_3 M_1$ | 11.1 | 0.16 | 226.6 | 4.04 | 29.64 | 28.62 | 1.02 |
| $N_3 M_2$ | 11.8 | 0.18 | 233.7 | 4.31 | 29.41 | 28.32 | 1.09 |
| $N_3 M_3$ | 11.2 | 0.19 | 245.7 | 4.69 | 29.77 | 28.58 | 1.19 |
| 平均 | 11.37 | 0.18 | 235.3 | 4.35 | | | 1.10 |
| $N_4 M_1$ | 12.1 | 0.16 | 209.5 | 4.08 | 29.84 | 28.78 | 1.06 |
| $N_4 M_2$ | 13.2 | 0.16 | 200.8 | 4.12 | 29.78 | 28.75 | 1.03 |
| $N_4 M_3$ | 14.3 | 0.20 | 220.2 | 4.91 | 30.23 | 28.78 | 1.45 |
| 平均 | 13.2 | 0.17 | 210.2 | 4.37 | | | 1.18 |

### 1.2.4　不同处理对根系生长特性的影响

### 1.2.4.1　不同处理对根系还原力的影响

随着施氮量的增加，不同生育时期 TTC 法测出的根系还原力的变化规律不明显,对于同一施氮量处理,水稻根系活力随着水稻的生长发育,有降低的趋势;除在水稻分蘖期(最高),随施氮量的增加,根系还原力有增加的趋势外,其他生育期根系还原力随施氮量的增加的变化规律不明显。同一施氮量处理,不同密度对根系活力的影响没有明显规律性(表7–12)。

表 7–12　不同处理不同生育时期的根系活力比较　　($\mu$gTTC $\cdot$ g$^{-1}$ $\cdot$ h$^{-1}$)

| 处理 | 分蘖期 | 幼穗分化期 | 孕穗期 |
| --- | --- | --- | --- |
| $N_1M_1$ | 163.7 | 148.5 | 79.3 |
| $N_1M_2$ | 192.1 | 68.8 | 54.5 |
| $N_1M_3$ | 281 | 83.4 | 42 |
| $N_1$ | 212.27 | 100.23 | 58.6 |
| $N_2M_1$ | 234.5 | 80.7 | 92 |
| $N_2M_2$ | 267.1 | 94.6 | 22.9 |
| $N_2M_3$ | 138.9 | 156.9 | 16.3 |
| $N_2$ | 213.5 | 110.7 | 43.7 |
| $N_3M_1$ | 159.5 | 72.4 | 39.6 |
| $N_3M_2$ | 217.4 | 54.4 | 38.3 |
| $N_3M_3$ | 226.8 | 42.2 | 36.8 |
| $N_3$ | 201.2 | 56.3 | 38.2 |
| $N_4M_1$ | 208.7 | 41.9 | 55.1 |
| $N_4M_2$ | 235.2 | 65.4 | 65 |
| $N_4M_3$ | 272.4 | 41.4 | 71.5 |
| $N_4$ | 238.8 | 49.6 | 63.9 |

1.2.4.2　不同处理对根系伤流量的影响

对于同一施氮量处理,水稻根系伤流强度随生育期进程先上升后下降,在本试验条件下测量的3个生育时期,以齐穗期的水稻根系伤流最强,间接反映了齐穗期根系活力最强,这与前人抽穗期根系活力最高的结论相一致,不同时期,随施氮量增加,根系伤流强度反而下降。密度与根系伤流强度没有明显规律性(表7–13)。

表 7-13　不同处理不同生育时期的根系伤流量比较（每单茎伤流强度 mg/h）

| 处理 | 孕穗期 | 齐穗期 | 灌浆期 |
|---|---|---|---|
| $N_1M_1$ | 57.7 | 54.1 | 33.0 |
| $N_1M_2$ | 44.3 | 72.5 | 28.6 |
| $N_1M_3$ | 65.8 | 115.2 | 44.4 |
| $N_1$ | 55.9 | 80.6 | 35.3 |
| $N_2M_1$ | 27.0 | 54.3 | 22.2 |
| $N_2M_2$ | 31.7 | 67.2 | 35.8 |
| $N_2M_3$ | 44.4 | 107.2 | 32.0 |
| $N_2$ | 34.4 | 76.2 | 30.0 |
| $N_3M_1$ | 33.3 | 90.9 | 22.3 |
| $N_3M_2$ | 39.0 | 72.7 | 17.8 |
| $N_3M_3$ | 25.2 | 68.0 | 28.9 |
| $N_3$ | 32.5 | 77.2 | 23.0 |
| $N_4M_1$ | 26.5 | 64.5 | 16.8 |
| $N_4M_2$ | 16.8 | 70.7 | 17.7 |
| $N_4M_3$ | 26.6 | 69.7 | 33.0 |
| $N_4$ | 23.3 | 68.3 | 22.5 |

#### 1.2.4.3　不同处理对根系分布的影响

不同处理在不同生育时期，各层根重所占比重有变化。不同施肥量水平下（$N_1$、$N_2$、$N_3$），从幼穗分化期到孕穗期，上层（0～5 cm）根重所占比重上升，中层（5～10 cm）根重所占比重下降，下层（10～15 cm）根重所占比重上升；从孕穗期到齐穗期，上层根重所占比重下降，中下层根重所占比重都上升；从齐穗期到灌浆结实期，上层根重所占比重上升，中下层根重所占比重都下降。但高施肥量（$N_4$）水平下，从幼穗分化期到孕穗期，上层根重所占比重上升，中下层根重所占比重都有下降；从孕穗期到齐穗期，中上层根重所占比重略有上升，下层根重所占比重略有下降；从齐穗期到灌浆结实期，上层根重所占比重上升，中下层根重所占比重都下降。在同一生育时期，随施肥量的增加，各层根重所占比重也有变化。在幼穗分化期，随施肥量增加，上层根重所占比重下降，中下层根重所占比重上升；对照不施肥（$N_1$）上层根重所占比重小于

$N_2$、$N_3$，大于 $N_4$；中下层根重所占比重大于 $N_2$、$N_3$，小于 $N_4$。孕穗期，随施肥量增加，上层根重所占比重基本呈下降态势，中层根重所占比重呈上升趋势，下层根重所占比重呈下降趋势。齐穗期，随着施肥量增加（$N_2N_3N_4$），上层根重所占比重下降，但从不施肥（$N_1$）到施肥（$N_2$）上层根重所占比重是上升的，中层根重所占比重下降然后高肥（$N_4$）上升，下层根重所占比重波浪式的变化，但起伏很小。灌浆结实期，上、中层根重所占比重上升，下层根重所占比重下降，但从不施肥（$N_1$）到施肥（$N_2$）期间，上根重所占比重下降，中、下层根重所占比重上升。不同根层重所占比重与不同密度没有明显关系（表 7–14）。

表 7–14　不同处理不同生育时期的根系分布分层重量比例

| 处理 | 幼穗分化期 % | | | 孕穗期 % | | | 齐穗期 % | | | 灌浆期 % | | |
|---|---|---|---|---|---|---|---|---|---|---|---|---|
| | 1* | 2** | 3*** | 1 | 2 | 3 | 1 | 2 | 3 | 1 | 2 | 3 |
| $N_1M_1$ | 52.2 | 36.2 | 11.6 | 62.3 | 23.0 | 11.7 | 57.1 | 33.4 | 9.5 | 63.8 | 26.1 | 10.1 |
| $N_1M_2$ | 51.0 | 33.3 | 15.7 | 64.4 | 25.4 | 10.2 | 65.2 | 21.7 | 13.1 | 68.9 | 23.0 | 8.1 |
| $N_1M_3$ | 50.0 | 36.8 | 13.2 | 69.6 | 21.7 | 8.7 | 58.6 | 31.0 | 10.4 | 64.3 | 23.8 | 11.9 |
| $N_1$ | 51.1 | 35.4 | 13.5 | 65.4 | 23.4 | 10.2 | 60.3 | 28.7 | 11.0 | 65.7 | 24.3 | 10.0 |
| $N_2M_1$ | 57.9 | 29.8 | 12.3 | 54.8 | 31.5 | 13.7 | 60.0 | 30.8 | 9.2 | 65.6 | 25.0 | 9.4 |
| $N_2M_2$ | 54.2 | 35.4 | 10.4 | 57.1 | 31.7 | 11.2 | 62.7 | 25.4 | 11.9 | 64.0 | 26.0 | 10.0 |
| $N_2M_3$ | 55.3 | 31.6 | 13.1 | 77.6 | 16.3 | 6.1 | 66.0 | 26.0 | 8.0 | 56.9 | 31.4 | 11.7 |
| $N_2$ | 55.8 | 32.3 | 11.9 | 63.2 | 26.5 | 10.3 | 62.9 | 27.4 | 9.7 | 62.2 | 27.5 | 10.3 |
| $N_3M_1$ | 42.9 | 41.1 | 16.0 | 58.9 | 31.5 | 9.6 | 57.6 | 30.5 | 11.9 | 62.5 | 26.8 | 10.7 |
| $N_3M_2$ | 61.5 | 28.8 | 9.7 | 69.1 | 22.1 | 8.8 | 61.8 | 25.5 | 12.7 | 64.0 | 26.0 | 10.0 |
| $N_3M_3$ | 58.5 | 31.7 | 9.8 | 66.0 | 25.5 | 8.5 | 66.0 | 21.8 | 9.1 | 56.9 | 31.4 | 11.7 |
| $N_3$ | 54.3 | 33.9 | 11.8 | 64.7 | 26.4 | 8.9 | 61.8 | 25.9 | 11.3 | 61.1 | 28.1 | 10.8 |
| $N_4M_1$ | 44.9 | 34.7 | 20.4 | 58.1 | 32.4 | 9.5 | 54.5 | 36.4 | 9.1 | 60.5 | 30.2 | 9.3 |
| $N_4M_2$ | 48.8 | 37.2 | 14.0 | 58.7 | 30.4 | 10.9 | 59.3 | 33.3 | 7.4 | 61.5 | 25.5 | 10.9 |
| $N_4M_3$ | 52.5 | 37.5 | 10.0 | 61.2 | 30.6 | 8.2 | 56.2 | 26.3 | 17.5 | 62.2 | 27.0 | 10.8 |
| $N_4$ | 48.7 | 36.5 | 14.8 | 59.3 | 31.1 | 9.6 | 56.7 | 32.0 | 11.3 | 61.4 | 27.6 | 11.0 |

注：※、※※、※※※ 分别表示根层，1 为 0 ～ 5 cm 根系；2 为 5 ～ 10 cm 根系；3 为 10 ～ 15 cm 根系。

　　不同处理方式在不同生育时期，各层根体积所占比重也有变化。不同施肥量水平下（$N_1$、$N_2$、$N_3$、$N_4$），从幼穗分化期到孕穗期，上层（0 ~ 5 cm）根体积所占比重上升，中层（5 ~ 10 cm）根体积所占比重下降，但 $N_2$ 稍上升，下层（10 ~ 15 cm）根体积所占比重 $N_1$、$N_3$ 上升，$N_2$、$N_4$ 下降；从孕穗期到齐穗期，上层根体积所占比重下降，$N_4$ 意外稍上升，中下层根体积所占比重都上升，但 $N_3$ 中层根体积所占比重稍下降，$N_4$ 下层根体积所占比重稍下降；从齐穗期到灌浆结实期，上层根体积所占比重上升，中下层根体积所占比重均下降。不同根层体积所占比重与不同密度没有明显关系，除不施肥 $N_1$ 以 $M_3$ 各层根系分布较均衡，变化较小外，大体上以 $M_2$ 的各根层体积比变化较为平稳（表 7–15）。

表 7–15　不同处理不同生育时期的根系分布分层体积比例　　　%

| 处理 | 幼穗分化期 | | | 孕穗期 | | | 齐穗期 | | | 灌浆期 | | |
|---|---|---|---|---|---|---|---|---|---|---|---|---|
| | 1※ | 2※※ | 3※※※ | 1 | 2 | 3 | 1 | 2 | 3 | 1 | 2 | 3 |
| $N_1M_1$ | 40.1 | 41.0 | 18.8 | 54.3 | 28.3 | 17.4 | 42.2 | 38.7 | 19.1 | 59.9 | 30.0 | 10.1 |
| $N_1M_2$ | 56.0 | 33.3 | 10.7 | 53.6 | 30.1 | 16.3 | 49.9 | 33.1 | 17.0 | 65.3 | 26.4 | 8.3 |
| $N_1M_3$ | 50.2 | 35.6 | 14.2 | 51.5 | 36.6 | 11.9 | 47.5 | 37.5 | 15.0 | 61.2 | 26.5 | 12.3 |
| $N_1$ | 48.8 | 36.6 | 14.6 | 53.1 | 31.7 | 15.2 | 46.5 | 36.4 | 17.1 | 62.1 | 27.6 | 10.3 |
| $N_2M_1$ | 51.9 | 30.4 | 17.7 | 45.0 | 34.7 | 20.3 | 43.5 | 36.4 | 20.1 | 66.7 | 19.4 | 13.9 |
| $N_2M_2$ | 44.9 | 36.1 | 19.0 | 48.1 | 34.8 | 17.1 | 49.4 | 33.0 | 17.6 | 54.6 | 29.1 | 16.3 |
| $N_2M_3$ | 53.6 | 30.0 | 16.4 | 61.8 | 28.5 | 9.7 | 56.4 | 32.8 | 10.8 | 50.7 | 32.3 | 17.0 |
| $N_2$ | 50.1 | 32.2 | 17.7 | 51.6 | 32.7 | 15.7 | 49.8 | 34.0 | 16.2 | 57.3 | 26.9 | 15.8 |
| $N_3M_1$ | 39.9 | 41.0 | 19.1 | 49.4 | 33.6 | 17.0 | 51.8 | 29.7 | 18.4 | 55.6 | 29.2 | 15.2 |
| $N_3M_2$ | 52.3 | 32.7 | 15.0 | 54.3 | 31.8 | 13.9 | 50.4 | 32.0 | 17.6 | 65.9 | 25.1 | 9.0 |
| $N_3M_3$ | 50.2 | 40.5 | 9.3 | 52.7 | 33.3 | 14.0 | 51.2 | 34.3 | 14.5 | 69.6 | 26.1 | 4.3 |
| $N_3$ | 47.5 | 38.1 | 14.4 | 52.1 | 32.9 | 15.0 | 51.1 | 32.0 | 16.8 | 63.7 | 26.8 | 9.5 |
| $N_4M_1$ | 41.4 | 35.5 | 23.1 | 45.4 | 34.4 | 20.2 | 48.0 | 39.5 | 12.5 | 63.9 | 30.1 | 6.0 |
| $N_4M_2$ | 47.4 | 34.6 | 18.0 | 51.1 | 32.6 | 16.3 | 51.9 | 30.7 | 17.4 | 54.4 | 29.4 | 16.2 |
| $N_4M_3$ | 43.7 | 37.3 | 19.0 | 47.7 | 33.3 | 19.0 | 45.4 | 33.6 | 21.0 | 71.1 | 23.8 | 5.1 |
| $N_4$ | 44.2 | 35.8 | 20.0 | 48.1 | 33.4 | 18.5 | 48.4 | 34.6 | 17.0 | 63.1 | 27.8 | 9.1 |

注：※、※※、※※※分别表示根层，1 为 0 ~ 5 cm 根系；2 为 5 ~ 10 cm 根系；3 为 10 ~ 15 cm 根系。

#### 1.2.4.4 不同处理对根系分泌激素的影响

在不同施肥方式处理下，幼穗分化期水稻根系分泌生长素 IAA 的量随施肥量的增加而减少，但从不施肥（$N_1$）到施肥（$N_2$），根系分泌生长素 IAA 的量是大幅上升的。分泌脱落酸 ABA 的量也是随施肥量的提高而减少，但从不施肥（$N_1$）到施肥（$N_2$），根系分泌脱落酸 ABA 的量是大幅上升的。水稻根系分泌玉米素 Z 的量随施肥量的提高而减少，不施肥（$N_1$）条件下水稻根系分泌玉米素 Z 的量最多。水稻根系激素分泌量与密度没有明显关系，大体上在低、中 N（$N_1$、$N_2$）水平下，以密度大的处理（$M_2$、$M_3$）的分泌量较高（表 7–16）。

表 7–16 不同处理幼穗分化期根系分泌激素的测量值　　　　　ng/g

| 处理 | 生长素 IAA | 脱落酸 ABA | 玉米素 Z |
|---|---|---|---|
| $N_1M_1$ | 55.5 | 932.7 | 25.0 |
| $N_1M_2$ | 70.9 | 1410.2 | 28.1 |
| $N_1M_3$ | 53.9 | 1722.2 | 34.5 |
| $N_1$ | 60.1 | 1355.0 | 29.2 |
| $N_2M_1$ | 97.6 | 1513.7 | 26.1 |
| $N_2M_2$ | 133.1 | 1799.3 | 28.6 |
| $N_2M_3$ | 100.5 | 2207.3 | 27.0 |
| $N_2$ | 110.4 | 1840.1 | 27.2 |
| $N_3M_1$ | 31.4 | 673.6 | 30.4 |
| $N_3M_2$ | 57.6 | 1624.8 | 26.8 |
| $N_3M_3$ | 51.9 | 1345.6 | 24.1 |
| $N_3$ | 47.0 | 1214.7 | 27.1 |
| $N_4M_1$ | 53.6 | 1145.7 | 17.4 |
| $N_4M_2$ | 29.0 | 960.2 | 20.2 |
| $N_4M_3$ | 33.3 | 551.4 | 22.9 |
| $N_4$ | 38.6 | 885.8 | 20.2 |

#### 1.2.5 不同处理不同时期植株 N、P、K 的含量

在不同生育时期，随着施氮量的增加，水稻植株吸入体内的氮量也随之增多，不同施氮量水平下，随着生育进程，水稻植株含氮量减少，到后期，水稻成熟，

大部分氮从植株茎秆叶鞘转移到谷粒里。植株含氮量与密度的关系不明显，但大多以低、中密度处理的较高（表7–17）。

不同生育时期，随着施氮量的增加，水稻植株吸入体内的磷量也增多，这与"以磷增氮"类似，说明N、P之间互相有一定促进作用。不同施氮量水平下，随着生育进程，水稻植株含磷量减少，到了后期，水稻成熟，大部分磷从植株茎秆叶鞘转移到谷粒里。植株含磷量与密度没有明显的关系（表7–18）。

不同生育时期，随着施氮量的增加，水稻植株吸入体内的含钾量也增多，这与"以钾增氮"类似，说明N、K之间互相有一定促进作用。但分蘖期、幼穗分化期，$N_4$减少。不同施肥量水平下，随生育进程，水稻植株含钾量减少，但到后期，水稻植株含钾量又增多。抽穗后至成熟，小部分钾从植株茎秆叶鞘转移到谷粒里。植株含钾量与密度的关系不很明显，在低氮（$N_1$、$N_2$）下，多以密度为$M_1$、$M_2$的高；在中、高N处理（$N_3$、$N_4$）中，在分蘖期以密度$M_3$的含量较高，$M_1$的含量最低；在孕穗期后，多以密度为$M_1$、$M_2$的含量较高（表7–19）。

表 7–17　不同处理不同生育时期植株全 N 的含量　　　　　%

| 处理 | 分蘖期 | 幼穗分化期 | 孕穗期 | 齐穗期 | 齐穗期谷 | 成熟期 | 成熟期谷 |
|---|---|---|---|---|---|---|---|
| $N_1M_1$ | 2.76 | 2.12 | 1.70 | 1.22 | 1.13 | 0.78 | 1.53 |
| $N_1M_2$ | 2.80 | 2.21 | 1.81 | 1.42 | 1.37 | 0.73 | 1.61 |
| $N_1M_3$ | 2.81 | 2.41 | 1.44 | 1.06 | 1.15 | 0.70 | 1.46 |
| $N_1$ | 2.79 | 2.25 | 1.65 | 1.23 | 1.22 | 0.74 | 1.53 |
| $N_2M_1$ | 3.30 | 2.68 | 2.09 | 2.10 | 1.31 | 0.98 | 1.97 |
| $N_2M_2$ | 3.00 | 2.29 | 1.78 | 1.45 | 1.28 | 1.00 | 1.93 |
| $N_2M_3$ | 3.27 | 2.30 | 1.29 | 1.54 | 1.36 | 0.86 | 1.79 |
| $N_2$ | 3.19 | 2.42 | 1.72 | 1.70 | 1.32 | 0.95 | 1.70 |
| $N_3M_1$ | 3.65 | 3.09 | 2.81 | 2.10 | 1.40 | 1.07 | 2.16 |
| $N_3M_2$ | 3.69 | 2.81 | 1.96 | 1.83 | 1.40 | 1.07 | 2.04 |
| $N_3M_3$ | 3.79 | 2.96 | 2.19 | 2.10 | 1.37 | 1.30 | 2.11 |
| $N_3$ | 3.71 | 2.95 | 2.32 | 2.01 | 1.39 | 1.15 | 2.10 |
| $N_4M_1$ | 3.46 | 3.25 | 2.95 | 2.08 | 1.68 | 1.31 | 2.23 |

续表

| 处理 | 分蘖期 | 幼穗分化期 | 孕穗期 | 齐穗期 | 齐穗期谷 | 成熟期 | 成熟期谷 |
|---|---|---|---|---|---|---|---|
| $N_4M_2$ | 3.83 | 2.91 | 2.51 | 2.20 | 1.56 | 1.46 | 2.18 |
| $N_4M_3$ | 4.06 | 2.79 | 2.12 | 1.57 | 1.32 | 1.10 | 2.02 |
| $N_4$ | 3.78 | 2.98 | 2.53 | 1.95 | 1.52 | 1.29 | 2.14 |

注：齐穗期、成熟期分叶茎鞘和谷粒；其他时期整个植株，叶茎鞘等混匀。下同。

表 7-18　　不同处理不同生育时期植株全 P 的含量　　　　%

| 处理 | 分蘖期 | 幼穗分化期 | 孕穗期 | 齐穗期 | 齐穗期谷 | 成熟期 | 成熟期谷 |
|---|---|---|---|---|---|---|---|
| $N_1M_1$ | 0.35 | 0.30 | 0.28 | 0.33 | 0.24 | 0.15 | 0.33 |
| $N_1M_2$ | 0.35 | 0.32 | 0.27 | 0.31 | 0.25 | 0.14 | 0.33 |
| $N_1M_3$ | 0.35 | 0.31 | 0.30 | 0.28 | 0.22 | 0.12 | 0.32 |
| $N_1$ | 0.35 | 0.31 | 0.28 | 0.31 | 0.24 | 0.14 | 0.33 |
| $N_2M_1$ | 0.35 | 0.30 | 0.28 | 0.35 | 0.25 | 0.19 | 0.34 |
| $N_2M_2$ | 0.37 | 0.32 | 0.29 | 0.30 | 0.25 | 0.17 | 0.35 |
| $N_2M_3$ | 0.37 | 0.32 | 0.32 | 0.33 | 0.24 | 0.15 | 0.35 |
| $N_2$ | 0.36 | 0.31 | 0.30 | 0.33 | 0.25 | 0.17 | 0.35 |
| $N_3M_1$ | 0.35 | 0.34 | 0.31 | 0.32 | 0.26 | 0.21 | 0.37 |
| $N_3M_2$ | 0.40 | 0.36 | 0.32 | 0.35 | 0.26 | 0.19 | 0.35 |
| $N_3M_3$ | 0.41 | 0.34 | 0.35 | 0.36 | 0.26 | 0.24 | 0.35 |
| $N_3$ | 0.39 | 0.35 | 0.33 | 0.34 | 0.26 | 0.21 | 0.36 |
| $N_4M_1$ | 0.35 | 0.31 | 0.35 | 0.34 | 0.27 | 0.22 | 0.36 |
| $N_4M_2$ | 0.39 | 0.36 | 0.39 | 0.36 | 0.25 | 0.29 | 0.35 |
| $N_4M_3$ | 0.44 | 0.35 | 0.35 | 0.33 | 0.25 | 0.21 | 0.34 |
| $N_4$ | 0.39 | 0.34 | 1.44 | 0.33 | 0.26 | 0.24 | 0.35 |

表 7-19　　不同处理不同生育时期植株全 K 的含量　　　　%

| 处理 | 分蘖期 | 幼穗分化期 | 孕穗期 | 齐穗期 | 齐穗期谷 | 成熟期 | 成熟期谷 |
|---|---|---|---|---|---|---|---|
| $N_1M_1$ | 3.10 | 3.07 | 2.60 | 2.89 | 0.71 | 3.01 | 0.27 |
| $N_1M_2$ | 3.01 | 3.11 | 2.20 | 2.57 | 0.61 | 2.88 | 0.28 |
| $N_1M_3$ | 3.08 | 3.16 | 2.30 | 2.42 | 0.61 | 2.82 | 0.30 |
| $N_1$ | 3.06 | 3.11 | 2.37 | 2.47 | 0.64 | 2.90 | 0.28 |

**续表**

| 处理 | 分蘖期 | 幼穗分化期 | 孕穗期 | 齐穗期 | 齐穗期谷 | 成熟期 | 成熟期谷 |
|---|---|---|---|---|---|---|---|
| N₂M₁ | 3.03 | 3.21 | 2.23 | 2.67 | 0.86 | 3.49 | 0.34 |
| N₂M₂ | 3.25 | 3.22 | 2.62 | 2.54 | 0.74 | 3.35 | 0.30 |
| N₂M₃ | 3.00 | 3.29 | 2.49 | 2.59 | 0.76 | 3.10 | 0.38 |
| N₂ | 3.09 | 3.24 | 2.45 | 2.6 | 0.79 | 3.31 | 0.34 |
| N₃M₁ | 3.20 | 3.56 | 2.72 | 2.52 | 0.95 | 3.54 | 0.34 |
| N₃M₂ | 3.41 | 3.45 | 2.53 | 2.75 | 0.86 | 3.31 | 0.32 |
| N₃M₃ | 3.48 | 3.22 | 2.70 | 2.60 | 0.94 | 3.31 | 0.32 |
| N₃ | 3.36 | 3.41 | 2.65 | 2.62 | 0.92 | 3.39 | 0.33 |
| N₄M₁ | 2.99 | 3.20 | 3.23 | 2.80 | 0.94 | 3.38 | 0.35 |
| N₄M₂ | 3.11 | 3.22 | 2.98 | 2.62 | 0.92 | 3.51 | 0.30 |
| N₄M₃ | 3.57 | 3.36 | 2.83 | 2.68 | 0.81 | 3.45 | 0.31 |
| N₄ | 3.22 | 3.26 | 3.01 | 2.7 | 0.89 | 3.45 | 0.32 |

### 1.2.6 不同处理不同时期植株根际微生物的含量

各处理根际微生物好氧自生固氮菌的含量，一般在分蘖期到齐穗期呈现增大的趋势，齐穗后迅速下降，而在乳熟期后又有较大幅度上升（表 7-20）。

表 7-20　不同生育时期植株根际微生物好氧自生固氮菌的含量　　10³ cfu

| 处理 | 分蘖期 | 幼穗分化期 | 孕穗期 | 齐穗期 | 乳熟期 | 黄熟期 |
|---|---|---|---|---|---|---|
| N₁M₁ | 1.54 | 7.76 | 8.18 | 19.48 | 3.70 | 9.60 |
| N₁M₂ | 2.43 | 4.37 | 11.11 | 17.47 | 1.54 | 9.21 |
| N₁M₃ | 1.12 | 5.49 | 9.46 | 17.04 | 4.57 | 9.13 |
| N₁ | 1.70 | 5.87 | 9.58 | 18.00 | 3.27 | 9.31 |
| N₂M₁ | 1.14 | 3.88 | 0.94 | 7.09 | 2.26 | 9.39 |
| N₂M₂ | 2.77 | 1.12 | 2.70 | 9.56 | 3.43 | 7.53 |
| N₂M₃ | 2.33 | 3.89 | 2.11 | 10.13 | 2.63 | 7.07 |
| N₂ | 2.08 | 2.96 | 1.92 | 8.93 | 2.77 | 8.00 |
| N₃M₁ | 4.30 | 8.15 | 2.72 | 12.26 | 2.28 | 9.73 |
| N₃M₂ | 2.79 | 0.70 | 0.70 | 12.20 | 1.48 | 6.08 |

续表

| 处理 | 分蘖期 | 幼穗分化期 | 孕穗期 | 齐穗期 | 乳熟期 | 黄熟期 |
|---|---|---|---|---|---|---|
| $N_3M_3$ | 1.64 | 4.29 | 0.95 | 14.79 | 0.65 | 5.75 |
| $N_3$ | 2.91 | 4.38 | 1.46 | 13.08 | 1.47 | 7.19 |
| $N_4M_1$ | 3.70 | 2.74 | 3.66 | 9.07 | 0.93 | 6.18 |
| $N_4M_2$ | 9.14 | 1.54 | 1.09 | 4.28 | 1.30 | 9.64 |
| $N_4M_3$ | 4.12 | 1.52 | 4.24 | 10.00 | 2.57 | 4.66 |
| $N_4$ | 5.65 | 1.93 | 3.00 | 7.78 | 1.60 | 6.83 |

从表 7–20 还可以看出，不同施氮处理、不同密度处理方式之间有一定差异。齐穗期根际微生物好氧自生固氮菌的含量，表现为 $N_1 > N_3 > N_2 > N_4$ 趋势，$N_1$ 条件下表现为 $M_1 > M_2 > M_3$，而 $N_2$、$N_3$、$N_4$ 条件下一般以 $M_3$ 最大。至黄熟期，不同施氮水平间表现为 $N_1 > N_2 > N_3 > N_4$ 趋势，而不同密度处理间，在 $N_1$、$N_2$、$N_3$ 条件下均表现 $M_1$ 最大，$N_4$ 条件下以 $M_2$ 最大。可见，水稻根际微生物好氧自生固氮菌的含量在整个生育期内是呈现固有规律的，即先升后降再升的变化趋势，而施氮量与密度对根际微生物好氧自生固氮菌的含量存在较明显的影响。

分蘖期各处理根际微生物厌氧自生固氮菌的含量一般在 $5 \times 10^5$ cfu 以下，之后迅速上升，$N_1$ 处理至乳熟期达到最高点，乳熟后略有下降，黄熟期根际微生物厌氧自生固氮菌的含量是分蘖期的 10 倍以上；$N_2$ 处理分蘖至幼穗分化期上升，之后下降，孕穗至齐穗期上升，齐穗至乳熟期下降，乳熟期之后又略有上升；$N_3$ 处理分蘖期至幼穗分化期上升，之后一直下降，直至乳熟期后方有较大幅度上升；$N_4$ 处理分蘖期直孕穗期上升，孕穗至齐穗期下降，之后回升。可见，不同施氮处理间根际微生物厌氧自生固氮菌的含量的变化趋势差异显著（表 7–21）。

表 7–21　不同生育时期植株根际微生物厌氧自生固氮菌的含量　　$10^5$ cfu

| 处理 | 分蘖期 | 幼穗分化期 | 孕穗期 | 齐穗期 | 乳熟期 | 黄熟期 |
|---|---|---|---|---|---|---|
| $N_1M_1$ | 1.57 | 19.3 | 35.58 | 38.20 | 19.15 | 40.98 |
| $N_1M_2$ | 3.46 | 11.2 | 65.70 | 42.05 | 97.15 | 68.05 |

**续表**

| 处理 | 分蘖期 | 幼穗分化期 | 孕穗期 | 齐穗期 | 乳熟期 | 黄熟期 |
|---|---|---|---|---|---|---|
| $N_1M_3$ | 5.15 | 15.4 | 13.78 | 69.65 | 37.20 | 23.46 |
| $N_1$ | 3.39 | 15.3 | 38.35 | 50.00 | 51.2 | 44.16 |
| $N_2M_1$ | 9.73 | 105.95 | 17.55 | 55.10 | 13.10 | 14.25 |
| $N_2M_2$ | 0.97 | 22.10 | 22.37 | 27.65 | 15.72 | 13.20 |
| $N_2M_3$ | 1.85 | 12.55 | 19.32 | 35.65 | 30.70 | 57.25 |
| $N_2$ | 4.18 | 46.87 | 19.75 | 39.47 | 19.84 | 28.23 |
| $N_3M_1$ | 1.83 | 78.05 | 71.25 | 86.70 | 22.95 | 91.60 |
| $N_3M_2$ | 1.20 | 70.00 | 50.70 | 55.60 | 11.40 | 33.16 |
| $N_3M_3$ | 1.00 | 81.45 | 51.90 | 22.85 | 42.65 | 34.33 |
| $N_3$ | 1.34 | 76.5 | 57.95 | 55.05 | 25.67 | 53.03 |
| $N_4M_1$ | 5.83 | 43.5 | 37.76 | 13.22 | 32.10 | 59.85 |
| $N_4M_2$ | 8.84 | 47.5 | 75.40 | 25.12 | 27.20 | 33.52 |
| $N_4M_3$ | 2.02 | 16.79 | 20.65 | 35.70 | 18.35 | 28.86 |
| $N_4$ | 5.56 | 35.93 | 44.60 | 24.68 | 25.88 | 40.74 |

由表还可看出，同一施氮条件下，不同密度处理间根际微生物厌氧自生固氮菌的含量变化趋势亦存在差异。根际微生物厌氧自生固氮菌的最高含量，$N_1$条件下，$M_1$和$M_3$处理出现在齐穗期，而$M_2$出现在乳熟期，且$M_2$远大于$M_3$和$M_1$；$N_2$条件下，$M_1$处理出现在幼穗分化期，$M_2$和$M_3$处理出现在齐穗期，$M_1$远大于$M_2$和$M_3$；$N_3$条件下，$M_1$出现在齐穗期，而$M_2$和$M_3$出现在幼穗分化期；$N_4$条件下，$M_1$出现在黄熟期，$M_2$出现在孕穗期，$M_3$出现在齐穗期。可见，密度对水稻根际微生物厌氧自生固氮菌的含量存在明显影响。

相对而言，水稻根际微生物解磷细菌的含量在不同时期间的起伏变化幅度较根际微生物厌氧自生固氮菌的变化幅度小。不同施氮水平、不同密度处理之间变化趋势存在差异。综合来看，$N_1$与$N_3$条件下呈现先降后升再降的趋势，而$N_2$和$N_4$条件下呈现先降后升再降再升的趋势。从平均来看，各施氮条件下，黄熟期根际微生物解磷细菌的含量一般较分蘖期低。水稻根际微生物解磷细菌的最高含量，$N_1$条件下出现在孕穗期，而$N_2$、$N_3$和$N_4$条件下均出现在分蘖期

（表 7–22 ）。

表 7–22　不同生育时期植株根际微生物解磷细菌的含量　　　　10⁵ cfu

| 处理 | 分蘖期 | 幼穗分化期 | 孕穗期 | 齐穗期 | 乳熟期 | 黄熟期 |
|---|---|---|---|---|---|---|
| $N_1M_1$ | 1.49 | 1.45 | 1.34 | 1.60 | 2.58 | 0.25 |
| $N_1M_2$ | 2.02 | 1.02 | 1.59 | 1.45 | 0.55 | 1.02 |
| $N_1M_3$ | 0.57 | 0.39 | 6.79 | 2.44 | 0.33 | 1.39 |
| $N_1$ | 1.36 | 0.95 | 3.24 | 1.83 | 1.15 | 0.89 |
| $N_2M_1$ | 1.72 | 1.90 | 2.18 | 1.34 | 0.88 | 2.39 |
| $N_2M_2$ | 9.20 | 0.77 | 4.20 | 9.01 | 2.37 | 2.40 |
| $N_2M_3$ | 3.40 | 0.42 | 1.03 | 2.62 | 0.52 | 0.81 |
| $N_2$ | 4.77 | 1.03 | 2.47 | 4.32 | 1.26 | 1.87 |
| $N_3M_1$ | 2.82 | 1.01 | 1.53 | 3.85 | 1.85 | 0.64 |
| $N_3M_2$ | 6.50 | 1.50 | 2.97 | 2.87 | 0.38 | 1.06 |
| $N_3M_3$ | 0.30 | 0.80 | 2.20 | 2.48 | 2.47 | 1.60 |
| $N_3$ | 3.21 | 1.10 | 2.23 | 3.07 | 1.57 | 1.10 |
| $N_4M_1$ | 0.76 | 1.19 | 4.94 | 1.70 | 0.79 | 1.36 |
| $N_4M_2$ | 7.27 | 1.46 | 2.02 | 3.04 | 1.05 | 1.50 |
| $N_4M_3$ | 2.79 | 0.40 | 1.13 | 1.41 | 0.87 | 0.50 |
| $N_4$ | 3.61 | 1.02 | 2.70 | 2.05 | 0.90 | 1.12 |

　　不同时期水稻根际微生物解钾细菌的含量列于表 7–23。由表可见，所有处理在分蘖期至乳熟期呈上升趋势，而在乳熟期至黄熟期，部分组合呈下降趋势，如 $N_1M_1$、$N_2M_1$、$N_2M_3$、$N_3M_3$、$N_4M_1$ 和 $N_4M_3$ 等，而其他处理则呈持续上升趋势。综合来看，$N_1$ 处理下，整个生育期呈持续上升趋势，而 $N_2$、$N_3$ 和 N4 处理以乳熟期为界呈前升后降趋势。

表 7–23　不同生育时期植株根际微生物解钾细菌的含量　　　　10³ cfu

| 处理 | 分蘖期 | 幼穗分化期 | 孕穗期 | 齐穗期 | 乳熟期 | 黄熟期 |
|---|---|---|---|---|---|---|
| $N_1M_1$ | 6.31 | 7.30 | 15.75 | 20.23 | 27.73 | 21.22 |
| $N_1M_2$ | 6.89 | 11.42 | 17.24 | 18.05 | 25.18 | 35.76 |

**续表**

| 处理 | 分蘖期 | 幼穗分化期 | 孕穗期 | 齐穗期 | 乳熟期 | 黄熟期 |
|---|---|---|---|---|---|---|
| $N_1M_3$ | 7.58 | 9.53 | 12.75 | 16.03 | 23.85 | 29.92 |
| $N_1$ | 6.93 | 9.42 | 15.25 | 18.10 | 25.59 | 28.97 |
| $N_2M_1$ | 5.46 | 5.94 | 15.56 | 21.91 | 31.96 | 31.60 |
| $N_2M_2$ | 5.59 | 7.60 | 19.53 | 21.26 | 23.26 | 23.93 |
| $N_2M_3$ | 5.54 | 8.78 | 15.44 | 17.53 | 30.97 | 26.70 |
| $N_2$ | 5.53 | 7.44 | 16.84 | 20.23 | 28.73 | 27.41 |
| $N_3M_1$ | 6.09 | 10.97 | 16.60 | 16.26 | 28.67 | 29.63 |
| $N_3M_2$ | 3.35 | 8.38 | 17.90 | 17.95 | 27.17 | 30.79 |
| $N_3M_3$ | 5.02 | 9.33 | 14.94 | 17.93 | 35.02 | 29.45 |
| $N_3$ | 4.82 | 9.56 | 16.48 | 17.38 | 30.29 | 29.96 |
| $N_4M_1$ | 4.25 | 8.86 | 20.44 | 17.06 | 32.83 | 26.28 |
| $N_4M_2$ | 7.47 | 9.10 | 10.94 | 17.90 | 29.27 | 33.39 |
| $N_4M_3$ | 4.91 | 9.60 | 11.07 | 17.67 | 32.53 | 24.60 |
| $N_4$ | 5.54 | 9.19 | 14.15 | 17.54 | 31.54 | 28.09 |

种植作物可提高土壤微生物活性，从处理前和水稻成熟收获时的结果对比可以看出这一点。与返青期相比，成熟期根际解钾细菌和厌氧自生固氮菌活性明显提高，好氧自生固氮菌活性略有增大，而解磷细菌活性显著下降。不同施氮量处理与不同密度处理间，微生物活性差异明显，处理间差异表现最大的是厌氧自生固氮菌活性，其在 $N_1$ 和 $N_2$ 条件下以 $M_1$ 方式处理最高，而在 $N_3$ 和 $N_4$ 条件下又以 $M_1$ 方式处理最低；硝化细菌活性在处理间的差异亦相当明显：$N_1$ 条件下，$M_3$ 处理硝化细菌活性是 $M_2$ 和 $M_1$ 的 3 倍左右；$N_2$ 条件下，$M_2$ 方式处理硝化细菌活性为 $M_1$ 和 $M_3$ 方式处理的 48 ~ 72 倍；$N_3$ 条件下，$M_3$ 处理硝化细菌活性是 $M_2$ 的近 3 倍，是 $M_1$ 处理的 146 倍；在 $N_4$ 条件下，以 $M_3$ 最高，分别是 $M_2$ 和 $M_1$ 处理的 2.5 ~ 6.3 倍。但根际土壤总微生物活性似随着施氮量的增多而下降，在不同密度处理间则无规律性变化（表 7–24）。

表 7–24　处理前与各处理成熟收割时的根际土壤微生物活性

| 处理 | 解钾细菌 /10³cfu | 解磷细菌 /10⁵cfu | 好氧自生固氮菌 /10³cfu | 厌氧自生固氮菌 /10⁵cfu | 硝化细菌 /10⁵cfu | 总微生物活性 /（mg·CO₂/d·g） |
|---|---|---|---|---|---|---|
| 处 理 前 | | | | | | |
| 土壤 | 1.76 | 1.49 | 2.95 | 0.65 | 11.35 | |
| 秧苗根际 | 6.29 | 9.98 | 9.57 | 62.60 | 8.63 | |
| 成熟收割时水稻根际微生物 | | | | | | |
| $N_1M_1$ | 21.22 | 0.25 | 9.60 | 409.75 | 10.86 | 6.03 |
| $N_1M_2$ | 35.76 | 1.02 | 9.21 | 68.05 | 12.6 | 6.06 |
| $N_1M_3$ | 29.92 | 1.39 | 9.13 | 234.55 | 34.86 | 9.36 |
| $N_1$ | 28.97 | 0.89 | 9.31 | 237.45 | 19.44 | 7.15 |
| $N_2M_1$ | 31.60 | 2.39 | 9.39 | 142.48 | 0.66 | 7.08 |
| $N_2M_2$ | 23.93 | 2.40 | 7.53 | 13.20 | 31.69 | 4.95 |
| $N_2M_3$ | 26.70 | 0.81 | 17.07 | 57.25 | 0.44 | 5.37 |
| $N_2$ | 27.41 | 1.87 | 11.33 | 70.98 | 10.93 | 5.80 |
| $N_3M_1$ | 29.63 | 0.64 | 19.73 | 91.60 | 0.152 | 5.53 |
| $N_3M_2$ | 30.79 | 1.06 | 6.08 | 331.60 | 8.73 | 4.61 |
| $N_3M_3$ | 29.45 | 1.60 | 5.75 | 343.25 | 22.23 | 6.47 |
| $N_3$ | 29.96 | 1.10 | 10.52 | 255.48 | 10.37 | 5.54 |
| $N_4M_1$ | 26.28 | 1.36 | 16.18 | 59.85 | 2.28 | 5.08 |
| $N_4M_2$ | 33.39 | 1.50 | 9.64 | 335.20 | 5.82 | 5.95 |
| $N_4M_3$ | 24.60 | 0.50 | 4.66 | 288.60 | 14.27 | 5.56 |
| $N_4$ | 28.09 | 1.12 | 10.16 | 227.88 | 7.46 | 5.53 |

　　至于在种植作物后各土壤微生物活性的改变则表现得不尽一致，有明显提高的（解钾细菌和厌氧自生固氮菌），有略有提高的（好氧自生固氮菌），也有下降的（解磷细菌）。和乳熟期相比，黄熟期总微生物活性均显著下降，不同施氮处理间、不同密度处理间表现一致。而总微生物活性的下降幅度与施氮量和密度有关：不同施氮量间一般以 $N_3$ 处理下降幅度最大，其次是 $N_4$，$N_1$ 处理下降幅度最小；不同密度间一般下降幅度表现 $M_1 > M_2 > M_3$ 趋势（表 7–25）。

表 7–25　不同处理乳熟期和成熟期根际总微生物活性活性比较

| 生育时期 | 处理 | 总微生物活性 /mgCO₂/d·g | 处理 | 总微生物活性 /mgCO₂/d·g | 处理 | 总微生物活性 /mgCO₂/d·g | 处理 | 总微生物活性 /mgCO₂/d·g |
|---|---|---|---|---|---|---|---|---|
| 乳熟期 | $N_1M_1$ | 18.26 | $N_2M_1$ | 19.51 | $N_3M_1$ | 20.37 | $N_4M_1$ | 18.26 |
| | $N_1M_2$ | 18.78 | $N_2M_2$ | 13.87 | $N_3M_2$ | 16.17 | $N_4M_2$ | 16.35 |
| | $N_1M_3$ | 12.01 | $N_2M_3$ | 14.07 | $N_3M_3$ | 16.94 | $N_4M_3$ | 15.76 |
| | $N_1$ | 16.35 | $N_2$ | 15.82 | $N_3$ | 17.83 | $N_4$ | 16.79 |
| 黄熟期 | $N_1M_1$ | 6.03 | $N_2M_1$ | 7.08 | $N_3M_1$ | 5.53 | $N_4M_1$ | 5.08 |
| | $N_1M_2$ | 6.06 | $N_2M_2$ | 4.95 | $N_3M_2$ | 4.61 | $N_4M_2$ | 5.95 |
| | $N_1M_3$ | 9.36 | $N_2M_3$ | 5.37 | $N_3M_3$ | 6.47 | $N_4M_3$ | 5.56 |
| | $N_1$ | 7.15 | N1 | 5.8 | $N_3$ | 5.54 | $N_4$ | 5.53 |

## 1.3　小结与讨论

（1）综合来看，以 $N_3$（270 kg/hm²）$M_3$（20 cm×26.6 cm）方式处理产量最高，实际产量达 10.9 t/hm²；千粒重随着施氮水平提高而下降，各施肥处理间千粒重差异显著，但同一施肥处理下，不同密度之间差异极小；有效穗数以 $N_3M_3$ 方式处理最多，达 283.1 万 /hm²。施氮水平对超级杂交稻产量形成的影响，在较低施氮水平下表现为对穗数的影响，但在较高施氮水平下主要表现为对每穗粒数的影响。

（2）不同施氮处理间的地上部干物质积累差异，随生育进程的推进而逐渐加大，施氮处理对光合产物累积的影响主要表现在中后期；随着施氮量增加，LAI 逐渐增大，同一施氮水平下，随密度增加，LAI 增加，颖花数也相应增加，但粒叶比呈减少趋势。

（3）施氮与密度影响株叶形态：施氮水平最高移栽密度最稀的 $N_4M_1$ 处理的株高最高；倒 3 叶与垂直穗轴的夹角，施氮水平间有显著差异，但同一施氮水平下，不同密度处理间，无显著差异；倒 2 叶与垂直穗轴的夹角，施氮水平间无显著差异，密度处理间的差异显著性与施氮水平有关；倒 1 叶与垂直穗轴的夹角，$N_1$ 处理与 $N_2$、$N_3$、$N_4$ 处理间有显著差异，$N_1$、$N_4$ 水平下不同密度处理间，也无显著差异。

（4）分蘖期叶片 SPAD 值随着施氮水平的上升而增大；齐穗期多数施氮处理 SPAD 值大于不施氮处理，但 3 个施氮处理表现随施氮量水平上升，SPAD 值反而减小的趋势；密度与 SPAD 值没有明显相关性。光合速率随施氮水平提高而显著增加，而与密度无显著相关性。

（5）水稻根系活力随着水稻的生长发育，有降低的趋势；施氮量和密度对水稻根系活力均无显著影响；施氮量明显影响根系的分层分布，而密度对之影响不明显。施氮量明显影响幼穗分化期水稻根系分泌 IAA 与 ABA 的量，4 个施氮水平间呈现出：$N_2 > N_1 > N_3 > N_4$ 趋势，而密度对根系激素的分泌影响甚微。

（6）随着氮、磷、钾肥用量的增加，水稻植株的氮、磷、钾吸收量增多，而植株含氮量、含磷量、含钾量与密度没有明显的关系。

（7）水稻根际微生物好氧自生固氮菌的含量在整个生育期内呈现出固有规律，即先升后降再升的变化趋势，而施氮量与密度对根际微生物好氧自生固氮菌的含量存在较明显的影响；不同施氮处理间根际微生物厌氧自生固氮菌的含量的变化趋势差异显著，且密度对水稻根际微生物厌氧自生固氮菌的含量存在明显影响。

（8）水稻根际微生物解磷细菌的含量在不同施氮水平、不同密度处理之间变化趋势存在差异；水稻根际微生物解钾细菌的含量，$N_1$ 处理整个生育期呈持续上升趋势，而 $N_2$、$N_3$ 和 $N_4$ 处理以乳熟期为界前升后降；种植作物后各土壤微生物活性的改变表现不一致，有明显提高的（解钾细菌和厌氧自生固氮菌），有略有提高的（好氧自生固氮菌），也有下降的（解磷细菌）；和乳熟期比较，黄熟期总微生物活性均显著下降，不同施氮处理间、不同密度处理间表现一致。而总微生物活性的下降幅度与施氮量和密度有关。

## 2 固氮解钾等微生物量的变化与超级杂交稻产量的关系研究

土壤微生物既是土壤有机物与难溶于水的无机物转化的执行者，又是植物营养元素的活性库，水稻根系与土壤微生物的种群数量直接关系到水稻土壤中有机质的分解和矿质元素的转化，这影响水稻对营养元素的吸收和利用。微生物活性高低可以代表土壤中物质代谢的旺盛程度，在一定程度上反映作物对营养物质的吸收利用和生长发育状况等，这也是土壤肥力的一个重要指标；提高土壤有益微生物活性能够促进植物生长，防治和减轻病虫危害，增加作物产量[203,204]。近年来，许多学者对不同作物的土壤微生物的数量和组成进行了研究[205–208]。

微生物肥料是指一类含有活性微生物的特殊制剂，它应用于农业生产中能获得特定的肥料效应。在这种效应的产生过程中，只有集中的活性微生物发挥着关键作用。微生物肥料施入土壤以后，利用微生物的生命活动将空气中的惰性氮素转化为作物可直接吸收的离子态氮素，将土壤中难溶的无机物变成可溶性的无机物，增加土壤中的肥效。不仅增加土壤中的大量有效氮、磷、钾的含量，而且将增加植物需要的各种微量元素，将作物不能从土壤中直接利用的物质转化为可被吸收利用的物质，制造和协助农作物吸收营养，改善作物营养条件，抑制减少病原菌等有害微生物的生长，增强作物抗病抗旱能力；土壤中大量有益微生物的活动使土壤有机质更快地增加和形成腐殖质，加速土壤团粒结构的形成，提高土壤肥力，改善土壤理化性状，增强土壤保肥保水能力，同时，某些微生物具有降解有毒物质的能力，从而提高作物的产量和品质。微生物分解有机质形成腐殖质并释放养分，且同化土壤碳素和固定无机营养形成微生物生物量，由于微生物体自身含有碳、氮、磷、硫等各种元素，是土壤有效养分的贮备库。土壤微生物参与土壤 C、N、P、S 等元素的循环过程和土壤矿物的矿化过程[209]。在微生物作用下，有机养分不断分解转化成植物可吸收利用的有效养分，同时释放出被土壤固定的养分。微生物在旺盛生命活动过程中降解生物能源物质而产生各种酸类物质，具有保护土壤有效磷，转化难溶性磷的作用，也可提高各类土壤有效磷含量，从而增强土壤供磷能力。土壤有效磷含量随微生物的增加而增加，难溶性无机磷转化强度随磷细菌增加而增加。微生物还能固定土壤中已流失的养分。微生物生物量能反映土壤中能量循环、养分转移和运输速率以及有机物质转化所对应微生物数量，在区别长期和短期土壤处理方面非常敏感，不受无机氮直接影响，常被用于土壤生物学性状[210]。土壤生态系统功能主要由土壤微生物机制所控制，土壤微生物能帮助植物适应养分胁迫环境，改善土壤养分的吸收利用[211]；土壤微小变动均引起土壤微生物多样性变化[212]，并与土壤生态稳定性密切相关[213]，在能够精确测定土壤有机质变化之前，微生物群体动态是土壤微妙变化的最好证明。土壤是有生物活性的类生物体，具有复杂的生命现象和特殊的代谢过程，其新陈代谢过程由生化反应实现，微生物生命活动是推动土壤中各种生化反应的动力。有机质是微生物营养和能量的主要来源，土壤微生物活性严格受土壤营养有效性限制，土壤中不同类群微生物利用不同有机质作营养及能量来源，其有机无机产物可供其他微生物利用，故土壤微生物能较早预测土壤有机质的变化过程，被作为土壤质量的灵敏指标[214]。微生物在农业生产中的重要作用是不言而喻的。

施用化肥导致土壤结构恶化、肥力下降、农产品品质低、农业生产成本上升，对生态环境造成威胁，建立合理的施肥制度，促进土壤良性生态循环提供科学依据。无机 N、P、K 和 FYM（有机肥）、CON（对照，不施肥）处理相比，FYM（有机肥）处理的有机碳和总氮吸收远远比另两种要高。实验进一步发现，用 FYM 施肥处理过的土壤中，微生物中的碳和酶活性大大提高。表明有机肥有利于土壤有益微生物的生长形成，无机 N、P、K 在一定条件下抑制微生物的生长[215]。近年来，世界农业出现的土地资源退化和农业生态环境恶化等问题使人们更加关注生态系统变化的研究，其中土壤微生物因其在养分持续供给、肥料有效利用、有害生物综合防治及土壤保持起着重要作用，已越来越受到人们的关注。近年来已日益关注用土壤微生物参数来估计土壤的健全性和质量。通过对稻田中土壤微生物和施肥的效果来探讨不同施肥条件下土壤微生物的数量变化及与土壤肥力和产量的关系，为获得作物稳产高产的土壤生态环境提供指导。由于微生物活性、土壤中可被微生物利用而不能被植物利用的物资不确定。因此，我们在试验过程中，通过加入不同组成的无机肥进行对比试验。将微生物肥料当作一种辅助肥料，试图通过试验揭示微生物肥料的最大肥效、微生物肥料与无机肥料的最适量比关系，在此我们主要是通过它们与产量的对应关系来显示。由于时间关系，我们还没来得及研究有机肥对土壤微生物的影响及和产量的关系。

## 2.1 材料和方法

### 2.1.1 大田实验区

本实验供试土壤湖南杂交水稻研究中心试验基地，土壤条件同本章试验 1。

### 2.1.2 大田实验设计

供试品种、施肥水平、移栽密度和试验管理同本章试验 1，田间试验排列如表 8–26 所示。主处理微生物菌肥 2 水平：$W_1$（加），$W_2$（不加）；密度设 3 水平：$M_1$（33.3 cm × 33.3 cm）；$M_2$（26.6 cm × 26.6 cm）；$M_3$（26.6 cm × 20 cm）；肥料 4 水平：$N_1$（0），$N_2$（低氮，135 kg/hm²）；$N_3$（中氮，270 kg/hm²）；$N_4$（高氮，405 kg/hm²）；基蘗肥：穗粒肥 =6：4；N、P、K 施肥如下：按 N：P：K 为 1：0.5：0.8 计。

副处理为超级稻组合 A（两优 293）、B（双 8S/0293）。小区面积：16 m²。

### 2.1.3 取样与测定

在水稻生长周期中的分蘗期、圆杆拔节期、孕穗期、齐穗期、乳熟期和黄熟期等期进行了取样，取样时在田间试验小区中取三处有代表性的根际土，深度为 0 ~ 20 cm，土样取回后马上测定。

测定方法：微生物总活性采用碱吸收滴定法；好氧自生固氮菌采用阿须贝无氮琼脂平皿法；厌氧自生固氮菌采用无氮培养基稀释法；硝化细菌采用改良的斯蒂芬逊培养基稀释法；反硝化细菌采用葡萄糖硝酸钾稀释法；磷细菌采用蒙吉娜卵磷脂培养法；钾细菌采用铝硅酸钾琼脂培养法。

**表 7–26　田间试验排列如下**

| 施菌肥重复 Ⅰ | | |
|---|---|---|
| $N_3M_1$ | $N_2M_1$ | $N_1M_1$ |
| $N_4M_1$ | $N_1M_2$ | $N_2M_2$ |
| $N_1M_3$ | $N_4M_2$ | $N_3M_2$ |
| $N_2M_3$ | $N_3M_3$ | $N_4M_3$ |
| 不施菌肥重复 Ⅰ | | |
| $N_3M_1$ | $N_2M_1$ | $N_1M_1$ |
| $N_4M_1$ | $N_1M_2$ | $N_2M_2$ |
| $N_1M_3$ | $N_4M_2$ | $N_3M_2$ |
| $N_2M_3$ | $N_3M_3$ | $N_4M_3$ |
| 施菌肥重复 Ⅱ | | |
| $N_3M_1$ | $N_2M_1$ | $N_1M_1$ |
| $N_4M_1$ | $N_1M_2$ | $N_2M_2$ |
| $N_1M_3$ | $N_4M_2$ | $N_3M_2$ |
| $N_2M_3$ | $N_3M_3$ | $N_4M_3$ |

续表

| 不施菌肥重复 Ⅱ | | |
|---|---|---|
| $N_3M_1$ | $N_2M_1$ | $N_1M_1$ |
| $N_4M_1$ | $N_1M_2$ | $N_2M_2$ |
| $N_1M_3$ | $N_4M_2$ | $N_3M_2$ |
| $N_2M_3$ | $N_3M_3$ | $N_4M_3$ |

2.1.4 数据处理 在 DPS 数据处理软件平台[131]上进行数据处理分析。

## 2.2 结果和讨论

2.2.1 不同生长时期乳熟期和黄熟期对微生物总活性的影响

从表 7–27 可以看出，无论氮、磷、钾的量如何变化，乳熟期和黄熟期的微生物总活性的变化趋势是相似的，由于在乳熟期内，新陈代谢旺盛，需要合成大量营养物资，因此水稻必须从土壤中吸收大量氮、磷、钾等物质，这样，根部周围的氮、磷、钾含量减少，从而促使微生物恢复活性，甚至增加微生物数量，以形成更多能被水稻吸收利用的氮、磷、钾，因此，微生物活性普遍较大；进入黄熟期，随着水稻所需营养成分的减少，土壤中氮、磷、钾处于相对饱和平衡状态，微生物活性逐渐减少。因此，乳熟期的平均微生物活性比黄熟期要大得多。同时，从表中可以看出，不管是乳熟期还是黄熟期其总的变化趋势基本上是：随着氮、磷、钾施用量的增加，微生物活性反而减小，这与 Livia Bohme 等的试验结果相符。

表 7–27  不同处理对水稻乳熟期和黄熟期微生物总活性的影响    $mgCO_2/d \cdot g$

| 菌肥、密度处理 | 乳熟期 N 肥处理 | | | | 黄熟期 N 肥处理 | | | |
|---|---|---|---|---|---|---|---|---|
| | $N_1$ | $N_2$ | $N_3$ | $N_4$ | $N_1$ | $N_2$ | $N_3$ | $N_4$ |
| $W_1M_1$ | 18.25 | 21.64 | 21.30 | 18.80 | 7.49 | 7.19 | 5.62 | 4.82 |
| $W_1M_2$ | 17.70 | 10.36 | 14.45 | 14.01 | 5.35 | 3.58 | 4.27 | 5.94 |
| $W_1M_3$ | 17.85 | 13.49 | 15.49 | 14.81 | 6.05 | 4.49 | 4.77 | 4.77 |
| $W_2M_1$ | 18.26 | 17.37 | 19.43 | 17.71 | 4.56 | 6.97 | 5.44 | 5.33 |
| $W_2M_2$ | 19.85 | 17.37 | 17.88 | 18.68 | 6.76 | 6.31 | 4.95 | 5.96 |
| $W_2M_3$ | 16.16 | 14.64 | 18.38 | 16.71 | 12.67 | 6.24 | 8.21 | 6.45 |

## 2.2.2　好氧自生固氮菌在不同施氮量条件下的变化

表 7-28　不同生育时期水稻根际土壤中好氧自生固氮菌的变化　　$10^3$ cfu

| 生育时期 | N 肥处理 | | | |
| --- | --- | --- | --- | --- |
| | $N_1$ | $N_2$ | $N_3$ | $N_4$ |
| 分蘖期 | 1.53 | 0.74 | 7.06 | 7.15 |
| 圆杆拔节期 | 14.78 | 7.36 | 14.82 | 3.96 |
| 孕穗期 | 14.85 | 1.17 | 3.92 | 6.9 |
| 齐穗期 | 1.81 | 7.11 | 17.29 | 16.73 |
| 乳熟期 | 7.01 | 3.81 | 3.86 | 1.48 |
| 黄熟期 | 13.12 | 12.43 | 33.34 | 19.32 |

注：氮磷钾不断增加而 $W_1M_1$ 不变。

从表 7-28 我们可以看出，在 $W_1M_1N_1$ 情况下，不同时期的好氧自生固氮菌呈现出一定的变化规律，即由小变大，再变小，再由小变大，其原因应该是：水稻从分蘖期开始，经圆秆拔节期和孕穗期，随着生物量的增加，需氮量也不断增加，由于土壤中可被水稻利用的氮量有限，从而刺激固氮菌通过固氮来加以补充；随着所施氮的量的增加，其变化规律呈现小大、小大再小大，分析可能是随着土壤中氮的含量的增加，导致土壤中可利用的氮增加，某种条件下，好氧自生固氮菌和可利用的氮存在一种动态平衡，可利用的氮一旦减少到某种程度，好氧自生固氮菌即可加以补充。不过需要说明的是：黄熟期的菌量，可能受到土壤中水分的影响，因为黄熟期时，田里含水量减少。我们还通过对比试验发现，在其他条件不变的情况下，相同土壤，在表面有 1 cm 深的积水的稀泥中的好氧自生固氮菌的量比含水量为 25% 左右的土壤要少几倍，甚至少一两个数量级。因此，黄熟期的微生物量较乳熟期大幅增加是土壤水分条件的变化所致。

## 2.2.3　厌氧自生固氮菌在不同施氮量条件下的变化

随着氮、磷、钾施量的不同，不同时期厌氧自生固氮菌数量也呈现出一定的变化规律，这也是土壤中水稻可用氮磷钾量和不同时期水稻吸收氮、磷、钾量的综合作用而形成的，从而我们可以看出在不同时期追施或不施氮、磷、钾

肥有其重要意义（表 7–29）。（注：表中数据有的奇高、奇低，其原因待进一步研究，可能系测定误差）

表 7–29　$W_1M_2$ 处理不同生育时期不同施氮量根际土壤中厌氧自生固氮菌的变化 $10^5$ cfu

| 生育时期 | 氮肥处理 | | | |
| --- | --- | --- | --- | --- |
| | $N_1$ | $N_2$ | $N_3$ | $N_4$ |
| 分蘖期 | 0.41 | 0.48 | 0.72 | 15.64 |
| 圆秆拔节期 | 0.4 | 1.18 | 0.39 | 0.69 |
| 孕穗期 | 39.87 | 37.67 | 7.05 | 3.83 |
| 齐穗期 | 7.07 | 2.32 | 4.56 | 46.27 |
| 乳熟期 | 15.47 | 16.18 | 15.01 | 1.44 |
| 黄熟期 | 0.34 | 0.56 | 60.18 | 60.79 |

2.2.4　分蘖期解磷细菌量在不同施肥水平和密度条件下的比较

表 7–30　不同处理对分蘖期土壤中解磷细菌量的影响　$10^5$ cfu

| 菌肥、密度处理 | 氮肥处理 | | | |
| --- | --- | --- | --- | --- |
| | $N_1$ | $N_2$ | $N_3$ | $N_4$ |
| $W_1M_1$ | 2.65 | 2.14 | 5.49 | 1.27 |
| $W_1M_2$ | 2.73 | 18.30 | 12.77 | 13.17 |
| $W_1M_3$ | 0.88 | 5.53 | 0.27 | 5.00 |
| $W_2M_1$ | 0.32 | 1.29 | 0.15 | 0.26 |
| $W_2M_2$ | 1.30 | 0.10 | 0.33 | 1.36 |
| $W_2M_3$ | 0.25 | 1.26 | 0.33 | 0.57 |

从表 7–30 可以看出，在其他条件一样的情况下，水稻分蘖期解磷细菌量因菌肥的使用而明显增加，说明施用菌肥有利于土壤有益微生物的增加和有害微生物的减少；这样更有利于保证水稻吸收更多的营养，同时也有利于稻田生态系统的良性发展，从而保证后续各期的水稻有可能获得更丰富的营养，为作物的稳产高产创造条件。

2.2.5　施菌与不施菌条件下解钾细菌在水稻不同生育时期间的变化

解钾细菌不论是在何期，在施菌和不施菌的情况下，它们的表观数量基本一样；一般情况下，施用无机肥后，解钾细菌数量最少，随着无机钾肥的数量减少，菌体数量也在一定程度增加，但变化量不大；一般情况下，解钾细菌数量随生育时期的推进而增多，乳熟期与黄熟期，解钾细菌数量基本相等（表7–31）。表明稻田中施用了钾肥后，施用菌肥不能获得相应的效果。其原因还有待进一步分析。

表 7–31 不同处理不同生育时期土壤中解钾细菌的变化　　　　　$10^3$ cfu

| 菌肥、密度处理 | 生育时期 | 氮肥处理 | | | |
|---|---|---|---|---|---|
| | | $N_1$ | $N_2$ | $N_3$ | $N_4$ |
| $W_1M_1$ | 分蘖期 | 9.22 | 5.11 | 8.21 | 4.98 |
| | 圆秆拔节期 | 4.45 | 2.49 | 13.26 | 7.13 |
| | 孕穗期 | 17.97 | 9.36 | 18.81 | 25.31 |
| | 齐穗期 | 22.39 | 23.39 | 18.07 | 20.53 |
| | 乳熟期 | 25.7 | 32.79 | 30.85 | 38.48 |
| | 黄熟期 | 25.55 | 30.11 | 30.01 | 25.12 |
| $W_2M_1$ | 分蘖期 | 3.40 | 5.81 | 3.96 | 3.51 |
| | 圆秆拔节期 | 10.15 | 9.38 | 8.68 | 9.59 |
| | 孕穗期 | 13.52 | 21.75 | 14.39 | 15.56 |
| | 齐穗期 | 18.08 | 20.42 | 14.45 | 13.58 |
| | 乳熟期 | 29.76 | 31.12 | 26.49 | 27.17 |
| | 黄熟期 | 16.88 | 33.08 | 29.25 | 27.43 |

### 2.2.6 施菌肥与不施菌肥条件下水稻产量的变化

不施肥条件下，使用菌肥的产量比不施菌肥的产量明显要高，说明菌肥能有效利用土壤地力和微生物资源，从而促进产量提高。在低肥下，使用菌肥效果不是很明显，似与前者有矛盾；中肥条件下，使用菌肥效果明显；高肥条件下，菌肥的增产效果也不明显。整体来看，菌肥的增产效果一般（表7–32）。这说明我们的菌肥配方及施肥方法还要进一步改进和完善，这只是一年的试验初步结果，有关试验研究还应进一步深入下去。

表 7-32　不同处理对水稻产量的影响　　　t/hm²

| 菌肥、密度处理 | 氮肥处理 | | | |
|---|---|---|---|---|
| | $N_1$ | $N_2$ | $N_3$ | $N_4$ |
| $W_1M_1$ | 8.22 | 10.08 | 10.30 | 8.52 |
| $W_1M_2$ | 8.55 | 9.42 | 10.60 | 9.10 |
| $W_1M_3$ | 8.52 | 9.80 | 10.90 | 8.80 |
| $W_2M_1$ | 7.31 | 9.76 | 9.80 | 8.10 |
| $W_2M_2$ | 7.90 | 9.30 | 9.96 | 8.79 |
| $W_2M_3$ | 7.65 | 9.46 | 10.09 | 8.22 |

## 2.3　小结

2.3.1　微生物活性随氮、磷、钾施用量增加而降低，乳熟期的平均微生物活性高于黄熟期；

2.3.2　各种施氮条件下，好氧自生固氮菌在整个生育期内呈现"小—大—小—大"的趋势；

2.3.3　厌氧自生固氮菌数量在整个生育期内呈现起伏变化趋势，施氮量处理间差异明显；

2.3.4　水稻分蘖期解磷细菌量因菌肥的使用而明显增加；

2.3.5　解钾细菌数量随生育时期的推进而增多，乳熟期与黄熟期，解钾细菌数量基本相等，且解钾细菌数量不因施钾肥而增加；

2.3.6　本研究所配菌肥在不施肥和中肥条件下，有一定增产效果。有关研究需要进一步深入。

# 第八章　亩产过 900 千克的超级杂交稻根际微生物特点及高产栽培

　　2012 年攻关片位于溆浦县横板桥乡兴隆村祥元田垅，面积为 106.68 亩。该示范区域海拔在 510 ~ 520 m，属亚热带季风气候，全年平均气温 16.2℃，无霜期 254 d 左右，全年 ≥ 10℃活动积温达 5220℃左右，全年 ≥ 10℃始日到 ≥ 20℃终日间隔天数为 172 d 左右，年太阳辐射总量为 104.4 千卡 /m² 左右，年日照时数 1445 小时左右。示范区域呈南北走向，土壤以花岗岩呈土母质发育的麻沙泥为主，耕作层较深，土壤有机质较丰富。地势平缓、开阔，水利方便，属稻 – 油两熟制。所种油菜全部杀青作绿肥。通过采取土地流转方式把土地集中，由吴伟传等 9 户种田能手承包种植管理[216-218]。

　　攻关组合为 Y 两优 8188，不仅产量高，而且病虫害得到有效预防和控制，前期早生快发低位分蘖多，中期植株稳健生长成穗率高，后期落色好结实率高。有效穗数 312.30 万 ~ 343.35 万 /hm²，每穗总粒数 167.1 ~ 185.6 粒，每穗实粒数 162.8 ~ 176.9 粒，结实率 94.2% ~ 97.4%，千粒重 28.6 g，株高 125.92 cm，穗长 27.28 cm。2012 年 9 月 20 日经农业厅组织武汉大学、湖南省水稻研究所、湖南师范大学、湖南农业大学、湖南省农业厅粮油局等单位的专家现场实收测产，随机抽取三丘田，加权平均单产达 13.77 t/hm²。

## 1　产量及土壤微生物分析

### 1.1　细菌数量的变化

　　根据检测数据，我们发现，稻谷长势较好的稻田通常细菌数量较多，长势

表 8-1　产量及构成因素

| 检测丘块 | 每亩有效穗 /万 | 每穗总粒数 /粒 | 结实率 /% | 千粒重 /g | 理论产量 /（kg/mu） | 实际产量 /（kg/mu） |
|---|---|---|---|---|---|---|
| 一号 | 19.9 | 178.36 | 99.4 | 28.0 | 987.9 | 916.01 |
| 二号 | 20.8 | 179.74 | 97.5 | 28.05 | 1022.5 | 942.2 |
| 三号 | 19.8 | 185.23 | 92.1 | 28.2 | 952.5 | 894.96 |

表 8-2　土壤检测

| 检测丘块 | pH | 全氮（N，g/kg） | 全磷（P，g/kg） | 全钾（K，g/kg） |
|---|---|---|---|---|
| 一号 | 5.8 | 2.46 | 1.04 | 29.2 |
| 二号 | 5.3 | 2.88 | 0.61 | 24.0 |
| 三号 | 5.5 | 2.20 | 0.70 | 25.7 |

差的稻田细菌有所减少；随着禾苗的生长，分蘖中后期开始，细菌群落数量有所减少，而细菌总量有所增加，这些细菌主要是厌氧和兼性厌氧细菌，它们的多少对稻田的整个生态系统也有一定的影响；从这个时期开始，有益细菌为优势群落，主要是它们中的一部分菌群分泌代谢终产物，这些产物对水稻、其他微生物和稻田微生态系统中的动物产生影响；一部分菌群通过拮抗作用影响其他微生物。因此，同一块田，随着水稻的生长，细菌特别是有益细菌增加（灌浆后期细菌数量、种类基本又会慢慢回复到栽种前期，前提是条件基本相同，因为条件不同，微生物的种类数量变化会有很大变化），同时，它抑制真菌和某些放线菌的发展变化。

表 8-3　根际土壤微生物

| 检测 丘块 | 细菌 /（×10^4 cfu/g） | 真菌 /（×10^2 cfu/g） | 放线菌 /（×10^3 cfu/g） | 硝化细菌 /（×10^4 cfu/g） | 反硝化 细菌 /（×10^5 cfu/g） | 甲烷细菌 /（×10^3 cfu/g） | 厌氧纤维 素分解菌 /（×10^3 cfu/g） | 自生固 氮菌 /（×10^2 cfu/g） | 磷细菌 /（×10^4 cfu/g） |
|---|---|---|---|---|---|---|---|---|---|
| 一号 | 125.7 | 38.07 | 190.17 | 9.33 | 36.79 | 22.35 | 11.42 | 1.12 | 1.25 |
| 二号 | 154.25 | 37.39 | 191.65 | 13.59 | 36.55 | 34.74 | 7.43 | 0.15 | 2.13 |
| 三号 收割期 | 181.27 | 38.63 | 251.1 | 18.68 | 27.87 | 41.77 | 17.17 | 0.14 | 2.42 |
| 三号幼穗 分化期 | 75.19 | 19.06 | 263.96 | 39.71 | 68.31 | 15.56 | 40.11 | 44.21 | 9.55 |

## 1.2 真菌

禾苗长势较好的稻田通常真菌数量稍少，长势较差的稻田数量反而有所增加，与细菌的变化趋势相反，这与真菌的微生态环境和营养环境有一定的相关性；同一块稻田里不同时期，真菌随着禾苗的生长，数量上有所增加，随之又有所减少,这与整个微生态的变化有一定关联。刚开始阶段,由于稻田刚刚耕作，各种有机营养物质的存在，给真菌的生长繁殖带来了物质条件，从而导致真菌在数量上有所增加。它们的存在在某种意义上给作物提供了一定的营养，随着有机物的减少，细菌的增加，及其他条件的影响，真菌的数量群落有所下降，同样，灌浆后期真菌数量、种类又会慢慢得以回复（只要条件相同，其数量基本可以得到恢复）。

## 1.3 放线菌

放线菌在长势较好和长势较差稻田的变化与细菌相类似，这可能与放线菌的生理生化特点有一定的关系；同一块田里不同时期，放线菌的变化规律与真菌有些类似，初始时数量有增加的趋势，后又有所减少，最后慢慢得以回复。以上可以看出，放线菌的变化与真菌、细菌的变化有相似和不同的地方，其实这与放线菌的功能特点是有关的。在有机物质较多的条件下，放线菌和真菌一样可以通过降解有机物获得营养，快速进行代谢和繁殖，这时放线菌种群数量将增加；同时，部分放线菌通过代谢作用，释放一些代谢产物，刺激水稻生长、发育、繁殖和营养吸收，可有效提高作物产量。

## 1.4 硝化细菌

从检测的数据来看，对不同处理水平的稻田来说，通常长势较好的区块，由于氨氮水平高，硝化细菌数量也相对要高一些。从同一块田的变化来看，先是升高，然后降低，再慢慢回复到原来的水平。随着土壤营养条件的变化，硝化细菌也随之发生数量上的改变，从而适应土壤中营养转变的需求。硝化细菌在土壤营养循环中具有重要作用，对保持土壤中氮营养具有重要意义。

## 1.5 反硝化细菌

从检测的数据来看，反硝化细菌的变化规律与硝化细菌的变化相反，从本质上来说，它们也确实是一个相反的代谢过程。在种植上，反硝化细菌从对氮循环的结果来考虑的话，我们通常认为它是一种有害微生物，它在氮的流失上产生重要影响。

## 1.6 甲烷细菌

甲烷细菌是一种严格的厌氧细菌，从检测的结果来看，① 不同处理水平的稻田，通常长势好的稻田甲烷细菌数量要多，长势较差的稻田，甲烷细菌数量要少。分析：是由于不同处理的稻田含有的有机质的量不同，长势好的田里有机质含量高，甲烷细菌在利用有机质营养的同时，释放出大量供水稻利用的营养，加快水稻生长，另一方面，部分甲烷细菌还能通过代谢产物产生大量刺激水稻生长的生长激素，更有利于加快水稻生长、繁殖。② 同一块稻田，不同时期的甲烷细菌的变化规律，通常是少、多、少这样一个变化。分析：这与甲烷细菌的生长环境有较大的相关性，随着水田的翻耕与施肥，土壤中有机营养成分增加，同时，由于甲烷细菌的厌氧微生物，随着水田中水的保持，更加适宜甲烷细菌的生长、发育、繁殖，因此，甲烷细菌数量不断增加；其次，在水稻吸收营养、生长繁育的同时，其不断排出代谢有机废物，土壤表层沉积，内部土壤氧含量更低，更有助于甲烷细菌的发育、代谢，一些代谢产物具有营养和激素作用，加快水稻生长、发育，提高水稻产量。

## 1.7 厌氧纤维分解菌

这也是一种厌氧型细菌，主要是用来表明稻田中厌氧纤维素分解菌的分解能力，检测结果表明，(1) 不同处理条件：它与土壤中纤维素含量有一定关系，通常土壤中纤维素含量越高，该菌也较高；它的代谢产物与水稻的生长特性具有一定的关联，该菌越多水稻长势通常也较好，水稻更强壮、产量更高。(2) 同一处理不同时期：随着水稻的生长，其菌量将有所下降，它的数量的大小一定程度反映水稻长势。在氮、磷、钾处理一定的条件下，一般纤维素分解菌数量越高，长势越好。

## 1.8 自生固氮菌

我们检测的是好氧自生固氮菌，该菌数量的多少受多种因素的影响，如土壤中氮素水平、整体的土壤菌群结构、氧化还原电位等具有较大的相关性。i. 不同处理：一般土壤中水稻长势好、氮素含量高，可能好氧自生固氮菌要低一点，水稻长势先期较好、后期土壤含氮水平低自生固氮菌也可能高。分析：速效氮含量对固氮菌有影响。ii. 同一处理不同时期：随着土壤氮素水平趋于稳定，一般自生固氮菌有先上升、后下降的趋势。分析：与 i 相似。

### 1.9 磷细菌

该菌也与土壤中待分解有机质含量、土壤中磷水平高低有一定关系。检测结果表明，（1）不同处理：一般水稻长势较好的处理，磷细菌数量较高。分析：这可能与土壤中有效磷的含量有关。（2）同一处理不同时期：磷细菌数量先是较稳定，后有不断下降的趋势。分析：这也可能与速效磷含量、水稻需求量减少及土壤条件有关。

从微生物检测数据来看，土壤微生物的量与土壤无机环境、有机质含量、pH、微生物组成等因子有较大的相关性，从微生物组成成分分离上看，整体趋势是长势较好的稻田，微生物群落数量有减少趋势，有益微生物数量有上升趋势；另外，要说明的是相同土壤不同含水量，微生物量也有很大的不同。

## 2 栽培管理措施

在攻关过程中，我们的栽培管理主要围绕"培育好壮秧、精准施好"四肥"、规范化移栽、湿润好气灌溉、科学防治病虫害"等措施来争取实现足苗、多穗、大穗与较大粒重的攻关目标。

### 2.1 培育好壮秧

采取两段育秧方式来培育壮秧，于 4 月 11 日播种旱育小苗。4 月 23—24 日寄插小苗，每蔸寄插 2 ～ 3 粒谷。每亩秧田施袁氏超级稻专用肥 40 kg，土壤酶修复剂 100 kg，土壤胶体修复剂 300 kg。寄插后 3 ～ 4 d，每亩追施尿素 4 ～ 6 kg。在秧田期主要重点防治稻蓟马、稻秆潜蝇、稻飞虱、二化螟、稻瘟病。移栽时，秧苗粗壮，白根多，无病虫害。

### 2.2 精准施好"四肥"

根据亩产 900 kg 稻谷的需肥量，除了土壤中可利用的养分，每亩需要施足 N 20 ～ 25 kg，$P_2P_5$ 10 ～ 12 kg，$K_2O$ 25 ～ 30 kg，N∶$P_2P_5$∶$K_2O$=1∶0.5∶1.2。按照这个用肥量合理施好底肥、促蘖攻苗肥、壮秆促花肥、壮胎保花壮籽肥。

（1）底肥：每亩施猪牛粪 500 ～ 750 kg，或腐熟菜枯 50 kg，袁氏超级稻专用肥 75 kg，土壤酶修复剂 30 kg，土壤胶体修复剂 130 kg。其中 60% 的袁氏超级稻专用肥，50 kg 腐熟菜枯和猪牛粪，土壤胶体修复剂结合翻犁全层深施；

土壤酶修复剂和40%的袁氏超级稻专用肥耙田时作面肥。

（2）促蘖攻苗肥，于5月25—26日，每亩追尿素5～8 kg、40%氯化钾10 kg。

（3）壮秆促花肥，晒田复水后，于7月2—4日，每亩追氯化钾10 kg，促茎秆长壮，形成大穗并提高成穗率。

（4）壮胎保花壮籽肥，于7月12—14日（幼穗分化四期中），每亩追施51%的三元复合肥6～10 kg，防止枝梗退化，攻大穗多粒。

## 2.3 规范化移栽

（1）做好田间布局，在稻田邻坎内侧留足2.4尺不插秧，用作开围沟，在稻田外侧邻田埂处留足1尺不插秧，充分发挥大田边际优势。

（2）统一行向、宽窄行密植

专人划行，统一顺东西向行向，栽插密度采取宽窄行，即（1.2+0.7）×6.3寸，每亩插足1.02万蔸。移栽叶龄为6.1～6.7叶，秧苗不洗不捆，原蔸移栽，每亩插足9万以上基本苗，于5月15日开始栽田，5月18日移栽完。

## 2.4 湿润好气灌溉

攻关片的水浆管理，除了在孕穗期保持深水层和施肥、打药时田间灌水层外，其余时间采取湿润灌溉的管水方法，即灌一次水，让其自然落干后再灌一层水，保持田间湿润即可。为了方便管水，对攻关片内的排灌渠道进行清淤疏通，插秧前围好排水渠，开好丰产沟，做到自立门户，防止串灌，减少肥水流失。采取"花花水"插秧，浅水分蘖发蔸，于6月5日，开始清沟落水露泥，从6月12日开始全面晒田控苗，直到6月底复水。达到了促进弱小分蘖生长、控制无效分蘖产生的目的。

## 2.5 科学防治病虫害

病虫防治是高产攻关田间管理工作的重中之重。秧田期主要病虫害有稻蓟马、稻秆潜蝇、稻飞虱、二化螟。大田期主要病虫害有稻飞虱、二化螟、稻纵卷叶螟、纹枯病、稻瘟病、稻曲病。在防治策略上采取统防统治。由驻村的农技人员与县植保站向仕前站长蹲点把关，搞好病虫害预报和防治技术指导。抓住各防治适期，使用阿维菌素、硕丰481、噻嗪酮、吡蚜酮、烯啶虫胺（金级高位）、爱苗、己唑醇、枯草芽孢杆菌、三环唑、富士一号、吡唑、醚菌酯（凯润）等高效长效低毒农药进行防治，取得了很好的防治效果。确保了整个示范片在今年稻飞虱、稻纵卷叶螟爆发及稻瘟病、纹枯病大流行的严峻形势下没有遭受到病虫危害。

# 第九章　超级稻不同生育期土壤细菌和古菌群落动态变化

我国水稻土分布广泛，面积约占世界水稻耕种面积的 1/4，占我国耕种面积的 25% 左右[219]。水稻作为最重要的粮食作物，一直被放在优先发展地位。在水稻与土壤系统中，土壤微生物是维系此系统健康与稳定的重要成员。水稻在不同生育期内对养分的需求不同，其生长过程实质是一个土壤—微生物—水稻相互作用的过程[220-221]。水稻及其根系生长代谢活动改变土壤理化性质，土壤性质又影响水稻及其根系的生长代谢，且两者相互作用，共同调控着土壤微生物群落结构和丰度的变化[222]；土壤微生物通过分解非根际土中几丁质和肽聚糖，再经菌根真菌供给作物吸收利用，从而影响作物生长[223-224]。同时，水稻根系分泌的氧气可以扩散到根际周围[225]，促进微生物的氧化过程；水稻根系分泌的有机物可以为异养菌的繁衍提供充足的有机碳源[226-227]。水稻生长旺盛时期由于根系分泌物增加，促进微生物繁衍；同时水稻植株与微生物对养分产生竞争，促使土壤微生物增强胞外酶的分泌，加速对土壤有机质的水解作用，从而为水稻和微生物提供更多的养分和能量[228]。因此，水稻—土壤—微生物相互作用维系着水稻土环境生物生长的营养元素计量学需求[229-231]。以上研究多通过酶学等方法对水稻根系与土壤微生物关系进行探讨，而土壤胞外酶的状况与水稻土壤微生物的种类及其生长状况有着密切关系，所以对水稻土微生物群落组成状况的研究具有重要意义。吴朝晖和袁隆平[232]通过培养法对不同施氮水平根际土中微生物数量变化研究显示超级稻根际微生物数量及活性在不同施肥处理间差异显著。Zhu 等[233]通过磷脂脂肪酸法对 7 个品种超级稻根际微生物群落结构研究表明超级稻根际土壤微生物群落结构和活性与水稻品种的遗传背景有关。张振兴等[234]通过末端限制性片段长度多态性分子生物技术对水稻分蘖期根际土壤中细菌组成进行研究，发现水稻根系活动和稻田土壤水分状况是影响细菌生态功能的重要因素。近年来高通量测序技术，以耗时少，通量高，能够较准确全面反映土壤微生物群落分布特征等优势，逐渐被用在环境样品分析中[235]。目前，我国超级稻不同生育期土壤微生物群落组成状况的研究报道数量较少。

　　我国水稻育种和栽培技术在国际上取得了很有影响力的成果。半高秆超级杂交稻是袁隆平院士 2012 年提出来的新概念，其特点是产量优势明显，生物量大，具有强大的根系。因此研究高产和低产生态区半高秆超级稻不同生育期土壤微生物的群落组成和丰度特征及微生物变化的主要影响因子，对阐明超级稻高产的适宜土壤环境条件，揭示其高产机制有重要科学意义。本研究以大田条件下半高秆超级杂交稻稻田土壤为研究材料，运用高通量测序技术，分析高产生态区和低产生态区高产条件下超级稻不同生育期对土壤微生物群落结构、多样性与丰度的影响，揭示半高秆超级杂交稻不同生育期土壤微生物动态变化及其影响因素，为探究超级稻高产机制提供数据支持。

# 1　材料与方法

## 1.1　试验地概况与供试材料

　　试验区位于湖南水稻高产区（HLW）隆回王化永村（110°56′E，27°27′N）和低产区（LNX）宁乡（112°16′E，28°08′N），土壤类型为潮土，栽种前土壤耕作层（0 ~ 20 cm）的基本理化性状见表 9-1。供试水稻品种为超级稻"Y 两优 900"，由湖南杂交水稻研究中心提供。2014 年 5 月移栽，10 月收获，水肥等栽培条件和管理措施按常规进行。其中隆回试验区于 5 月 1 日施基肥鲜鸡粪 6 000 kg/hm²，复合肥 750 kg/hm²；5 月 14 日追施尿素 135 kg/hm²，复合肥 112.5 kg/hm²；5 月 22 日追施尿素 75 kg/hm²，氯化钾 112.5 kg/hm²；7 月 5 日追施尿素 60 kg/hm²，氯化钾 150 kg/hm²，分别于 8 月 8 日和 16 日喷施 0.5% 氨基酸叶面肥 1 800 L/hm²。宁乡试验区于 5 月 25 施基肥过磷酸钙 600 kg/hm²，氯化钾 90 kg/hm²，复合肥 450 kg/hm²，6 月 5 日追施尿素 120 kg/hm²，6 月 15

日追施尿素 90 kg/hm$^2$，氯化钾 150 kg/hm$^2$，复合肥 225 kg/hm$^2$，7 月 20 日追施尿素 60 kg/hm$^2$，氯化钾 135 kg/hm$^2$，复合肥 75 kg/hm$^2$，分别于 8 月 8 日和 16 日喷施 0.5% 氨基酸叶面肥 1 800 L/hm$^2$。

表 9-1　不同产区土壤化学性质

| 生态区 | 有机质 /（g/kg） | 全氮 /（g/kg） | 全磷 /（g/kg） | 全钾 /（g/kg） | pH |
|---|---|---|---|---|---|
| 高产生态区 | 47.53 ± 5.49 A | 2.77 ± 0.22 A | 0.61 ± 0.05 A | 27.53 ± 0.42 A | 7.23 ± 0.31 A |
| 低产生态区 | 36.07 ± 2.65 B | 1.96 ± 0.16 B | 0.50 ± 0.07 A | 25.63 ± 2.95 A | 5.50 ± 0.17 B |

注：大写字母表示不同生态区显著性，$P<0.05$，下同。

### 1.2 样品采集

分别于超级稻移栽前（4 月 29 日）、分蘖期（6 月 14 日）、抽穗期（8 月 15 日）和成熟期（9 月 24 日），按"S"形采集表层 0 ~ 20 cm 土壤样品，每个重复区取 10 ~ 15 个点混合，混合后的样品立即分成 2 份，一份包入无菌锡箔纸放入液氮中速冻，带回实验室后保存在 –80℃冰箱中用于微生物群落分析，另一份装入封口聚乙烯袋，带回风干处理，用于理化指标分析。每个生态区采集 3 个重复样品。

### 1.3 样品测定与分析

pH 用酸度计法测定（土水比 1∶2.5）；全氮用凯氏定氮法测定；有效磷用碳酸氢钠浸提 – 钼锑抗比色法测定；速效钾用乙酸铵浸提 – 原子吸收火焰光度法测定；有机质用重铬酸钾容量法测定[236]。

土壤微生物基因组 DNA 采用 MOBIO 土壤微生物提取试剂盒（PowerSoil® DNA Isolation kit）进行提取，提取的 DNA 采用 NanoDrop 分光光度计（Thermo Fisher）进行质量和浓度检测。

以提取的土壤微生物基因组 DNA 为模板，采用 16S rDNA 通用引物 515F（5'–GTGCCAGCMGCCGCGGTAA–3'）和 806R（5'–GGACTACHVGG GTWTCTAAT–3'）扩增细菌和古菌的 16S rRNA V4 高变区，扩增体系和条件参考 Caporaso 等[237]的研究，然后对 PCR 扩增产物进行纯化，并将纯化产物送至中南大学资源加工与生物工程学院采用 Illumina MiSeq 测序平台进行高通量测序。

## 1.4 数据处理

对所得测序结果进行加工和去杂（使用软件 FLSAH），去除前后引物，获得首尾整齐的高质量序列，然后用软件 Mothur（http://www.mothur.org/wiki/Download_mothur）对这些序列数据进行生物信息学分析，以 97% 相似性划分 OTU（Operational Taxonomic Unit），并采用 RDP classifier 贝叶斯算法对各 OTU 代表的序列进行分类学分析（Release 11.1,http://rdp.cme.msu.edu/），从而获得细菌和古菌组成和多样性数据。采用 SPSS19.0 双尾 ANOVA 分析，以及 CANOCO4.5 进行 RDA 冗余分析，以获取细菌和古菌群落结构与土壤理化性质的耦合关系。

## 2 结果与分析

### 2.1 土壤基本理化性质

从超级稻栽种前土壤理化性质分析看，高产区（隆回）土壤偏碱性（7.23），低产区（宁乡）土壤偏酸性（5.50）；高产区养分全量均大于低产区，其中有机质和全氮的差异均达到显著水平（$P<0.05$），全磷、全钾无显著差异（$P>0.05$）（表1）。土壤速效养分含量在两个产区均随着超级稻生育期的变化有下降的趋势，其中碱解氮下降最明显，速效钾在两个产区均没有显著变化，速效磷只在高产区有显著变化趋势（表 9-2）。

表 9-2　土壤速效养分随超级稻生育期的变化

| 生态区 | 生育期 | 碱解氮 / ( mg/kg ) | 速效磷 / ( mg/kg ) | 速效钾 / ( mg/kg ) |
|---|---|---|---|---|
| 高产生态区 | 移栽前 | 234.33 ± 18.50 aA | 30.77 ± 2.77 aA | 262.33 ± 12.58 aA |
| | 分蘖期 | 195.00 ± 13.11 bA | 19.27 ± 11.71 bA | 217.67 ± 52.01 aA |
| | 抽穗期 | 171.33 ± 18.56 bcA | 22.60 ± 6.22 abA | 228.33 ± 58.38 aA |
| | 成熟期 | 156.33 ± 10.26 cA | 17.23 ± 9.72 bA | 223.67 ± 31.88 aA |
| 低产生态区 | 移栽前 | 150.00 ± 10.69 abB | 5.03 ± 4.74 aB | 47.33 ± 10.26 aB |
| | 分蘖期 | 149.33 ± 27.61 abB | 5.35 ± 4.77 aB | 42.67 ± 8.02 aB |
| | 抽穗期 | 135.67 ± 32.39 abB | 5.18 ± 4.34 aB | 42.67 ± 8.50 aB |
| | 成熟期 | 131.67 ± 25.16 bB | 4.94 ± 4.91 aB | 36.33 ± 6.66 aB |

注：同列小写字母表示同一生态区不同生育期的差异性，大写字母表示不同生态区同一生育期间的差异性，$P<0.05$，下同。

### 2.2　超级稻不同生育期土壤细菌和古菌群落高通量文库分析

通过对微生物 16S rRNA 的 V4 区进行高通量测序，本研究中高产生态区和低产生态区 24 个样品共获得 383 286 条有效序列，其中细菌序列占91.7% ~ 98.9%，古菌占 1.1% ~ 8.3%。以 97% 相似水平为划分依据，高产和低产生态区各时期获得 3 243 ~ 4 154 个 OTU，高产区水稻移栽前 OTU 数量显著低于生育期（$P<0.05$），而低产区水稻移栽前和生育期微生物 OTU 数量没有显著变化（$P>0.05$）；高产生态区微生物 OTU 数量大于低产区，在分蘖期和抽穗期达到显著水平（$P<0.05$）。

表 9-3　土壤细菌和古菌群落高通量测序文库质量分析

| 生态区 | 生育期 | 有效序列数 | OTU 数量 |
|---|---|---|---|
| 高产生态区 | 移栽前 | 15 988 ± 8 | 3 609 ± 178 bA |
| | 分蘖期 | 15 995 ± 2 | 4 005 ± 172 aA |
| | 抽穗期 | 15 992 ± 6 | 4 154 ± 130 aA |
| | 成熟期 | 15 972 ± 13 | 4 115 ± 246 aA |
| 低产生态区 | 移栽前 | 15 971 ± 3 | 3 421 ± 191 aA |
| | 分蘖期 | 15 965 ± 6 | 3 243 ± 336 aB |
| | 抽穗期 | 15 941 ± 6 | 3 651 ± 192 aB |
| | 成熟期 | 15 934 ± 22 | 3 731 ± 462 aA |

三种多样性指数分析显示，生育期土壤中微生物多样性大于移栽前，其中低产田各时期微生物多样性差异不显著（表 9-4），Chao 指数显示：高产区微生物多样性在生育期显著大于移栽前期（$P < 0.05$）。

高产区微生物多样性大于低产区，其中 Chao 指数分析显示在分蘖期和抽穗期达到显著水平（$P < 0.05$），Shannon 指数显示在分蘖期、抽穗期和成熟期均达到显著水平（$P < 0.05$），Simpson 指数在 4 个时期均达显著水平（$P < 0.05$）。

表 9-4　超级稻不同生育期土壤细菌和真菌群落多样性

| 生态区 | 生育期 | Chao 指数 | Simpson 指数 | Shannon 指数 |
|---|---|---|---|---|
| 高产生态区 | 移栽前 | 5 381 ± 475 bA | 488 ± 131 aA | 7.053 ± 0.125 bA |
| | 分蘖期 | 6 039 ± 95 ± aA | 583 ± 62 ± aA | 7.277 ± 0.058 aA |

续表

| 生态区 | 生育期 | Chao 指数 | Simpson 指数 | Shannon 指数 |
| --- | --- | --- | --- | --- |
| 低产生态区 | 抽穗期 | 6 474 ± 213 aA | 548 ± 21 ± aA | 7.190 ± 0.061 abA |
| | 成熟期 | 6 166 ± 294 aA | 551 ± 16 ± aA | 7.167 ± 0.006 abA |
| | 移栽前 | 5 058 ± 317 aA | 277 ± 73 ± aB | 6.867 ± 0.115 aA |
| | 分蘖期 | 5 039 ± 233 aB | 363 ± 92 ± aB | 6.937 ± 0.101 aB |
| | 抽穗期 | 5 439 ± 258 aB | 264 ± 101 aB | 6.897 ± 0.110 aB |
| | 成熟期 | 5 490 ± 457 aA | 257 ± 56 ± aB | 6.833 ± 0.040 aB |

## 2.3 超级稻不同生育期土壤细菌和古菌群落结构动态分析

本研究获得的微生物序列可分为 28 ~ 32 个门，73 ~ 81 个纲，101 ~ 120 个目，160 ~ 211 个科，251 ~ 399 个属。

### 2.3.1 超级稻不同生育期细菌群落结构与丰度分析

我们把相对丰度在 0.1% 以下作为稀有微生物的划分标准[238]，将各样品中相对丰度均小于 0.1% 的菌门舍去。所有样品中，变形菌门（Proteobacteria，16.65% ~ 38.92%）、酸杆菌门（Acidobacteria，12.61% ~ 19.77%）、绿弯菌门（Chloroflexi，4.98% ~ 28.26%）、疣微菌门（Verrucomicrobia，2.90% ~ 8.84%）所占比例最多，为 2 种生态区表层（0 ~ 20 cm）水稻土中主要细菌类群；拟杆菌门（Bacteroidetes，4.98% ~ 9.45%）只是高产区的优势细菌类群。样品中检测到的细菌还有浮霉菌门（Planctomycetes）、厚壁菌门（Firmicutes)、放线菌门（Actinobacteria）、芽单胞菌门（Gemmatimonadetes）、蓝细菌（Cyanobacteria）、装甲菌门（Armatimonadetes）、硝化螺旋菌门（Nitrospirae）、绿菌门（Chlorobi）等。

优势菌群中，Chloroflexi 在低产区相对丰度显著大于高产区（$P<0.05$），Bacteroidetes 和 Proteobacteria 的相对丰度则是在高产区显著大于低产区（$P<0.05$），Acidobacteria 和 Verrucomicrobia 的相对丰度在 2 种生产区差异不显著（$P>0.05$）（图 9-1 和图 9-2）。其他菌群中，Planctomycetes、Actinobacteria 和 Nitrospira 在高产区相对丰度大于低产区，Firmicutes 的相对丰度在高产区和低产区差异不显著（$P>0.05$）。

Acidobacteria 和 Verrucomicrobia 的相对丰度在 2 种生产区随生育期的变

化呈先减小后增大的趋势，在收获期相对丰度最大，并且在低产区变化更明显（图 9-2）。Bacteroidetes 和 Proteobacteria 的相对丰度在高产区随超级稻生育期的变化呈现下降趋势，在低产区总体上也呈下降趋势，只在抽穗期有一定升高。Chloroflexi 的相对丰度在 2 种生产区均呈现先上升后下降的趋势（图 9-2）。另外，Actinobacteria 和 Planctomycetes 的相对丰度在 2 种生产区也呈现先上升后下降的趋势（图 9-1）。

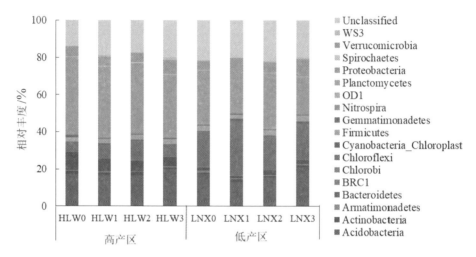

图 9-1　超级稻不同生育期门分类水平上土壤细菌群落结构

注：0 表示移栽前；1 表示分蘖期；2 表示抽穗期；3 表示成熟期。下同。

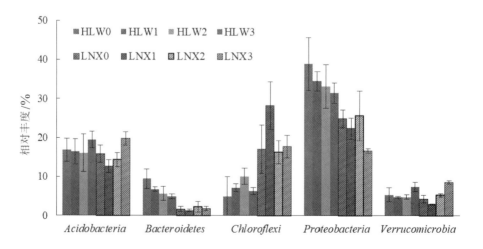

图 9-2　不同生育期门分类水平上各优势细菌群落丰度变化

### 2.3.2 超级稻不同生育期土壤古菌群落结构与丰度分析

土壤古菌在门分类水平上的群落结构表明，高产区稻田表层土壤中（0 ~ 20 cm）的主要优势菌群是广古菌门（Euryarchaeota），占该区古菌总量的 70.1% ~ 84.2%；而低产区稻田表层土壤中的优势菌群是泉古菌门（Crenarchaeota），占该区古菌总量的 38.0% ~ 62.7%，其次是广古菌门，占 30.7% ~ 56.2%（图 9-3）。

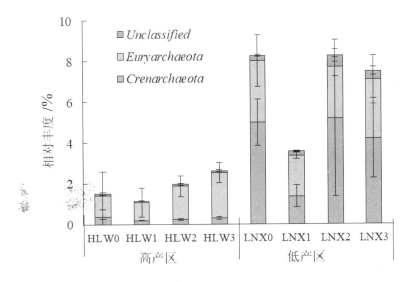

图 9-3　不同生育期门分类水平上古菌群落组成

低产区古菌数量显著大于高产区，其总量是高产区的 2.8 ~ 5.5 倍（图 9-3）；并且低产区泉古菌门丰度显著大于高产区，是高产区的 7.1 ~ 23.0 倍。总体上，各优势古菌门丰度在超级稻生长期呈现先减少后增加的趋势（图 9-4）。泉古菌门（Crenarchaeota）丰度在高产区整个生育期内均无显著变化（$p>0.05$）；在低产区，分蘖期丰度显著降低（$p<0.05$），抽穗期急剧增加（$p<0.01$），收获期略有下降，但不显著（$p>0.05$）。广古菌门（Euryarchaeota）在高产区和低产区的变化趋势比较一致，均是分蘖期丰度下降，之后呈现增长趋势（图 9-4）。

### 2.4 超级稻不同生育期土壤微生物群落组成的影响因素

通过方差分析显示，超级稻耕作土壤中微生物多样性与不同生产区和不同超级稻生育时期均存在显著相关性（表 9-5）。

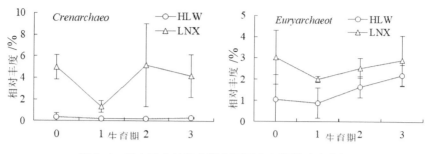

图 9-4　门水平上优势古菌在不同生育期的动态变化

表 9-5　不同产区和生育期土壤微生物群落结构差异性分析（双尾方差分析）

| Two-way ANOVA | Shannon | Simpson | Pielou evenness |
| --- | --- | --- | --- |
| 产区效应 | < 0.001 | 0.001 | < 0.001 |
| 生育期效应 | < 0.001 | 0.034 | < 0.001 |
| 交互作用 | 0.026 | 0.182 | 0.082 |

通过冗余分析法（RDA）对不同产区超级稻在不同生育期土壤理化性质与微生物在门水平上的关系进行分析（图 9-5）。基于这个模型，两个排序轴共解释了细菌和古菌菌群的 94.3% 的变异，其中第一排序轴解释了 80.7% 的变异，而第二排序轴解释了 13.6% 的变异。第一轴排序轴主要与速效钾、全氮、速效磷、pH、全磷、有机质、速效氮高度相关，相关系数分别为 –0.951，–0.9468，–0.942，–0.931，–0.871，–0.828 和 –0.804。Bacteroidetes、Proteobacteria 和 Nitrospira 等种群均与速效钾、全氮、速效磷、pH、全磷、有机质及速效氮正相关。对 Bacteroidetes 种群影响最大因素的是速效磷，对 Proteobacteria 影响最大的因素是有机质。优势菌 Acidobacteria 与全钾含量有一定正相关性，而受其他土壤理化性质影响较小，优势菌 Verrucomicrobia 与土壤理化性质相关性也较小。Crenarchaeota、Euryarchaeota、Cyanobacteria 和优势菌 Chloroflexi 与速效钾、全氮、速效磷、pH 等理化性状呈负相关关系。

通过 RDA 分别对两个不同产区微生物群落影响因素分析表明，高产区微生物群落组成的主要影响因子是速效氮（0.980），其次是速效磷（0.945），然后是速效钾（0.894）。而低产区的主要影响因子是速效磷（0.896）（图 9-6）。

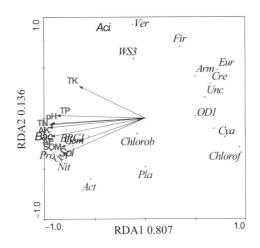

图 9-5　不同生育期土壤性质与细菌和古菌群落的 RDA 分析

注：TK—全钾，TP—全磷，TN—全氮，AK—速效钾，AP—速效磷，SOM—有机质，AN—速效氮。Bac—Bacteroidetes，Gem—Gemmatimonadetes，Pro—Proteobacteria，Spi—Spirochaetes，Nit—Nitrospira，Act—Actinobacteria，Chlorob—Chlorobi，Pla—Planctomycetes，Chlorof—Chloroflexi，Cya—Cyanobacteria，Unc—Unclassified，Cre—Crenarchaeota，Eur—Euryarchaeota，Arm—Armatimonadetes，Fir—Firmicutes，Ver—Verrucomicrobia，Aci—Acidobacteria。下同。

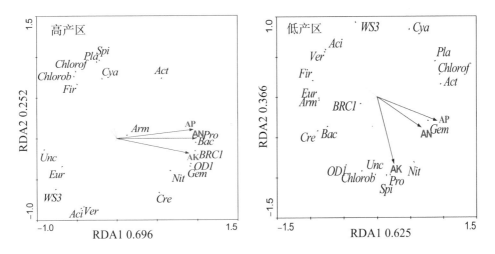

图 9-6　高产区和低产区土壤速效养分与细菌和古菌群落的 RDA 分析

## 3　讨论

高通量测序技术以其数据产出通量高的特点在土壤微生物物种多样性方面

得到广泛应用[235]，本研究利用此技术获得较好的微生物数量（图 9-1）。多样性指数分析显示高产区微生物多样性大于低产区（表 9-4），这可能是高产区养分含量有机质、全氮等显著高于低产区所致（表 9-1）。秦杰等[239]研究发现，有机质含量高的 N、P、K 处理土壤细菌和古菌的多样性显著高于有机质含量低的 C、K 和 P、K 处理，原因可能是有机质含量低的土壤中细菌和古菌可利用的有机碳源减少。本研究也发现，超级稻生育期土壤微生物多样性大于移栽前，可能是生育期存在水稻根系分泌的有机物促进了微生物繁衍；Henriksen 和Breland[240]、Meidute 等[241]发现碳氮底物的可获得性和种类是微生物繁殖的重要控制因素，在水稻根系比较发达的分蘖期和抽穗期，高产区与低产区微生物多样性差异已达到显著水平，这也间接说明可利用碳氮源对微生物多样性有影响（表 9-1，高产区速效氮含量显著大于低产区）。Singh 等[222]和张振兴等[234]研究结果显示土壤理化性质影响水稻根系的生理代谢，水稻根系的生长代谢活动改变土壤理化性状，两者相互作用共同影响微生物的群落组成及多样性。本研究方法分析显示：土壤中微生物多样性与不同产区（理化性状不同）和不同生育期（根系生长代谢差异）均存在显著相关性，也印证了土壤 – 植物 – 微生物间的关系。

有研究表明，土壤养分含量不同，导致土壤优势细菌各门、纲的相对丰度不同，土壤营养元素含量的变化导致土壤微生物组成及群落结构发生变化[242-244]。本研究显示优势细菌在两个产区的分布存在差异，Bacteroidetes 和 Proteobacteria的相对丰度在高产区显著大于低产区，而 Chloroflexi 在低产区相对丰度显著大于高产区。从 RDA 分析可见，土壤速效磷含量是影响 Bacteroidetes 丰度的最主要因子，Proteobacteria 也与土壤有机质和速效氮高度正相关，而 Chloroflexi与土壤养分呈负相关，这可能是这 3 类优势菌在两个产区形成差异的主要原因。其他常见菌群中，Planctomycetes、Actinobacteria 和 Nitrospira 在高产区相对丰度大于低产区，可能受土壤碱解氮和有机质的影响（图 9-6）；其中参与硝化作用的硝化螺旋菌门 Nitrospira 受土壤速效氮素影响最大。已有研究报道显示，古菌耐受性较强，适宜在养分含量较低的环境中生长[245-247]，本研究也得出类似结论，低产区古菌数量显著大于高产区，RDA 分析发现古菌与土壤养分含量，特别是速效氮和有机质呈负相关关系。通过分析微生物组成与土壤养分含量关系，可以得出 Bacteroidetes、Proteobacteria、Planctomycetes、Actinobacteria 和 Nitrospira 喜好营养丰富的土壤环境，Chloroflexi、Crenarchaeota 和 Euryarchaeota 在较低营养环境中生长更好。

　　大量研究表明土壤微生物群落组成与土壤 pH 密切相关[248-252]。陈孟立等[242] 和 Liu 等[243] 研究报道：Proteobacteria 为碱性土壤中的主要优势菌群，本研究虽显示在碱性水稻土中其丰度显著大于偏酸性水稻土，但最大影响因素是土壤有机质和速效氮含量，差异存在原因可能是前者研究对象是旱地土壤环境，本研究是水稻土环境。有研究发现 Acidobacteria 的数量与组成受 pH 的影响较大[253-255]，而本研究显示 pH 对 Acidobacteria 的影响不大，并且与土壤养分含量的关系也不大，这与袁红朝等[256] 和 Pankratov 等[257] 研究结果不一致。

　　在门分类水平上，高产区和低产区在超级稻不同生育期微生物组成存在差异。Acidobacteria 和 Verrucomicrobia 的相对丰度在 2 种生产区随生育期的变化呈先减小后增大的趋势，其变化趋势与超级稻根系生长趋势[258-259] 相反。Chloroflexi、Actinobacteria 和 Planctomycetes 的相对丰度在 2 种生产区均呈现先上升后降低的趋势，与超级稻根系生长趋势相近，其可能受水稻根系影响更大。Proteobacteria 和 Bacteroidetes 的相对丰度呈现下降趋势，与土壤速效养分氮磷钾含量变化趋势一致，且具有极显著相关性（表 9-6）；从相关系数大小来看，速效磷是影响此两种菌门的首要肥力因子，其次是速效钾。

表 9-6　超级稻不同生育期 *Proteobacteria* 和 *Bacteroidetes* 与土壤速效养分的相关性分析（*n*=8 ）

| 细菌门 | 速效氮 | 速效磷 | 速效钾 |
|---|---|---|---|
| Proteobacteria | 0.873 | 0.954 | 0.875 |
| Bacteroidetes | 0.763 | 0.848 | 0.846 |

注：** 表示 $P < 0.01$。

　　通过 RDA 分别对两个不同产区微生物群落影响因素分析表明（图 9-6），高产区微生物群落组成的主要影响因子是速效氮，而低产区的主要影响因子是速效磷。这可能是高产区土壤碳氮含量较高（表 9-1），速效氮和速效钾均处于极丰富状态，速效磷含量也较丰富[260]（表 9-2），说明在土壤肥力较高的水稻土壤中，速效氮是影响微生物群落的首要限制因子。低产区虽然速效氮处于较丰富状态，但是速效磷和速效钾均处于较缺乏状态（表 9-2），所以在养分含量较贫乏的水稻土壤中，速效磷是影响微生物群落组成的主要因子。

## 4 结论

研究表明：高产区和低产区土壤微生物群落动态变化的主控因子分别是速效氮和速效磷，说明在土壤肥力较高水稻土壤中，速效氮是影响微生物群落的首要限制因子，而在养分含量较低水稻土壤中，速效磷是影响微生物群落组成的主要因子。不同产区中土壤有机质是影响 Proteobacteria 分布的最关键因子，土壤速效磷则是影响 Bacteroidetes 分布的主要因子，而 Acidobacteria 与土壤养分含量的关系并不大，说明优势菌群的分布对土壤性质的响应不同。

超级稻土壤中微生物多样性与不同产区（理化性状不同）和不同生育期（根系生长代谢差异）均存在显著相关性，印证了土壤 – 植物 – 微生物间存在相互作用关系。这些结论为进一步探明超级稻高产的土壤环境微生物分子机理提供数据支持。

# 第十章　超级杂交稻攻关实例

2014 年开始，国家杂交水稻工程技术研究中心就开始在较高纬度地区山东日照市莒县进行超级杂交稻试种示范，每年都刷新了北方高纬度地区水稻单产最高纪录。2016 年，山东临沂莒南县按照国家杂交水稻工程技术研究中心的安排，选用超级杂交稻第五期攻关苗头组合湘两优 900（广湘 24S/R900，代号超优千号）进行超级稻亩高产攻关试验示范。2016 年 10 月 10 日，由科技部组织 7 个单位专家组成的验收专家组对湖南杂交水稻研究中心选育的超级杂交稻苗头组合"超优千号"种植于莒南县大店镇的 100 亩连片攻关片测产验收。百亩片平均亩产 1013.8 千克。这一结果刷新了北方高纬度地区水稻单产最高纪录。

## 1　试验示范基地情况

攻关示范基地位于山东省临沂市莒南县大店镇，海拔高度 200 米，东经 118.77°，北纬 35.3°，属暖温带季风区半湿润大陆性气候。历年平均气温 12.7℃，降水 856.7 毫米，无霜期 200 天，历年平均日照时数 2434.6 小时。常年最热月为 7 月和 8 月，平均气温为 25.5℃；常年最冷月为 1 月，平均气温为 -1.9℃。各月平均日照时数以 5、6 月份最多，分别为 244.1 小时和 222.0 小时。最少是 2 月和 7 月，分别为 173.7 小时和 181.4 小时。

超优千号攻关片面积 7.2 $hm^2$，整地前土壤取样化验：有机质含量为 28.5 g/kg，碱解氮含量为 138.3 mg/kg，速效磷含量为 30.1 mg/kg，速效钾含量为 282.5 mg/kg，pH 为 5.3，有效中微量元素含量分别为：锌 2.52 mg/kg，硼

0.24 mg/kg，钼 2.2 mg/kg，铜 5.12 mg/kg，铁 33.7 mg/kg，钙 2222 mg/kg，镁 319 mg/kg。

## 2　试验示范情况与结果表现

### 2.1　产量高，产量潜力大

2016 年 10 月 10 日，科技部组织福建农科院、四川省农科院、河南农业大学、天津国家杂交粳稻工程技术研究中心、山东省水稻研究所、湖北省农技推广中心、湖南省水稻研究所 7 家单位的专家组成专家组，中科院院士谢华安任组长。专家组对湖南杂交水稻研究中心选育的超级杂交稻苗头组合"超优千号"种植于莒南县大店镇的 100 亩连片攻关片进行测产验收。专家组在考察了百亩攻关现场的基础上，随机抽查了 3 块攻关田，第一块田实收面积 590.3 m²，实收毛谷 1161.9 kg，含水量 28.1%，扣除 2% 杂质后，按 13.5% 标准含水量亩产 1069.5 kg；第二块田实收面积 545.0 m²，实收毛谷 932.0 kg，含水量 25%，扣除 2% 杂质后，按 13.5% 标准含水量亩产 968.8 kg；第三块田实收面积 498.4 m²，实收毛谷 877.0 kg，含水量 24.6%，扣除 2% 杂质后，按 13.5% 标准含水量亩产 1003.0 kg。百亩片平均亩产 1013.8 kg。这一结果刷新了北方高纬度地区水稻单产最高纪录。

### 2.2　库大源足

超优千号低位分蘖能力强，高位分蘖能力弱；无效分蘖少、穗粒协调，北方有效穗 17 万～21 万 / 亩，230～280 粒 / 穗，结实率 90%，千粒重 27 g 左右。超高产栽培每亩总颖花数达 5000 万以上，具备亩产 1000 kg 的库容优势。根系活力特强，后期落色好、枝梗活力强，叶片光合功能期长、灌浆动力足、结实率高。茎秆坚韧、基本节间短，抗病、抗逆、抗倒性强，抗寒性强、耐高温能力较强。基地日照丰富，生态条件适宜超优千号的生长。

2016 年 9 月 23 日对莒南县大店镇攻关基地田间进行调查：结果如表 10-1 所示。

表 10-1　莒南县 2016 年超优 1000 群体动态情况

| 点号 | 亩墩数 / 万 | 每墩株数 / 株 | 亩最大分蘖数 / 万 | 亩穗数 / 万 | 穗粒数 / 粒 | 预估千粒重 /g | 理论产量 /kg | 折实产量 /kg |
|---|---|---|---|---|---|---|---|---|
| 1 | 1.39 | 1.9 | 34.75 | 21.6 | 218.5 | 26.5 | 1250.69 | 1063.09 |
| 2 | 1.28 | 2.1 | 25.344 | 20.9 | 227.5 | 26.5 | 1260.0 | 1071.0 |
| 3 | 1.11 | 2.2 | 30.3 | 19.9 | 238.7 | 26.5 | 1258.78 | 1069.96 |
| 4 | 1.33 | 1.9 | 31.9 | 21.27 | 222.7 | 26.5 | 1255.26 | 1066.97 |
| 平均数 | 1.28 | 2.03 | 30.57 | 20.92 | 226.85 | 26.5 | 1256.18 | 1067.75 |

### 2.3　无主要病虫害发生

据品种说明书介绍，该组合稻瘟病抗性不强，因此栽培过程中也进行了预防，7.2 hm² 攻关示范片均无叶瘟、穗颈瘟、白叶枯病、稻曲病、纹枯病发生，这证明防治措施到位，效果好。

### 2.4　灌浆时间长，二次灌浆明显

在 7.2 hm² 攻关片，于 4 月 3 日播种，5 月 5 日人工移栽，8 月 2 日始穗，8 月 12 日齐穗，10 月 10 日成熟，全生育期 186 d，其中，齐穗到成熟 58 d。灌浆时间长，二次灌浆非常明显。一是与品种特性有关，二是与用地下井水（低温）灌溉有关，低温（水）导致生育期延长。

## 3　超高产栽培综合配套技术

### 3.1　适期播种，培育壮秧

以最佳抽穗期为标准定适宜播种期，避灾防灾，以先进的育秧方式和适宜的播量及秧龄为基础，努力提高秧苗素质，培育壮秧。7.2 hm² 攻关片于 3 月 21 日选取苗床、整地，秧田每亩施用 18-9-18 腐殖酸复合肥 75 kg 作为底肥，浸种前 2 ～ 3 d 晒种一次，精选饱满种子、浸种消毒，日浸夜露，高温（32℃～ 33℃）破胸，温室催芽，至种子破胸即可，人为创造良好发芽条件，使稻谷发芽"快、齐、匀、壮"。结合气候特征和品种特性，播种期安排在 4 月 3 日，拌种、播种并覆膜，施用尿素 15 kg/ 亩作为种肥。手插秧秧龄控制在 30 d 左右，叶龄 5 叶左右，苗高 20 cm 上下，带蘖苗 90% 以上，多数苗带蘖 1 ～ 2 个，根系短、白、粗、多。育秧方式采用旱育拱棚保温育秧:技术要点为肥床（疏

松肥沃的菜园地或旱作地）、足肥（壮秧剂 30 ～ 40 kg/ 亩）、稀播匀播（10 kg/ 亩、秧大田比 1：15）。苗床管理：追肥看苗而定，若二叶一心期叶色褪淡明显，每平方米苗床追尿素 15 g，移栽前 3 ～ 5 d 追一次送嫁肥和喷施一次送嫁药，每平方米用 25 g 尿素兑 100 倍水喷施，喷后用清水冲洗一遍，以防烧苗。水：旱育秧管水原则是如果秧苗早晨叶尖挂露水，中午叶片不卷叶，就不用浇水，否则应立即浇水，并要一次性浇足浇透，下雨时要及时盖膜，以防雨淋，从而防失去旱秧的优势，移栽前一天傍晚浇透水，以利于起秧栽插。4 月 23 日大部分水稻进入三叶一心期，适当保持干旱，有助于水稻根系的生长。

## 3.2 精细整地，规格移栽

4 月 26 日选择地势平坦、土壤肥沃、灌溉方便、水利设施齐全的地块施足基肥，多次翻耕并上水，5 月 5—13 日人工移栽，行距为 30 cm、穴距为 18 cm，每两株为一穴，为了提高栽插质量，尽量做到浅、直、匀、稳地栽插，同时要求现起秧现栽插，不栽插中午烈日秧或隔夜苗。同时最好选择东西行向栽培，3 ～ 4 m 留 30 ～ 40 cm 丰产沟，提高光能利用率，促进水稻稳健生长，提高水稻综合生产能力。从 5 月 13 日水稻进入分蘖期，5 月 15 日平均分蘖约为 3.2 个，根平均约为 17 个，6 月 13 日水稻分蘖 20 个左右，适当晒田控制分蘖。6 月 23 日莒南县大范围降水，降水量为 52.7 mm。7 月 6 日水稻进入拔节期，7 月 12 日开始穗分化，7 月 26 日水稻株高约 1 m，进入孕穗期，8 月 2 日进入抽穗期，10 月 10 日成熟收割。

## 3.3 测土配方，分期施肥

测土配方，精确定量，有机无机结合，提氮稳磷增钾补微，前肥后移，减少基蘖肥，增施穗肥，控制前期无效生长量，主攻大穗，淘汰"一头轰"施肥技术。攻关田亩施纯氮 25 kg 左右，N：$P_2O_5$：$K_2O$=1：0.6：1.1，尽可能多施有机肥作基肥，同时加锌肥 1 ～ 2 kg 与硅肥 15 kg 作基肥。氮肥的前后施用比例，基蘖肥：穗肥 =6：4。4 月 26 日大田每亩施用 18–9–18 腐殖酸复合肥 75 kg 作为底肥，旱耕水整（深耕达 30 cm），做到田面落差不过 1 寸，基肥施用农家肥 1000 kg 或商品有机肥 100 kg，45% 的复合肥 60 千克。分蘖肥尿素 10 ～ 13 kg，氯化钾 12 kg。穗肥尿素 5 ～ 10 kg，氯化钾 15 ～ 20 kg。5 月 16 日施用尿素 15 kg/ 亩作为分蘖肥，7 月 10 日施用钾肥 20 kg/ 亩、尿素 15 kg/ 亩作为穗肥，抽穗后喷施叶面肥 2 次。

### 3.4 合理灌溉，适时控苗

推广节水健身栽培，采用群体质量控制技术，严格控制高峰苗，提同有效穗数和成穗率，淘汰长期水层灌溉，深水灌溉。全生育期推行浅湿干间歇灌溉技术，需水临界期遇雨蓄水，一般返青期浅水，分蘖期前期（栽后 20 d 以内）浅水湿润交替；适期晒田，控制无效分蘖。全田总苗数达到预期穗数 80% 时，再晒田，至拔节初期，以干为主，根据天气情况可分次搁田控苗；该段时间以干为主是控制高峰苗，强根壮秆健身栽培及减少无效生长和提高成穗率的关键，也为以后施用促花肥和保花肥主攻大穗打下基础。二次枝梗分化期至抽穗开花期以浅水湿润交替为主，该时段是水稻需水临界期，不能干旱。灌浆至成熟干湿交替，养根保叶，活熟到老。

### 3.5 预防为主，综合防治

在高肥、高群体条件下，特别注意防治中后期的纹枯病和稻飞虱。病虫害实行以防为主,防治结合的统防统治方法。重点是秧田期稻蓟马,大田期钻心虫、卷叶虫、稻飞虱、稻瘟病、纹枯病等。4 月 17、18 日喷施农药福戈 12 g/ 亩预防秧田水稻虫害，4 月 26 日喷施福戈 12 g/ 亩为移栽做准备。大田防治情况，6 月 2 日喷施吡虫啉 10 g/ 亩和福戈 12 g/ 亩防治稻飞虱，噻呋酰胺 20 ml/ 亩和三环唑 20 g/ 亩防治叶稻瘟病，7 月 10 日喷施福戈 18 g/ 亩和噻呋酰胺 20 ml/ 亩防治叶稻瘟病和纹枯病，喷施吡蚜酮 10 g/ 亩防治稻飞虱，8 月 5 日喷施吡蚜酮 10 g/ 亩和福戈 12 g/ 亩防治稻飞虱和稻纵卷叶螟，8 月 10 日喷施三环唑 20 g/ 亩预防穗瘟病和稻曲病，8 月 15 日喷施稻瘟灵 40 ml/ 亩和噻呋酰胺 20 ml/ 亩防治稻瘟病和纹枯病，8 月 22 日施稻瘟灵 40 ml/ 亩和噻呋酰胺 20 毫升 / 亩防治稻瘟病和纹枯病。

### 3.6 适时收获

7.2 hm² 攻关片于 10 月 10 日进行了测产验收，田间稻谷实际成熟度已达 90%，且功能叶还具有功能，收获时机比较合适。成熟收割调查分析，试验田平均亩墩数为 1.28 万墩，平均亩穗数为 22.5 万穗 / 亩，结实率为 88.5%，平均穗粒数为 218.9 粒，千粒重为 25 g，理论产量为 1231.31 kg/ 亩，折实产量 1046.61 kg/ 亩。验收随机抽查了 3 块攻关田，平均亩产 1013.8 kg。

## 4 讨论

超级稻苗头组合超优千号在山东南部（日照、临沂）生态区的试验示范结果表明，具有实现每公顷产量 16 t 的潜力。其综合表现为：一是穗多穗大，总颖花数多，每公顷颖花数在 75000 万以上的丘块占 60% 以上，其中最高丘块的颖花数达 78000 万；二是千粒重高，该品种在北方充实度更高，平均可达 27 g 左右；三是根系发达，生长势强，耐肥抗倒，颇像"水稻中的仪仗队"。四是灌浆时间长，二次灌浆明显，结实率高，北方比南方结实率更高。今年未达 16 t/hm$^2$ 的预期目标的主要原因是灌溉用水是地下井水，温度太低，导致苗期僵而不发，限制了低位分蘖，导致分蘖多，最后小穗多，井水过凉，造成离井较近的田块生育延迟。通过加长渠道和改进进水方式解决。收割测产前国庆假期间，受台风影响狂风低温阴雨，也对成熟和充实有影响，其结实率和每穗粒数均未达到品种特性应具有的最佳水平。为了充分挖掘超优千号的巨大生产潜力，必须坚持"良种、良田、良态、良法"等四良配套。结合莒南实际，还需要进一步抓好前期播种宜于 3 月底 4 月初，秧龄控制在 30 d 内。大田前期促苗（增加低位分蘖），适用河（塘）水灌溉；看苗精确施肥，后期微肥（叶面肥）调控，科学灌水（后期不缺水）、适期收割等方面下工夫，就完全可以达到甚至超过 16 t/hm$^2$ 的预期目标。

# 参考文献

[1] 袁隆平. 杂交水稻超高产育种 [J]. 杂交水稻 ,1997,12(1):1–4.

[2] 杨守仁 , 张龙步 . 水稻超高产育种的理论和方法 [J]. 中国水稻科学 ,1996,10 (2): 150–120.

[3] 程式华 . 中国超级稻研究 : 背景、目标和有关问题的思考 [J]. 中国稻米 ,1998 (1) : 3–5.

[4] 佐藤尚雄 . 水稻超高产育种研究 [J]. 国外农学·水稻 ,1984(2): 1–16.

[5] 徐正进 , 陈温福 , 张龙步 . 日本水稻育种的现状与展望 [J]. 水稻文摘 ,1990,9(5): 1–6.

[6] 杨仁崔 . 国际水稻研究所的超级稻育种 [J]. 世界农业 ,1996(2): 25.

[7] 陈温福 , 徐正进 , 张龙步 . 水稻超高产育种生理基础 [M]. 沈阳 : 辽宁科技出版社 ,1995.

[8] 袁隆平 . 杂交水稻超高产育种探讨 [J]. 杂交水稻 ( 试刊 ),1985(3):1–8.

[9] 刘建宾 . "超级杂交稻选育" 项目在长沙通过论证 [J]. 杂交水稻 ,1998,13(6): 30.

[10] Yuan Long-ping. Super hybrid rice [J]. Chinese Rice Reserch News letter,2000,8(1): 13–15.

[11] 周开达 . 杂交水稻亚种间重穗型组合选育 [J]. 四川农业大学学报 ,1995, 13(4): 403–407.

[12] 谢华安 . 中国特别是福建的超级稻研究进展 [J]. 中国稻米 ,2004(2): 7–9.

[13] 李克勤 . 发展超级稻，提高水稻综合生产能力 [J]. 中国稻米 ,2005(1): 10–11.

[14] 陈温福 , 徐正进 . 水稻超高产育种研究进展与前景 [J]. 中国工程科学 ,2002,4(1): 31–34.

[15] 杨惠杰 , 王乌齐 , 谢华安 . 福建省超级稻研究进展及今后策略 [J]. 福建稻麦科技 ,2003,21(4):15–17.

[16] 杨守仁. 水稻理想株形育种的理论和方法初论 [J]. 中国农业科学 ,1984(3): 6–13.

[17] 杨守仁. 水稻超高产育种的新动向 – 理想株型与有利优势相结合 [J]. 沈阳农业大学学报 ,1987,18(1): 1–5.

[18] 杨守仁. 优化水稻性状组配中"三好理论"的验证及评价 [J]. 沈阳农业大学学报 ,1994.25(1): 1–7.

[19] 黄耀祥 , 林青山 . 水稻超高产、特优质株型模式的构想与育种实践 [J]. 广东农业科学 ,1994(4): 1–6.

[20] 黄耀祥 . 选育优质超高产水稻新品种、优化作物结构和食物结构 [J]. 广东农业科学 ,1992(4):1–3.

[21] 黄耀祥 . 水稻生态育种新发展 – 两源并举组群筛选超优势稻的选育研究 [J]. 广东农业科学 ,2003(3): 2–6.

[22] 袁隆平 . 从育种角度展望我国水稻的增产潜力 [J]. 杂交水稻 ,1996(4): 1–2.

[23] 袁隆平 . 超级杂交稻的现状和展望 [J]. 粮食科技与经济 ,2003(1): 2–3.

[24] 程式华 . 杂交水稻育种材料和方法研究的现状及发展趋势 [J]. 中国水稻科学 ,2000,14(3): 165–169.

[25] 袁隆平 . 实施超级杂交稻"种三产四"丰产工程的建议 [J]. 杂交水稻 ,2007, 22(4): 1.

[26] 佐藤尚雄 . 水稻超高产育种研究 [J]. 国外农学·水稻 ,1984(2): 1–16.

[27] 袁隆平 . 杂交水稻超高产育种 [J]. 杂交水稻 ,1997,12(6): 1–6.

[28] 袁隆平 . 杂交水稻超高产育种探讨 [J]. 杂交水稻 ( 试刊 )1985(3): 1–8.

[29] 颜振德 . 论杂交水稻超高产栽培 . 杂交水稻国际学术讨论会论文集 [C]. 北京 : 学术期刊出版社 ,1988,201–207.

[30] 伏军 , 徐庆国 , 唐湘如 , 等 . 水稻超高产育种新技术探索 [J]. 湖南农业大学学报 ,1995,21(6): 545–549.

[31] 邹应斌 . 双季稻超高产栽培的理论与技术策略——兼论壮秆重穗栽培法 [J]. 农业现代化研究 ,1997,17(1): 31–35.

[32] 刘建丰 , 袁隆平 , 邓启云 , 等 . 超高产杂交稻的光合特性研究 [J]. 中国农业科学 ,2005,38(2): 258–264.

[33] 吴文革 , 张洪程 , 吴桂成 , 等 . 超级稻群体籽粒库容特征的初步研究 [J]. 中国农业科学 ,2007,40(2): 250–257.

[34] 杨建昌 , 朱庆森 , 王志琴 . 亚种间杂交稻籽粒充实不良的一些生理机制 [J]. 西南农业学报 ,1998,11( 水稻专辑 ): 31–36.

[35] 马 均 , 李代玺 , 廖尔华 , 等 . 攀西地区重穗型杂交稻超高产栽培技术模式研究 [J].

西南农业学报 ,2000,13(4): 39–44.

[36] 陶诗顺 , 马均 , 等 . 杂交中稻超多蘖壮秧稀植栽培高产原理探讨 [J]. 西南农业学报 ,1998,11(3): 37–45.

[37] 杨惠杰 , 杨仁崔 , 李义珍 . 水稻超高产品种的产量潜力及产量构成因素分析 [J]. 福建农业学报 ,2000,15 (3): 1–8.

[38] 黄育民 , 陈启锋 , 李义珍 . 我国水稻品种改良过程库源特征的变化 [J]. 福建农业大学学报 ,1998 ,27 (3): 271–278

[39] 袁隆平 . 选育水稻亚种间杂交组合的策略 [J]. 杂交水稻 ,1996,11(2): 1–3.

[40] 袁隆平 . 杂交水稻育种的新突破 [J]. 世界科技研究与发展 ,1999,21(2): 29–30.

[41] 张其茂 , 彭国荣 , 宋谋富 , 等 . 两系杂交中稻超高产栽培试验示范初报 [J]. 杂交水稻 ,2000,15(4): 26–28.

[42] 杨春献 , 向邦豪 , 张其茂 , 等 . 两系超级杂交稻百亩片平均单产 12.26 t/hm² 的栽培技术 [J]. 杂交水稻 ,2003,18(2): 42–44.

[43] 严斧 , 李悦丰 , 卓儒洞 . 两系组合两优培九与三系组合Ⅱ优58后期光合生产特性比较研究 [J]. 杂交水稻 ,2001,16(1): 51–54.

[44] 吴朝晖 , 马国辉 , 万宜珍 . 改良型水稻强化栽培超高产实例 [M]// 超级杂交稻强化栽培理论与实践 [M]. 长沙 : 湖南科学技术出版社 ,2005: 292–294.

[45] 严进明 , 翟虎渠 . 重穗型杂种稻光合作用和光合产物运转特性研究 [J]. 作物学报 ,2001,27(2): 261–266.

[46] 邹应斌 , 黄见良 , 等 . "旺壮重" 栽培对双季杂交稻产量形成及生理特性的影响 [J]. 作物学报 ,2001,27(3): 343–350.

[47] 刘秋英 , 蔡耀辉 . 超高产组合新优 752 干物质积累与分配特性研究 [J]. 江西农业学报 ,1998,10(4): 23–28.

[48] 郑景生 , 林文 , 等 . 超高产水稻根系发育形态学研究 [J]. 福建农业学报 ,1999,14(3): 1–6.

[49] 周汉钦 , 林青山 , 等 . 超高产特优质水稻根系特点初探 [J]. 广东农业科学 , 1997, (6):11–14.

[50] M.Dinghuhn,F.Tivet,P.Siband,et al. Varietal difference in specific leaf area: acommon physiological determine of tillering ability and early growth vigor? [M] In: S.Peng and B.Hardy editors,Research for food security and poverty alleviation,International Rice Research Institute press,2000. 3–25.

[51] 杨春献 , 向邦豪 . 超级稻丰产栽培试验示范简报 [J]. 湖南农业科学 ,2000 (2): 21–22.

[52] 王德正 , 王宗海 . 两系粳杂超稀播壮秧的分蘖成穗率初探 [J]. 杂交水稻 ,1997,12(4):

16–19.

[53] 郭玉春 , 梁义元 . 超级稻分化特性研究初报 [J]. 稻麦科技 ,1997,15(1): 13–17.

[54] 邹应斌 , 周上游 , 唐启源 . 中国超级杂交水稻超高产栽培研究的现状与展望 [J]. 中国农业科技导报 ,2003,5(1): 31–35.

[55] T. Horie. Increasing yield potential in irrigated rice: Breaking the yield barrier [M]. In: S. Peng and B. Hardy editors,Research for food security and poverty alleviation,International Rice Research Institute press,2001. 95–108.

[56] 杨惠杰 , 杨仁崔 . 水稻超高产品种的产量潜力及产量构成因素分析 [J]. 福建农业学报 ,2000,15(3): 1–8.

[57] 松岛省三 . 实用水稻栽培 [M]. 秦玉田 , 缪世才译 . 北京 : 农业出版社 ,1984:168–210.

[58] 川田信一郎 . イネの根 . 农山渔村文化协会 ,1982.

[59] 马 均 , 李代玺 , 廖尔华 , 等 . 攀西地区重穗型杂交稻超高产栽培技术模式研究 . 西南农业学报 ,2000,13(4): 39–44.

[60] 蒋彭炎 , 姚长溪 , 任正龙 , 等 . 论早稻稀少平高产栽培法 [J]. 浙江农业大学学报 ,1983,9(2): 127–129.

[61] 蒋彭炎 . 从水稻稀少平栽法的高产效应看栽培技术与株型的关系 [J]. 中国水稻科学 ,1987,1(2): 111–117.

[62] 蒋彭炎 . 水稻高产新技术——稀少平栽培法的原理与应用 [M]. 杭州 : 浙江科学技术出版社 ,1989.

[63] 凌启鸿 , 苏祖芳 , 张洪程 , 等 . 水稻品种不同生育类型的叶龄模式 [J]. 中国农业科学 ,1983(1): 9–18.

[64] 凌启鸿 , 张洪程 . IR24 大面积高产栽培技术途径——兼论小群体、壮个体栽培模式 [J]. 江苏农业科学 ,1982(9): 1–10.

[65] 凌启鸿 . 稻作新理论——水稻叶龄模式栽培 [M]. 北京 : 科学出版社 ,1994.

[66] 蒋彭炎 . 论水稻"三高一稳栽培法"[J]. 山东农业大学学报 ,1992,32( 增刊 ): 18–24.

[67] 蒋彭炎 , 等 . 水稻三高一稳栽培法的理论与技术 [J]. 水稻三高一稳栽培法专辑 ,1999: 3–8.

[68] 蒋彭炎 , 冯来定 , 洪晓富 . 水稻三高一稳栽培法论丛 [M]. 北京 : 中国农业科学技术出版社 ,1993: 1–3.

[69] 黄仲青 , 蒋之埙 , 李奕松 , 等 . 安徽双季早稻"四少四高"栽培模式研究 [J]. 安徽农学院学报 ,1992,19(3): 171–177.

[70] 黄仲青 , 李奕松 . 关于水稻"四少四高"栽培模式的探讨 [G]// 高佩文 , 谈松 . 第四

届全国水稻高产理论与实践研讨会论文汇编. 北京 : 中国农业出版社 ,1994:127–130.

[71] 凌启鸿 , 张洪程 , 蔡建中 , 等 . 水稻高产群体质量及其优化控制探讨 [J]. 中国农业科学 ,1993,26(6): 1–11.

[72] 凌启鸿 . 水稻群体质量理论与实践 [M]. 北京 : 中国农业出版社 ,1995

[73] 屠乃美 , 李合松 , 黄见良 , 等 . 双季稻旺壮重栽培法的理论与技术 [J]. 湖南农业大学学报 ,2000,26(4): 241–244.

[74] 陶诗顺 , 张清东 , 陈德刚 , 等 . 杂交中稻超多蘖壮秧超稀栽培模式 [J]. 绵阳经济技术高等专科学校学报 ,1997,14(4):1–8.

[75] 郑家国 , 姜心禄 . 水稻超高产的突破技术——强化栽培 [J]. 四川粮油科技 ,2003,20(2): 8–9.

[76] 袁隆平 . 水稻强化栽培体系 [J]. 杂交水稻 ,2001,16(4): 1–3.

[77] 王松良 , 林文雄 . 水稻旱育稀植高产机理和调控技术 : 水稻旱育稀植高产机理研究进展与展望 [J]. 福建农业大学学报 ,1999,28(1): 12–17.

[78] 许哲鹤 , 金熙镛 . 水稻"三早栽培"研究报告Ⅰ : 早熟品种高产途径的探讨 [J]. 吉林农业科学 ,1986(4):31–36.

[79] 许哲鹤 , 金熙镛 . 水稻"三早栽培"研究报告Ⅱ : "三早栽培"水稻的生育特点及其高产栽培技术 [J]. 吉林农业科学 ,1988(1): 20–25.

[80] 金玉女 , 赵士龙 . 水稻大养稀栽培施氮肥效应研究初报 [J]. 吉林农业科学 ,1991(4): 50–54.

[81] 金玉女 , 田奉俊 , 赵世龙 , 等 . 水稻大养稀栽培分蘖发育特性的研究 [J]. 延边大学农学学报 ,1998,20(4): 258–262.

[82] 王贵江 , 于良斌 , 宋福金 . 水稻单本植栽培法的群体结构及生理指标研究 [J]. 黑龙江农业科学 ,2002(3) :8–10.

[83] 金学泳 . 寒地水稻三超技术 [J]. 中国稻米 ,2000(6):21–22.

[84] 蒋彭炎 , 冯来定 , 史济林 , 等 . 水稻三高一稳栽培法的理论与技术 [J]. 山东农业大学学报 ,1992,23( 增刊 ): 23–24.

[85] 凌启鸿 , 张洪程 , 蔡建中 , 等 . 水稻高产群体质量及其优化控制探讨 [J]. 中国农业科学 ,1993,26(1): 1–12.

[86] 蒋彭炎 , 洪晓富 , 冯来定 , 等 . 水稻中期群体成穗率与后期群体光合效率的关系 [J]. 中国农业科学 ,1994,27(6): 8 –14.

[87] 凌启鸿 , 苏祖芳 , 张海泉 . 水稻成穗率与群体质量的关系及其影响因素的研究 [J]. 作物学报 ,1995,21(4): 463–469.

[88] 蒋彭炎,洪晓富.水稻等蘖穗定向栽培的生物学根据及主要技术环节 [J].浙江农业科学,1997(5): 201–203.

[89] 蒋彭炎,洪晓富,徐志福.超级稻的栽培特性与调控途径 [J].浙江农业学报,2001,13(3): 117–124.

[90] 徐志福,蒋彭炎,洪晓富,等.关于水稻群体演进框架的初步论证：全国第四届水稻高产理论与实践研讨会论文集 [M].北京：中国农业出版社,1994.

[91] 蔡建中,苏祖芳.水稻基本苗经验公式的论证 [J].江苏农学院学报,1984,6(4): 13–22.

[92] 蒋彭炎,史济林,冯来定,等.连作稻基本苗经验公式的初步论证：蒋彭炎.水稻三高一稳栽培法论丛 [M].北京：中国农业科学技术出版社,1993.

[93] 冯来定,蒋彭炎,洪晓富,等.土壤氮浓度与水稻分蘖的发生及终止研究：蒋彭炎.水稻三高一稳栽培法论丛 [M].北京：中国农业科学技术出版社,1993.

[94] 蒋彭炎,马跃芳,洪晓富,等.水稻分蘖芽的环境敏感期研究 [J].作物学报,1994,20(3): 290–296.

[95] 蒋彭炎,冯来定,史济林,等.水稻三高一稳栽培法的理论与技术 [J].山东农业大学学报,1992,23(增刊): 23–24.

[96] 蒋彭炎,洪晓富,冯来定,等.水稻中期群体成穗率与后期群体光合效率的关系 [J].中国农业科学,1994, 27(6): 8 –14.

[97] 蒋彭炎,冯来定,洪晓富,等.水稻施用保花肥与茎蘖成穗率的关系研究 [J].浙江农业科学,1996(1): 27–30.

[98] 蒋彭炎,洪晓富.水稻等蘖穗定向栽培的生物学根据及主要技术环节 [J].浙江农业科学,1997(5): 201–203.

[99] 洪晓富,蒋彭炎,郑寨生,等.水稻分蘖期喷施赤霉素对控制分蘖和提高成穗率的效果 [J].浙江农业科学,1998(1): 3–5.

[100] 李延,秦遂初.镁对水稻糖、淀粉积累与运转的影响 [J].福建农业大学学报,1995,24(1): 3–5.

[101] 蒋彭炎,冯来定,姚长溪.水稻发生贪青的原因与调控 [J].中国农业科学,1986,19(2): 31–37.

[102] 杨肖娥,孙羲.杂交稻和常规稻生育后期追施 $NO_3$–N 和 $NH_4$–N 的生理效应 [J].作物学报,1991,17(4): 284–291.

[103] 陆定志.杂交水稻根系生理优势及其与地上部性状的关联研究 [J].中国水稻科学,1986,1(2): 81–94.

[104] 李延 , 秦遂初 . 水稻需 Mg 规律与 Mg 肥的施用 [J]. 福建农业大学学报 ,1996,25(1): 78–82.

[105] 高桥英一 . 水稻和硅酸在高肥农业上的意义 : 作物营养生理 [M]. 周永春 , 译 . 北京 : 科学出版社 ,1979.

[106] 王永锐 , 周洁 . 杂交水稻始穗期氮钾营养对剑叶生理特性的影响 [J]. 中国水稻科学 ,1997,11(3): 165–169.

[107] 罗安程 , 杨肖娥 . 氮钾供应水平与水稻生育后期对不同形态氮吸收的关系 [J]. 中国农业科学 ,1998,31(3): 62–65.

[108] 津野幸人 . 稻的科学 [M]. 东京 : 日本农文协 ,1972.

[109] 杨建昌 , 朱庆森 , 王志琴 . 水稻籽粒中内源多胺及其与籽粒充实和粒重的关系 [J]. 作物学报 ,1997,23(4): 387–392.

[110] 关广晟 . 烟草镁吸收积累规律与调控研究 [D]. 湖南农业大学 , 博士论文 ,2007.

[111] 湖南省农业统计年鉴年 [M]. 湖南人民出版社 ,1985–2006.

[112] 中国三农数据网 . 统计数据 (2006 年 ). http://www.sannong.gov.cn

[113] 中国农业部网站 . 统计数据 . http://www.agri.gov.cn

[114] 刘立军 , 杨建昌 , 徐伟 , 等 . 中籼水稻品种改良对氮素利用影响及其生理机制 : 全国第十一届水稻优质高产理论与技术研讨会论文集 [C]. 武汉 . 2005. 30–40.

[115] 武志杰 , 李东坡 , 史云峰 . 未来肥料的希望 – 环境友好智能缓 / 控释肥料 : 全国第十届新型肥料开发与应用技术交流会暨汉枫缓释肥国际研讨会论文集 [C]. 2005,58–65.

[116] 潘振玉 . 努力发展结合国情的缓控释肥料 : 全国第十届新型肥料开发与应用技术交流会优秀论文集 [C]. 2005. 66–72.

[117] 崔玉亭 , 程序 , 韩纯儒 , 等 . 苏南太湖流域水稻经济生态适宜施氮量研究 [J]. 生态学报 ,2000(4): 659–662.

[118] 李庆逵 , 朱兆良 , 于天仁 . 中国农业持续发展中的问题 [M]. 南昌 : 江西科学技术出版社 ,1999.

[119] 张福锁 . 对提高养分资源利用几点思考 : 迈向 21 世纪的土壤科学 [M]. 北京 : 中国农业出版社 ,2000,42–48.

[120] 张琴 , 张春华 . 缓 / 控释肥为何发展缓慢 [J]. 中国农资 ,2004,4–5: 44–47.

[121] 艾治勇 . 超级杂交稻形态及生理特性与抗倒性的关系研究 [D]. 硕士论文 : 湖南农业大学农学院 ,2006.

[122] 严力蛟 , 杜建生 , 郑志明 , 等 . 作物生产动态模拟模型的研究与应用 [J]. 作物研

究 ,1996. 10(2): 1–5.

[123] 郑志明 , 严力蛟 , 姚建龙 . 作物生产系统模拟模型研究进展 . 生态研究与探索 [M].
　　　北京 : 中国环境科学出版社 ,1992: 92–97.

[124] 林葆 , 李家康 . 当前我国化肥的若干问题和对策 [J]. 磷肥与复肥 ,1997(2): 1–23.

[125] 童汉华 . 水稻氮高效资源筛选及相关基因的分子定位 [D]. 硕士论文 : 华中农业大
　　　学植物科学技术学院 ,2004.

[126] 高旺盛 , 杨光立 . 粮食安全与农作制度建设 [M]. 长沙 : 湖南科学技术出版社 ,2004,9.

[127] FAO. Statistical databases,Food and Agriculture Organization (FAO) of the United
　　　Nation,2006.

[128] 邹应斌 , 周上游 , 唐启源 . 中国超级杂交水稻超高产栽培研究的现状与展望 [J]. 中
　　　国农业科技导报 ,2003,5 (1): 31–35.

[129] 王志琴 , 杨建昌 . 亚种间杂交稻物质积累与运转特性的研究 [J]. 江苏农学院学
　　　报 ,1996,17(4): 1–5.

[130] 张福锁 . 马文奇 , 江荣风 , 等 . 养分资源管理的概念及其综合管理的理论基础与技
　　　术途径 [M]. 北京 : 中国农业大学出版社 ,2003: 4–14.

[131] 唐启义 , 冯光明 . 实用统计分析及其 DPS 数据处理系统 [M]. 北京 : 科学出版
　　　社 ,2002.

[132] Norman Uphoff. Changes and Evolution in SRI Methods. Assessments of the system
　　　rice intensification,proceedings of an international conference,Sanya,China. April
　　　1–4,2002.

[133] 袁隆平 . 水稻强化栽培技术体系 [J]. 杂交水稻 ,2001,16(4): 1–3.

[134] 刘国华 , 陈立云 , 肖应辉 . 杂交水稻强化栽培与常规栽培的组合间产量性状比较 [J].
　　　湖南农业大学学报 ( 自然科学版 ),2003,29(2): 90–92.

[135] Thomas R. Sinclair. Agronomic UFOs waste valuable scientific resources. Rice
　　　Today,July–September 2004.

[136] 马均 , 吕世华 , 梁南山 , 等 . 四川水稻强化栽培技术体系研究 [J]. 农业与技
　　　术 ,2004,24(3): 89–91.

[137] 陆秀明 , 黄庆 , 刘军 , 等 . 华南双季稻强化栽培试验研究初报 [J]. 华南农业大学学
　　　报 ,2004,25(1): 5–8.

[138] 凌启鸿 , 张洪程 , 苏祖芳 , 等 . 稻作新理论——水稻叶龄模式 [M]. 北京 : 科学出版
　　　社 ,1994.

[139] 袁隆平 . 杂交水稻学 [M]. 北京 : 中国农业出版社 ,2002, 15: 486.

[140] 龙旭，马均，许凤英，等 . 水稻强化栽培的适宜秧龄格栽植密度研究：超级杂交稻强化栽培理论与实践 [M]. 长沙：湖南科学技术出版社 ,2005: 199.

[141] 严钦泉，邹应斌，屠乃美，等 . 杂交晚稻威优 198 单产 9.0 吨 / 公顷栽培技术探讨 [J]. 杂交水稻 ,1998(6): 19–22.

[142] 梅佐有 . 杂交水稻不同栽植方式干物质积累与分配研究 [J]. 贵州农业科学 ,1992(3): 19–24.

[143] 上海师范大学生物系、上海市农业学校 . 水稻栽培生理 [M]. 上海：上海科学技术出版社 ,1978: 278.

[144] 万宜珍，马国辉 . 超级杂交稻抗倒生理与形态机能研究Ⅱ . 培矮 64S/E32 与油优 63 茎秆抗倒力学差异 [J]. 湖南农业大学学报 ( 自然科学版 ),2003,29(2): 92–94.

[145] 潘瑞炽，董愚得 . 植物生理学 [M]. 北京：高等教育出版社 ,1995: 107–108.

[146] 龙旭，马均，王贺正，等 . 水稻强化栽培不同栽植方式研究：超级杂交稻强化栽培理论与实践 [M]. 长沙：湖南科学技术出版社 ,2005: 210.

[147] 周凯，邢成安，张万春，等 . 杂交水稻农艺性状灰色关联分析及对地区引种的建议 [J]. 陕西农业科学 ,1997(4): 4–5,26.

[148] 杨 涛，杨明超 . 灰色关联度分析在冬小麦品种综合评估中的运用 [J]. 新疆农业科学 ,2001,38(6): 306–308.

[149] 稻田杂草治理技术 . http: // cell.njau.edu.cn / control / rice12.htm

[150] 南京农业大学 . 作物栽培学 ( 长江中下游地区适用 )[M]. 北京：中国农业出版社 ,1994.

[151] 马均 . 杂交中稻超多蘖壮秧超稀高产栽培技术的研究 [J]. 中国农业科学 ,2002: 35(1): 42–48.

[152] 蒋彭炎 . 水稻"稀少平"高产栽培法 [J]. 农业科技通讯 ,1985: 11.

[153] 黄湛 . 水稻低群体高产栽培理论探讨 [J]. 广东农业科学 ,1987,4: 4–7.

[154] 袁隆平 . 水稻强化栽培体系 [J]. 杂交水稻 ,2001,16(4): 1–3.

[155] 刘国华，陈立云，等 . 杂交水稻强化栽培与常规栽培的组合间产量性状比较 [J]. 湖南农业大学学报 ( 自然科学版 ),2003,29(2): 90–92.

[156] 杨春献，张其茂，彭承界，等 . 水稻强化栽培 (SRI) 试验初报 [J]. 耕作与栽培 ,2002,4: 41–43.

[157] 钟海明，黄爱明，刘建萍 . 水稻强化栽培增产效果及经济效益分析 [J]. 杂交水稻 ,2003,18(3): 45–46.

[158] 昂盛福，王学合，谢世秀，等 . 超级杂交稻强化栽培体系试验研究初报 [J]. 安徽农

业科学 ,2003,30(2): 337–338.

[159] 黄爱明 , 刘建萍 , 陈波 . 超高产水稻组合强化栽培试验初报 [J]. 江西农业科技 ,2003(3): 12–13.

[160] 凌启鸿 , 等 . 水稻高产群体质量及优化控制探讨 [J]. 中国农业科学 ,1993. 26(6): 1–11.

[161] 王夫玉 , 黄丕生 . 水稻群体源库特征及高产栽培策略研究 [J]. 中国农业科学 ,1987,30(5): 26–40.

[162] 杨建昌 , 朱庆森 , 曹显祖 , 等 . 水稻群体冠层结构与光合特性对产量形成作用的研究 [J]. 中国农业科学 ,1992,25(4): 7–14.

[163] 苏祖芳 , 杜永林 , 周培南 , 等 . 水稻抽穗后源质量与产量关系的研究 [J]. 扬州大学学报 ( 自然科学版 ),2000(3): 38–41.

[164] 许世觉 , 姚必仁 , 王细国 , 等 . 两优培九超高产示范栽培技术 [J]. 杂交水稻 ,2001,16(2): 33–34.

[165] 杨春献 , 向邦豪 , 张其茂 , 等 . 两系超级杂交稻百亩片平均单产 12.26 t/hm$^2$ 的栽培技术 [J]. 杂交水稻 ,2003,18(2): 42–44.

[166] 吴朝晖 . 超级杂交稻新组合 P88S/0293 在海南三亚单产超 12 t/hm$^2$ 的栽培技术 [J]. 杂交水稻 ,2003,18(6): 36–37.

[167] 孟卫东 , 王效宁 , 邢福能 , 等 . 超级杂交稻新组合 P88S/0293 在海南大面积示范单产超 12 t/hm$^2$ 的栽培技术 [J]. 杂交水稻 ,2005,20(1): 46–49.

[168] 张洪成 , 戴其根 , 杨海生 , 等 . 两系法杂交稻两优培九不同栽培方式吸氮特性的初步研究 [Z]. 杭州 : 第七届全国水稻栽培学术研讨会交流论文 ,1999.

[169] 洪克城 , 张大友 , 徐为元 . 水稻超高产群体质量与氮肥运筹效应 [J]. 南京农专学报 ,2000,16(2): 39–42.

[170] Jiang F–Y ( 江福英 ),Weng B–Q ( 翁伯琦 ). NO$_3$–N pollution in field and its prevention. Fujian J of Agri Sci ( 福建农业科学 ),2003,18(3): 196–200.

[171] 森田茂纪 . 根の形成 : 农学大事典 [M]. 日本 : 养贤堂 ,1987: 921–927.

[172] 吴志强 . 杂交水稻根系发育研究 [J]. 福建农学院学报 ,1982 (2): 19–27.

[173] 李义珍 , 郑志强 , 陈仰文 , 等 . 水稻根系的生理生态研究 [J]. 福建稻麦科技 ,1987 (3): 1–4.

[174] 凌启鸿 , 凌励 . 水稻不同层次根系的功能及对产量形成作用的研究 [J]. 中国农业科学 ,1984(5): 3–9.

[175] 唐启源 , 邹应斌 , 米湘成 , 等 . 不同施氮条件下超级杂交稻的产量形成特点与氮肥

利用 [J]. 杂交水稻 ,2003,18(1): 44–48.

[176] 杨惠杰 , 李义珍 , 黄育民 . 超高产水稻的产量构成和源库结构 [J]. 福建农业学报 ,1999,14(1): 1–5.

[177] 吴有俊 . 培矮 64S/E32 超高产特性与栽培技术初探 [J]. 杂交水稻 ,2001,16(1): 40–42.

[178] 蒋彭炎 . 高产水稻的若干生物学规律 [J]. 中国稻米 ,1994(2): 43–45.

[179] 王永锐 . 水稻生理育种 [M]. 北京 : 科学出版社 ,1995: 149.

[180] 吴文革 , 张洪程 , 吴桂成 , 等 . 超级稻群体库容的初步研究 [J]. 中国农业科学 ,2007,40(2): 250–257.

[181] 黄锦文 , 梁义元 , 林文雄 , 等 . 超级稻籽粒灌浆特性及其生理生化基础 [J]. 福建农业学报 ,2002,17(3): 143–147.

[182] 段俊 , 梁承邺 . 杂交水稻开花结实期间叶片衰老 [J]. 植物生理学报 ,1997,23(2): 139–144.

[183] 漆勇 , 胡乐明 , 刘苏华 . 水稻防早衰的途径与技术 [J]. 江西农业学报 ,2007,19(3): 110–111.

[184] 马跃芳 , 陆定志 . 灌水方式对杂交水稻衰老及生育后期一些生理活性的影响 [J]. 中国水稻科学 ,1990,4(2): 56–62.

[185] 汤日圣 , 刘晓忠 , 陈以峰 , 等 . 4PU–30 延缓杂交水稻叶片衰老的效果与作用 [J]. 作物学报 ,1998,24(2): 231–236.

[186] 俞炳杲 , 严景华 . PP33 对水稻叶片衰老过程中内源 GA4 和 ABA 含量的调节作用 [J]. 南京农业大学学报 ,1995,18(1): 101–103.

[187] 杨安中 , 黄义德 . 旱作水稻喷施 6– 苄基腺嘌呤的防早衰及增产效应 [J]. 南京农业大学学报 ,2001,24(2): 12–15.

[188] 陆秀明 , 黄庆 , 刘军 , 等 . 调控剂对减缓水稻生育后期叶片衰老研究 [J]. 广东农业科学 ,2003(6): 8–10 .

[189] 黄升谋 . 水稻源库关系与叶片衰老的研究 [J]. 江西农业大学学报 .2005,23(2): 171–173.

[190] Wu W–G( 吴文革 ),Zhang S–H( 张四海 ),Zhao J–J( 赵决建 ),et al. Nitrogen uptake, utilization and rice yield in the north rimland of double-cropping rice region as affected by different nitrogen management strategies[J]. Plant Nutr Fert Sci( 植物营养与肥料报 ),2007,13(5): 757–764.

[191] 杨海生 , 张洪程 , 杨连群 , 等 . 依叶龄运筹氮肥对优质水稻产量与品质的影响 [J]. 中国农业大学学报 ,2002,7(3): 19–26

[192] 苏祖芳,张亚洁,张娟,等. 基蘖肥与穗粒肥配比对水稻产量和群体质量的影响 [J]. 江苏农业科学,1995,16(3): 21–23.

[193] 凌启鸿. 作物群体质量 [M]. 上海：上海科学技术出版社,2000.

[194] 汪定淮,刘尚义,沈烈,等. 作物养分平衡与高产栽培——兼论作物栽培科学现代化 [M]. 北京：北京大学出版社,1994.

[195] 莫惠栋. 我国稻米品质的改良 [J]. 中国农业科学,1993,26 (4)：8–14.

[196] 石庆华,程永盛,潘晓华,等. 施氮对两系杂交晚稻产量和品质的影响：第 7 届全国栽培理论与实践学术研究会交流材料汇编 [C]. 1999.

[197] 吕川根. 栽培密度和施肥方法对稻米品质影响的研究 [J]. 中国水稻科学,1988,2 (3): 141–144.

[198] 贺浩华,彭小松,刘宜柏. 环境条件对稻米品质的影响 [J]. 江西农业学报,1997,9 (4): 66–72.

[199] 季军,顾德法. 环境和栽培因子对稻米品质影响的研究进展 [J]. 上海农业学报,1997,13 (1): 94–97.

[200] 鲁如坤. 土壤农业化学分析方法 [M]. 北京：中国农业科学技术出版社,1999.

[201] 中国科学院南京土壤研究所. 土壤理化分析 [M]. 上海：上海科学技术出版社,1978.

[202] 鲍士旦. 土壤农化分析 [M]. 北京：中国农业出版社,2000.

[203] Chen L J,Wu Z J,Jiang Y,et al. Response of N transformation related soil enzyme Activities to inhibitor applications[J]. Chinese Journal of Applied Ecology,2002,13 (9): 1099–1103.

[204] Wang S J,Hu J C,Zhang X W. Prospect of Chinese soil microbiology in the new century[J]. Journal of Microbiology,2002,22(1): 36–39.

[205] Pang X,Zhang F S,Wang J G. Effect of different nitrogen levels on SMBO–N and microbial activity[J]. Plant Nutrition and Fertilizer Science,2000,6(4): 476–480.

[206] Luo A C,Subedi T B,Zhang Y S,et al. Effect of organic manure on the numbers of microbes of microbes and enzyme activity in rice rhizosphere[J]. Plant Nutrition and Fertilizer Science,1999,5(4): 321–327.

[207] Chai Q ,Huang G B,Huang P,et al. Effect of 3–methy–phenol and phosphorous on soil microbes and enzyme activity in wheat faba–bean intereropping systems[J]. Acta Ecologica Sinica,2006,26(2): 383–394.

[208] Cai K Z,Luo S M,Fang X. Effects of file mulching of upland rice on root and leaf traits,soil nutrient content and soil microbial activity[J]. Acta Ecologica

Sinica,2006,26(6):1903–1911.

[209] Dick W.T.Jr.A. Relationship between enzyme activities and microbial growth and activity indices in soil frankenberger[J]. Soil Soc.Am.J.,1983,47: 945–951.

[210] Doran J.W.et al. Defining soil quality for a sustainable environment soil society of America publication[J]. Soil Biol.Biochem.,1994,35: 3.

[211] 樊军, 郝明德. 长期轮作与施肥对土壤主要微生物类群的影响 [J]. 水土保持研究 ,2003,10(1): 88–114.

[212] Luo An–cheng,Sun xi. Effect of organic manure on the biological activities associated with insoluble phosphorus release in a blue purple paddy soil[J]. Soil Sci.Plant Anal.,1994,25(13–14): 2513–2522.

[213] 吴少慧, 张成刚, 张忠泽. RAPD 技术在微生物生物多样性鉴定中的应用 [J]. 微生物学杂志 ,2002,20(2): 44–47.

[214] 俞慎. 土壤微生物量作为红壤质量生物指标的探讨 [J]. 土壤学报 ,1999,36(3): 387–394.

[215] Livia Bohme,Uwe Langer,Frank Bohme. Microbial biomass,enzyme activities and microbial community structure in two European long–term field experiments[J]. Agriculture,Ecosystems and Environment ,2005,109: 141–152.

[216] 彭既明, 廖伏明. 超级杂交稻第 3 期单产 13.5 t/hm$^2$ 攻关获得重大突破 [J]. 杂交水稻, 2011,26（5）: 29.

[217] 宋春芳. 隆回县超级杂交稻示范表现及高产栽培技术 [J]. 杂交水稻, 2011,26（4）: 46.

[218] 宋春芳, 舒友林, 彭既明, 等. 溆浦超级杂交稻"百亩示范"单产超 13.5 t/hm$^2$ 高产栽培技术 [J]. 杂交水稻, 2012,27（6）: 50–51.

[219] 龚子同, 张效朴. 我国水稻土资源特点及低产水稻土的增产潜力 [J]. 农业现代化研究 ,1988(8): 33–36.

[220] 曾路生, 廖敏, 黄昌勇, 等. 水稻不同生育期的土壤微生物量和酶活性的变化 [J]. 中国水稻科学 ,2005,19(5): 441–446.

[221] Sinsabaugh R L,Manzoni S,Moorhead D L,et al. Carbon use efficiency of microbial communities: Stoichiometry,methodology and modelling[J]. Ecology Letters,2013,16(7): 930–939.

[222] Singh B K,Dawson L A,Macdonald C A,et al. Impact of biotic and abiotic interaction on soil microbial communities and functions: A field study[J]. Applied Soil Ecology,2009,41(3): 239–248.

[223] Richardson A E,Barea J,McNeill A M,et al. Acquisition of phosphorus and nitrogen in the rhizosphere and plant growth promotion by microorganisms[J]. Plant and Soil,2009,321(1/2): 305–339.

[224] Anderson R C,Liberta A E. Influence of supplemental inorganic nutrients on growth,survivorship,and mycorrhizal relationships of Schizachyrium scoparium (Poaceae) grown in fumigated and unfumigated soil[J]. American Journal of Botany,1992,79(4): 406–414.

[225] Revsbech N P,Pedersen O,Reichardt W,et al. Microsensor analysis of oxygen and pH in the rice rhizosphere under field and laboratory conditions[J]. Biology and Fertility of Soils,1999,29(4): 379–385.

[226] Briones A M,Okabe S,Umemiya Y,et al. Influence of different cultivars on populations of ammonia–oxidizing bacteria in the root environment of rice[J]. Applied and Environmental Microbiology,2002,68(6): 3067–3075.

[227] Prashar P,Kapoor N,Sachdeva S. Rhizosphere: Its structure,bacterial diversity and significance[J]. Reviews in Environmental Science and Bio/Technology,2014,13(1): 63–77.

[228] Kumar A,Kuzyakov Y,Pausch J. Maize rhizosphere priming: Field estimates using 13C natural abundance[J]. Plant and Soil,2016,409(1/2): 87–97.

[229] 魏亮,汤珍珠,祝贞科,等. 水稻不同生育期根际与非根际土壤胞外酶对施氮的响应[J]. 环境科学,2017,38(8): 3489–3496.

[230] 吴金水,葛体达,祝贞科. 稻田土壤碳循环关键微生物过程的计量学调控机制探讨[J]. 地球科学进展,2015,30(9): 1006–1017.

[231] Loeppmann S,Blagodatskaya E,Pausch J,et al. Substrate quality affects kinetics and catalytic efficiency of exo–enzymes in rhizosphere and detritusphere[J]. Soil Biology and Biochemistry,2016,92: 111–118.

[232] 吴朝晖,袁隆平. 微生物量的变化与超级杂交稻产量的关系研究[J]. 湖南农业科学,2011(13): 45–47.

[233] Zhu Y J,Hu G P,Liu B,et al. Using phospholipid fatty acid technique to analysis the rhizosphere specific microbial community of seven hybrid rice cultivars[J]. Journal of Integrative Agriculture,2012,11(11): 1817–1827.

[234] 张振兴,张文钊,杨会翠,等. 水稻分蘖期根系对根际细菌丰度和群落结构的影响[J]. 浙江农业学报,2015,27(12): 2045–2052.

[235] 楼骏,柳勇,李延. 高通量测序技术在土壤微生物多样性研究中的研究进展 [J]. 中国农学通报 ,2014,30(15): 256–260.

[236] 鲍士旦. 土壤农化分析 [M]. 北京 : 中国农业出版社 ,2000.

[237] Caporaso J G,Lauber C L,Waters W A,et al. Global patterns of 16S rRNA diversity at a depth of millions of sequences per sample[J]. Proceedings of the National Academy of Sciences of the United States of America,2011,108: 4516–4522.

[238] Lynch M D J,Neufeld J D. Ecology and exploration of the rare biosphere[J]. Nature Reviews Microbiology,2015,13(4): 217–229.

[239] 秦杰,姜昕,周晶,等. 长期不同施肥黑土细菌和古菌群落结构及主效影响因子分析 [J]. 植物营养与肥料学报 ,2015,21(6): 1590–1598.

[240] Henriksen T M,Breland T A. Nitrogen availability effects on carbon mineralization, fungal and bacterial growth,and enzyme activities during decomposition of wheat straw in soil[J]. Soil Biology and Biochemistry,1999,31(8): 1121–1134.

[241] Meidute S,Demoling F,Bååth E. Antagonistic and synergistic effects of fungal and bacterial growth in soil after adding different carbon and nitrogen sources[J]. Soil Biology and Biochemistry,2008,40(9): 2334–2343.

[242] 陈孟立,曾全超,黄懿梅,等. 黄土丘陵区退耕还林还草对土壤细菌群落结构的影响 [J]. 环境科学 ,http://kns.cnki.net/kcms/detail/11.1895.X.20171027.1350.043.ht.

[243] Liu Z F,Fu B J,Zheng X X,et al. Plant biomass,soil water content and soil N:P ratio regulating soil microbial functional diversity in a temperate steppe: A regional scale study[J]. Soil Biology and Biochemistry,2010,42(3): 445–450.

[244] 尹娜. 中国北方主要草地类型土壤细菌群落结构和多样性变化 [M]. 长春 : 东北师范大学 ,2014.

[245] 沈菊培,张丽梅,贺纪正. 几种农田土壤中古菌、泉古菌和细菌的数量分布特征 [J]. 应用生态学报 ,2011,22(11): 2996–3002.

[246] Kemnitz D,Kolb S,Conrad R. High abundance of Crenarchaeota in a temperate acidic forest soil[J]. FEMS Microbiology Ecology,2007,60(3): 442–448.

[247] Lipp J S,Morono Y,Inagaki F,et al. Significant contribution of Archaea to extant biomass in marine subsurface sediments[J]. Nature,2008,454(7207): 991–994.

[248] Wu Y P,Ma B,Zhou L,et al. Changes in the soil microbial community structure with latitude in eastern China,based on phospholipid fatty acid analysis[J]. Applied Soil Ecology,2009,43(2): 234–240.

[249] Hackl E,Zechmeister B S,Bodrossy L,et al. Comparison of diversities and compositions of bacterial populations inhabiting natural forest soils[J]. Applied Environmental Microbiology,2004,70(9): 5057–5065.

[250] Kuske C R,Ticknor L O,Miller M E,et al. Comparison of soil bacterial communities in rhizospheres of tree plant species and the interspaces in an arid grassland[J]. Applied Environmental Microbiology,2002,68(4): 1854–1863.

[251] Sessitsch A,Weilharter A,Gerzabek M H,et al. Microbial population structures in soil particle size fractions of a long–term fertilizer experiment[J]. Applied Environmental Microbiology,2001,67(9): 4215–4224.

[252] Campos S B,Lisboa B B,Camargo F A O,et al. Soil suppressiveness and its relations with the microbial community in a Brazilian subtropical agroecosystem under different management systems[J]. Soil Biology and Biochemistry,2016,96: 191–197.

[253] 刘洋 , 黄懿梅 , 曾全超 . 黄土高原不同植被类型下土壤细菌群落特征研究 [J]. 环境科学 ,2016,37(10): 3931–3938.

[254] Rehman K,Ying Z,Andleeb S,et al. Short term influence of organic and inorganic fertilizer on soil microbial biomass and DNA in summer and spring[J]. Journal of Northeast Agricultural University (English Edition),2016,23(1): 20–27.

[255] Jones R T,Robeson M S,Lauber C L,et al. A comprehensive survey of soil acidobacterial diversity using pyrosequencing and clone library analyses[J]. The ISME Journal,2009,3(4): 442–453.

[256] 袁红朝 , 吴昊 , 葛体达 , 等 . 长期施肥对稻田土壤细菌、古菌多样性和群落结构的影响 [J]. 应用生态学报 ,2015,26(6) : 1807–1813.

[257] Pankratov T A,Ivanova A O,Dedysh S N,et al. Bacterial populations and environmental factors controlling cellulose degradation in an acidic sphagnum peat[J]. Environmental Microbiology,2011,13(7): 1800–1814.

[258] 徐庆国 , 杨知建 , 朱春生 , 等 . 超级杂交稻的根系形态特征及其与地上部关系的研究 : 第 1 届中国杂交水稻大会论文集 [J].《杂交水稻》编辑部 ,2010: 378–384.

[259] 沈建凯 , 贺治洲 , 郑华斌 , 等 . 我国超级稻根系特性及根际生态研究现状与趋势 [J]. 热带农业科学 ,2014,34(7): 33–38,50.

[260] 全国土壤普查办公室 . 中国土壤普查技术 [M]. 北京 : 农业出版社 ,1992.

# 致　谢

　　著作是基于本人博士论文而写，以及国家自然科学基金支持下根际微生物的最新研究和国家重点研发计划课题"双季稻水肥药综合高效利用关键技术"最新成果的支持。博士论文是在导师袁隆平院士的精心指导下完成的。从论文的选题，试验设计到论文的写作无一不凝聚着导师的智慧和心血。我衷心感谢导师在学习、工作和生活上给予的无微不至的关心和大力帮助。三年来，袁老师以其严谨的治学态度，广博的学识水平，高尚的科研道德，乐观的人生哲学，平易近人、开朗豁达的人格魅力，对学生言传身教，本人获益无穷，终生难忘。生活上，恩师和师母对我及我的家人关怀备至。在此，向他们表示最诚挚的谢意。

　　在本人的课程学习和论文期间，得到了青先国研究员、熊绪让副研究员、杨峰助理研究员等的热心指导和帮助，湖南师范大学生命科学院的陈良壁教授，湖南农业大学农学院的周瑞庆教授、严钦泉教授、易镇邪博士，湖南农业大学植物激素重点实验室的肖浪涛教授、王若仲博士提供了诸多帮助，中南大学研究生院、隆平研究生分院、湖南杂交水稻研究中心的领导和老师给予了大力的支持。在此，向他们表示衷心的感谢。

　　特别感谢我的家人，我的母亲。他们从老家赴长沙来帮忙带小孩，帮我免除了后顾之忧，爱妻周建群对我生活的关怀和事业的支持，从田间到实验室，以至本书成文付梓，提供了坚强的后勤保证。儿子吴新锐，健康、聪敏、活泼，给了我灵感和克服困难的动力。家人的支持是我完成本书的信心和力量的源泉。

　　本人在读博士期间（2004—2008）主持的课题有：

　　《超级杂交水稻高产调控及根系生理研究》（湖南省农科院课题）；

《超级杂交水稻高产根系和调控措施研究》（湖南杂交水稻研究中心课题）；

《超级杂交水稻高产栽培的生理生态研究》（中南大学博士创新课题项目）。

国家自科基金面上项目"超级杂交稻根际微生态变化对产量的影响机理研究"（课题编号：31140092；2012.01—2012.12）

国家自科基金面上项目"半高秆超级杂交稻根际微生物对产量的影响机理及高产调控研究"（课题编号：31371565；2014.01—2017.12）

国家重点研发计划课题"双季稻水肥药综合高效利用关键技术"（课题编号：2017YFD0301504；2017.07—2020.12）

谨向所有关心、支持、帮助我的人表示最诚挚的谢意！

**吴朝晖**

2020 年 11 月

图书在版编目（ＣＩＰ）数据

超级杂交稻高产生理生态及水肥药调控研究 / 吴朝晖著. — 长沙 ： 湖南科学技术出版社，2022.1

ISBN 978-7-5710-0940-3

Ⅰ. ①超… Ⅱ. ①吴… Ⅲ. ①杂交－籼稻－高产栽培－研究 Ⅳ. ①S511.2

中国版本图书馆 CIP 数据核字(2021)第 071709 号

CHAOJI ZAJIAODAO GAOCHAN SHENGLI SHENGTAI JI SHUIFEIYAO TIAOKONG YANJIU

超级杂交稻高产生理生态及水肥药调控研究

著　　者：吴朝晖
出 版 人：潘晓山
责任编辑：王　斌
出版发行：湖南科学技术出版社
社　　址：长沙市湘雅路 276 号
　　　　　http://www.hnstp.com
湖南科学技术出版社天猫旗舰店网址：
　　　　　http://hnkjcbs.tmall.com
印　　刷：湖南省众鑫印务有限公司
　　　　　（印装质量问题请直接与本厂联系）
厂　　址：湖南省长沙市长沙县榔梨街道保家村
邮　　编：410129
版　　次：2022 年 1 月第 1 版
印　　次：2022 年 1 月第 1 次印刷
开　　本：710mm×1000mm　1/16
印　　张：13.5
字　　数：202 千字
书　　号：ISBN 978-7-5710-0940-3
定　　价：68.00 元